經典 川味河鮮

Fresh Water Fish and Foods in Sichuan Cuisine
A journey of Chinese Cuisine for food lovers

作者：朱建忠
策畫/攝影：蔡名雄

經典川味河鮮

作者・朱建忠
攝影/策畫・蔡名雄

發行人/總編輯・蔡名雄
主編・蔡名雄
編輯・John Tsai/鄭思榕/林美齡
影像管理・賽尚數位影像部-大雄
美術編輯・夏果*nana

出版發行・賽尚圖文事業有限公司
106台北市大安區臥龍街267之4號
（電話）02-27388115　（傳真）02-27388191
（劃撥帳號）19923978
（戶名）賽尚圖文事業有限公司
（網址）www.tsais-idea.com.tw

總經銷・紅螞蟻圖書有限公司
台北市114內湖區舊宗路2段121巷19號（紅螞蟻資訊大樓）
（電話）02-2795-3656　（傳真）02-2795-4100
製版印刷・科億資訊科技有限公司

出版日期・2017年（民106）09月01日初版一刷
定價・NT$:680元
ISBN：978-986-6527-42-5

版權所有　翻印必究

國家圖書館出版品預行編目資料

經典川味河鮮 / 朱建忠作. -- 初版. --
臺北市：賽尚圖文, 2017.08
　　面；　公分
ISBN 978-986-6527-42-5(平裝)

1.海鮮食譜

427.25　　　　　　　　10613667

感謝支持本書的業者和朋友
於本書製作期間協助採訪與圖片製作：

成都 歐湖島河鮮酒樓的支持與場地免費提供
四川烹飪雜誌 執行總編輯 王旭東 先生
四川烹飪協會 副祕書長 向東 先生
四川蓉城飯店 餐飲總監・川菜烹飪大師 舒國重 先生
成都 中華老字號郫縣豆瓣 紹豐和調味品實業有限公司
成都 川菜博物館
成都 二仙橋酒店用品市場 金名新木 經營部餐具提供
成都 巨海水產貿易公司
宜賓 張三娃河鮮配送中心
樂山市商務局/樂山市招商建設局/樂山市餐飲業協會
樂山 王浩兒漁港河鮮
雅安市商務局烹飪協會辦公室
雅安 干老四雅魚飯店
雅安 滎經縣 曾慶紅砂器廠

《參考書目》
中國食經，任百尊主編，上海文化出版社，1999年2月
川菜廚藝大全，鄧開榮、陳小林主編，重慶出版社，2007年4月
川菜烹飪事典 上，川菜烹飪事典編寫委員會，賽尚圖文事業有限公司，2008年3月，台灣版
川菜烹飪事典 下，川菜烹飪事典編寫委員會，賽尚圖文事業有限公司，2008年5月，台灣版
中國烹飪辭典，李廷芝主編，山西科學技術出版社，2007年6月，第5版
中國名菜辭典，李朝霞主編，山西科學技術出版社，2008年1月
中國名菜，主編-謝定源、副主編-陳金標，中國輕工業出版社，2006年4月，第2版
調鼎集－清代食譜大觀，編撰 -(清)童岳荐、校注-張廷年，中國紡織出版社，2006年1月
隨園食單，(清)袁枚，華谷文化有限公司，2005年8月
遍地鹽井的都市，孫建三、黃健、程龍剛撰述，廣西師範大學出版社，2005年8月
四川江湖菜（第一輯），主編-王旭東 編寫-舒國重等，重慶出版社，2001年5月
四川江湖菜（第二輯），主編-王旭東 編寫-舒國重等，重慶出版社，2003年5月
重慶江湖菜，陳夏輝、陳小林、龔志平、張吉富編著，重慶出版社，2007年1月
説食－關於中華美食的十面解讀，作者：熊四智，賽尚圖文事業有限公司，2008年9月，台灣版
細説川菜，作者：口述-胡廉泉、李朝亮、整理-羅成章，四川科學技術出版社，2008年6月
川菜風雅頌，作者：肖崇陽，作家出版社，2008年1月
川菜雜談，作者：車輻，生活.讀書.新知三聯書店，2004年1月

FreshWater Fish and Foods in Sichuan Cuisine
A journey of Chinese Cuisine for food lovers

原來河鮮這麼鮮嫩美味！

這或許是大多數人第一次嘗到大江大湖河鮮時的第一反應吧！記得第一次對河鮮菜肴感到驚艷就是嘗到成都河鮮王朱建忠師傅的菜品，讓從小吃海鮮長大的我有如嘗到夢幻版的美味，覺得應該被大家所認識。或許是台灣的淡水魚，不論野生的或是養殖的，因水淺或是養殖密度高致使魚肉始終有一股「味」。而四川拜天然環境之賜，有好山好水，為美味烹飪提供了沒有腥味、鮮嫩度極佳的河鮮主食材。

在這極欲分享四川河鮮美食的前提下，與朱建忠師傅合作，並展開積極的討論與企劃修正，最後確定書名為《川味河鮮料理事典》。經過長時間在烹飪技術、飲食文化、圖像攝影製作與文字編輯後製上來回討論、修改才使本書的雛形初具，期間遇上5‧12汶川大地震而暫停進度達半年。前後耗時超過2年半，期間在飲食歷史與文化上，要感謝四川省烹飪協會副秘書長向東老師的大力協助，才能使本書呈現出如此豐富的面貌！

經過近十年的市場檢驗，今天可以很有自信的說餐飲市場的河鮮菜品形式、味型仍不脫本書作者所介紹的菜品，但因原始版本信息量極大，厚達四百頁，加上全彩印刷令定價居高不下，而未能更加的普及，為回饋廣大川菜美食愛好者，特別保留全書精華，改版重編，書名更改為《經典川味河鮮》。

本菜譜書所要呈現的是完整的「飲食文化」，這也是本公司在「菜譜」後面加一個「書」字的原因。對本公司而言，只有具備可閱讀性的出版品才能冠上「書」這樣的稱號，「譜」字的本意是指系統化的表冊，亦即操作指南或現代所定位的工具書概念。因此本書除了將美味菜譜的部分做好外，更著重在文化面的照片呈現與文字的輕鬆閱讀，務必使這本菜譜能成為一本好「書」，讓每一位愛好美食的朋友都能因為此書「吃」出文化。

改版後的《經典川味河鮮》，仍保留運用大量的照片搭配適當文字呈現單一主題的烹飪、歷史與飲食文化的特色，內容仍最大的保留四川的生活文化、地方風情介紹！相對的仍有可能掛一漏萬或是在紀錄、陳述上產生錯誤，這部分更有待先進不吝指正。讓美食愛好者與川菜愛好者能在閒暇之間閱讀有趣的飲食文化和歷史，或是走進廚房動手烹飪川味美食！

本書文字原則上以四川習慣用語及食材名稱為主，但都盡可能加以說明，並附上河鮮、食材圖鑑，利用圖鑑的方式，使讀者從圖片上做辨識，以減少因同物異名而產生的混淆。在單位上全部使用公制，並附上西式量匙與量杯的應用方式，以方便初學者掌握「量」的控制，進而能更輕鬆烹調本書中所介紹的佳肴。

而菜譜之外的菜品特色、美味關鍵提示、精緻圖片、歷史文化等內容，相信能為專業廚師帶來觸類旁通的效果。

賽尚 總編輯

蔡名雄

作者簡介:

「成都河鮮王」－**朱建忠**

師承中國烹飪大師、川菜儒廚舒國重先生之門下。

現為特二級烹調師、技師、中國烹飪名師;川菜烹飪大師;四川省烹飪協會會員,
四川名廚廚居委員會委員,四川省餐飲娛樂行業與飯店協會會員。

個人專著《川味河鮮料裡事典》(簡體版書名《川味河鮮烹飪事典》)、《就愛川
味兒》(簡體版書名《經典川菜:川味大廚20年廚藝精髓》、《重口味川菜》)。

2008年被選入川菜名人錄《川菜100人》中。

先後在《四川烹飪》、《東方美食》、《中國大廚》、《飛越》、《川菜》等雜誌
上發表數百篇文章及創新菜品。在蓉城成都享有「河鮮王」的美稱。

現任:

河南・濮陽市【貴和園】川吧77°總經理

四川・成都市「錦城一號郵輪」行政總廚

新東方烹飪學校(成都)專業烹調實務老師

郫縣「大千河畔」、閬中「春江河鮮酒樓」、石家莊【鹽幫古道】、深圳【老酒川
菜河鮮館】技術總監

經歷:

2004-2009年任成都「歐湖島河鮮酒樓」行政總廚

2001~2004年任成都「老漁翁河鮮酒樓」行政總廚

2000年任重慶南華大酒樓行政總廚

先後在滇味餐廳、蓉城飯店、新疆公路賓館、青島金川王大酒店、岷江物業餐廳、
零0柒美魚館、渠江漁港事廚或任廚師長

獲獎紀錄:

2005年四川省第三屆川菜烹飪大賽團體銀獎、麵點個人金獎

2002年獲首屆川菜技術大賽全能技術金獎,麵點個人金獎

2002年第十二屆廚師節「白雞宴」,以中國名菜「白果燉雞」獲得金獎

川菜歷史、文化匯整

向 東

現任:

四川省烹飪協會 副秘書長

《四川省志・川菜志》編委會 主編

僅以此書

感謝向東老師為本書的中菜歷史、河鮮歷史、川菜史、

四川河鮮史與飲食文化蒐集資料,撰寫專文。

因為有向老師對此書給與最大的支持與幫助,才能順利完成、出版。

古有明訓:一日為師,終生為父!

更以此書的成就與光榮獻給恩師舒國重師父,

感謝恩師對建忠的提攜與教誨,

回報恩師如父的師徒情。

最後感謝我最愛的家人,

您們是我力爭上游的動力與避風港!

值得閱讀和珍藏

四川省被譽為天府之國。在這片富饒的大地上山川秀麗、物產豐富、江河縱橫、大小湖泊像星星一般明亮燦爛。省內的江河湖泊中盛產各種魚類水產品。

四川不僅是一個以美麗和具有悠久歷史文化而聞名於世的地方，而且依托自身豐富的資源和地域文化，孕育出著名川菜烹飪技藝和烹飪文化。在一代又一代川菜大師們的努力與創造下，使川菜的內涵更加豐富，技藝的展現更臻於完美。

在川菜的烹飪技藝和烹飪文化中，河鮮菜品的烹飪技藝和河鮮文化占有重要地位。近年來隨著社會發展，使河鮮菜品的原料、調味品、烹飪方法、烹飪理念和設備更加豐富與提高。

《經典川味河鮮》是一本以河鮮原料為基礎烹製各種菜肴且較為全面的書籍。該書不僅有中華烹飪歷史、烹飪文化、物產分布的介紹，並且著重介紹了川菜發展史、風土人情、四川地區河鮮文化，河鮮的種類和產地，以及烹製河鮮的獨特方法等。還有大量的圖片以供讀者透過圖像，更容易對四川河鮮文化與河鮮菜品有更多的了解與認識。

該書編輯的河鮮菜品包含四川各地的傳統河鮮菜肴如：「犀浦鯰魚」、「涼粉鯽魚」、「清蒸江團」、「砂鍋雅魚」、「豆瓣鮮魚」等，又有創新烹製的「豉椒蒸青波魚」、「菠蘿燴魚丁」、「燈影魚片」、「燴鍋河鯉」、「清湯魚豆花」等。使用的烹製的方法多種多樣如：煎、炸、燒、蒸、燴、溜、烤、炒、拌等。菜品的味型有四川獨特的「魚香味」、「家常味」、「麻辣味」、「鹹鮮味」、「荔枝味」、「椒麻味」等。

河鮮菜品的烹製工藝既有傳統的烹製方法又有結合現代的西式烹飪方法。菜品的盛器和裝飾都有其特殊的風格。

該書共有140多道河鮮菜品，使用的河鮮材料40多種，其中不少的魚類原料如：「鴨嘴鱘」、「雅魚」、「江團」、「岩鯉」、「老虎魚」等都是少見的珍稀魚類品種。

閱讀本書後，讀者們會了解更多河鮮種類，河鮮烹飪方法、味型和風格特點。提高我們對河鮮烹飪技藝與飲食文化的認識，豐富我們的工作與生活。

《經典川味河鮮》是一本值得閱讀和珍藏的書籍。

張中尤　中國烹飪大師
2009年8月28日

話「河鮮」

四川，如今在國內外許多人眼裡都是一處耐人尋味的地方。的確，上天不僅造就了四川，而且還特別眷顧四川，因為上天不僅讓四川擁有無比豐富的地形地貌，還擁有縱橫密布的大江大河。是的，自從人類文明出現以來，巴山蜀水的子民們就從來沒停息過「靠山吃山、靠水吃水」。我們研讀歷史時會發現，在四川老百姓的飲食生活當中，十分注重就地取材，尤其是選用一些看上去平常的土特產作為自己廚房裡的食材，這也包括生長在無以計數的江河湖塘那些鮮活的水產品—河鮮。

其實，「河鮮」這個說法是最近15年才在川菜飲食業以及四川人的飲食生活中逐漸流行起來的，這是因為巴蜀飲食市場在上世紀90年代初期，忽然受到外來的「生猛海鮮」衝擊，而首先打出「河鮮」旗號的四川人，也顯然是從當時市場上最為時髦和流行的「海鮮」一語套用過來，其昭示的主要意思是：你沿海有味美價高的海鮮原料、海鮮菜，我巴蜀也有味美且價不低的野生河鮮及河鮮菜。要知道初那些拋出「河鮮」概念的川菜經營者們，都多少抱有一種不服輸的心態：你沿海來的高檔海鮮菜館賣得火、賣得貴，那我也不能什麼都輸給你，我就是要讓外面的人知道，在巴蜀江河湖塘出產的天然水產品也同樣「金貴」，尤其是日漸稀少的原生態野生品種。

雖說中國飲食業出現「河鮮」這個字眼的時間不長，但四川民間善烹野生水產品的歷史卻相當悠久。自古以來，四川人對本土江河溪流生長著的魚、蝦、蟹、甲魚等加工製肴就顯得很在行，比如在70年前，蓉城知名餐館「帶江草堂」的第一招牌菜就是「軟燒仔鯰」，而這種加了大蒜「軟燒」鯰魚的方法，其實是源於更早便已出了名的郫縣「犀浦鯰魚」。再來說說昔日成都老南門大橋橋頭那家著名的「南堂館子」—枕江樓，也是因為它常年都賣鮮活的「野生魚」而名聲在外的。要知道，這家店的「乾燒膁子魚」在那時的饕客心目中簡直就是「極品」。而另一家座落在東門大橋橋頭的「陳記飯店」，在常年賣鮮味魚肴時更是借助了自己的絕招。比如該店為了保證魚的鮮活，每天都會將買回來的鮮魚再用大魚簍裝著沉入廚房石梯下邊的河水裡，當有客人來點吃時，才現撈、現秤、現烹製。雖說該店舊時還不屬於「南堂」大餐館—只是一家「四六分」炒菜館，但是在它的店牆上，卻每天都掛滿了以鮮活水產品為主料的菜牌，尤其是那一道食客交口稱讚的「豆瓣鯽魚」……

前面我談了一點關於「河鮮」的事，那都是為了引出我下面將要給大家推薦的新書—《經典川味河鮮》。這是一部比較完整介紹四川河鮮及其歷史文化的主題烹飪專著。當中，讀者不用翻閱多少頁，便能感受到該書作者及編者為填補一個空白所付出的巨大努力。的確，要編著一部具有開拓性的專業圖書並非是件容易事，而在這個過程當中的酸甜苦辣我也能夠想像出來，因為我本人的職業也是從事編輯出版工作。

為了推出一本受業內外人士青睞的「河鮮烹飪」新專著，作者和編者這次是以一種新穎獨特的編排架構方式，在對中華烹飪的風味特色、巴蜀地區的河鮮美食文化、四川豐富的水產資源等做一次全景式的掃描和解讀，當然，還包括以圖文結合的形式向讀者介紹原汁原味的川味河鮮烹製方法。

常聽讀者朋友講，只有那些禁得起市場和時間檢驗的圖書，才有可能成為讀者手裡的經典讀物，也才能夠讓讀者真正獲取所需要的知識和資訊。筆者在研讀了《經典川味河鮮》部分清樣後，想說的是：這是一本值得閱讀、值得擁有的川味河鮮「小百科」，她很有可能成為我們中華飲食文化書林當中的一部經典著作，至少對於像我這樣的四川人來說是如此。

王旭東　四川烹飪雜誌社‧執行總編輯
2009年10月1日

⊕本推薦文原標題為「寫在《川味河鮮料理事典》出版發行之際」。

⊕「四六分」炒菜館：早期成都地區專供所在的當地民眾或過路人方便解決三餐的小館子，因通常食用的人數少所以菜品的訂價大多是小份的四分錢，大份的六分錢，或是蔬菜類的菜四分錢，葷菜六分錢，因此成都人就將此類吃便餐的小館子暱稱為「四六分」館子。

兩岸廚藝交流，追尋川菜根

在一次的兩岸廚藝活動，認識了川菜大師舒國重師傅，多次的交流後發現舒國重大師的門徒盡是精英，特別是朱師建忠，更是他的得意門生。經過長達8年往返四川、在川菜領域尋根、交流、認識與學習，對朱師的川菜烹飪和調味功夫十分佩服，理論基礎功更是扎實。也因為如此才能將在台灣學到的川菜烹飪知識、技術與川菜的根源－四川連結在一起，有了根之後，開枝散葉，創新菜品也就水到渠成。

交流期間多次品嘗朱師的河鮮烹飪，發現他對河鮮的運用和烹飪令人驚豔，也才知道朱師在成都又被尊稱「河鮮王」，這名號可不是吹噓的，四川地區有7、80種河鮮，從四大家魚、地方特產魚種到珍稀河鮮，朱師可說是如數家珍，熟悉各種河鮮的特性，經過朱師的烹飪，展現出千變萬化的河鮮菜肴風情！

在川菜烹飪中，朱師可說是把川菜的經典與精髓發揮得淋漓盡致，這次賽尚能邀請朱師建忠合作出版食譜，實在是廚師之福。朱師本身也是成都新東方烹飪學校的講師，因此在多次交流中發現他從不藏私，完全公開菜品的調料分量與作法，令人受益匪淺。

而在食譜《經典川味河鮮》一書中，本著不藏私的精神，朱師示範並講解了126道菜，更邀他的師父川菜大師舒國重展現20道經典河鮮菜品，全書完整呈現140多道河鮮菜品，更將川菜歷史與河鮮史作了一次完整介紹。加上賽尚不惜成本攝製近萬張的四川飲食風情照片，讓廚界除了透過文字外，也能透過豐富的照片更全面而清楚的了解川菜烹飪技巧、風情及四川文化，相信這本《經典川味河鮮》能帶給廚師更多川菜與河鮮的知識，並觸發更多創意！

郭主義　台灣美食藝術交流協會‧理事長
春野川菜餐廳‧行政主廚

緣份，成就一本好書

2006年秋冬，台灣好友郭主義來到成都。見面後就把他的菜品新書送給我。在閒談交流時，談到我做的河鮮菜品好吃又有特色，怎麼不寫一本專著？其實我的菜品文字早就整理好了，正愁沒有合適的出版商。郭師傅馬上說：我給你介紹幫我出這本《郭主義招牌川菜》的賽尚（台灣）發行人大雄給你認識，郭師傅喜歡暱稱本姓蔡的發行人為大雄。

郭師傅回台後不久的一天早上我正在廚房處理營業前的準備工作，服務員告知有人找我。隨後來到大廳。只見一位個頭高大、身材魁梧、理著平頭，背上背著一個大包，帶著一副眼鏡，笑起來卻親和力十足的男子。說明了來意，大雄就從背包裏拿出他們公司負責策劃、攝影、編排、出版的《欣葉心·台菜情》、《臺灣大廚-鄭衍基》等幾本書送給我，就這樣我認識了大雄。其實，我早在《四川烹飪》雜誌那裡得知大雄的名字，只是從沒想過可以實際碰面，後來還合作出書！

隨後大雄拿出《川味河鮮》的策劃大綱，我看後覺得是相當全面的一個大綱內容。從那一刻起將書作好的壓力也跟著來，開始四處取材、借鑒考察、蒐集資料、考證，最後書寫整理成初稿文字。

西元2008年春夏發生5·12汶川大地震！《經典川味河鮮》（原書名：川味河鮮料理事典）的進度推遲了！但在大家都回復常軌後，為了此書可以有最好的照片呈現四川河鮮與飲食文化的底蘊，我和大雄、《四川烹飪》總編王旭東老師、及前《天府早報》美食版主編兼四川省烹飪協會副秘書長向東老師實地踏訪河鮮之鄉─宜賓、瀘州、自貢、雅安、樂山、滎經等地，實地攝影取鏡，也為本書豐富的文化照片提供基礎。在文字處理方面，由於兩岸對行業上的專業術語，甚至是日常基本食材的叫法都有差異，在電郵中經常交換意見。大雄更為此書的誕生從台灣至成都往返了8次之多。

在我的腦海中，最讓我難忘和值得回憶的是文字的撰寫和菜譜照片拍攝。在撰寫文字的時候，由於我只能抽空檔寫，經常晚上加班趕工，有時在疲倦中睡著、有時忘了吃飯、有時夜深了還在查找資料，也常在夜深人靜時，那敲擊鍵盤的聲響將心愛的老婆從睡夢中吵醒。老婆總是體諒我，將早餐做好才叫我起床吃早餐、上班。一直以來，不管是事業上還是這本書的完成，她總是給予我最大、最完全的支持和照顧。在此默默的表示感謝！

西元2009年7月11日，《經典川味河鮮》一書的菜品、食材、調料、特有湯料、油料、河鮮品種的圖片正式開始拍攝，在這之前就開始忙著準備原料和餐具，大雄準備攝影器材和道具等。在河鮮魚的品種上我準備了40餘種、食材100餘種、餐具100多種。圖片的拍攝，大雄是精益求精，期望每一道菜肴都能呈現出令人垂涎的畫面。所以，從開始到完成一共花了15天的時間，當時正好是三伏天，一年當中最熱的時節。每天，早上8點開工，晚上12點才下班。一天甚至加班到凌晨2點，回到家都快3點，早上8點還是正常開工。中餐和晚餐以打仗的速度吃飯。製作菜品之餘，我見大雄為每個菜的裝飾、修飾、燈光微調、背景、道具的搭配等，不厭其煩的來回上數十回。再次體會成功者的背後，需要付出和犧牲很多常人無法想像的東西。在此，我深深的向大雄為我的菜譜出版所付出的辛勤和耕耘說一聲─謝謝！

在文字的書寫和整理過程中，首先感謝向東老師對本書在飲食文化與河鮮歷史的撰寫全力提供協助和支持。其次感謝我的師父舒國重先生對我撰寫菜譜文字的糾正和指導及從廚以來給我的教誨和關心。

還有要感謝宜賓【張三娃河鮮】配送中心提供河鮮魚品種的拍攝。成都二仙橋酒店用品市場【金名新木】經營部提供的餐具。最後，也是最感謝【成都歐湖島河鮮酒樓】給我工作展現和能力發揮的平台與空間，並且提供場地製作菜品和菜譜照片拍攝，更要特別感謝酒樓領導對我的工作及家人的支持和關心！

朱建忠 2009年9月16日

Contents 目錄

Contents

河鮮烹飪美味篇

河鮮歷史、文化篇

FreshWater Fish and Foods in Sichuan Cuisine

A journey of Chinese Cuisine for food lovers

華夏與四川河鮮文化

古人認為，生命的存續全依賴水。中國菜也受水之滋養與孕育而成。黃河流域孕育了魯菜，長江上游造就了川菜，長江下游培育了蘇菜，珠江流域生成了粵菜。其他之湘、徽、陝、浙、閩等風味流派也受湘江、淮河、漢水、錢塘江、閩江之恩澤而形成。也因為水資源豐富，河鮮取得容易而形成多樣的食用文化。從上古時代，華夏民族的祖先還處於自然飲食狀態時，便靠著漁獵和採集賴以生存、繁衍。從伏羲氏教民結網捕魚至今，華夏一脈相傳的祖輩們已吃了六、七千年的魚。故孟子曰：「魚，我所欲也」，寓意人生至美就如魚鮮般難得且值得追求。

文化探源

中華大地幅原廣闊，每條江河、每一湖堰都不乏名品河鮮。三千多年前華人祖先所喜愛的魚鮮是鯉魚、鯽魚、鱒魚、魴魚、鯝魚、鱘魚及河豚等多種。鯉魚，古人稱之為「赤鯉」，以產於黃河的鯉魚最為肥美，在當時比牛、羊更為珍貴。戰國時期《神農書》有記載：「鯉為魚之主。」能神化為龍；南朝陶弘景所著的《本草經集注》也說：「鯉為諸魚之長，形既可愛，又能神變，乃至飛越江湖，所以仙人琴高乘之也。」也就在這兩則記錄下，產生「鯉魚躍龍門」，一躍成神龍的神話傳說。

再說鯽魚，秦漢時稱為鮒，在《呂氏春秋·本味篇》中載有：「魚之美者，洞庭之鱒，東海之鮞」之稱，鱒、鮒同音同義，而鮒則為鯽。傳說中鯽魚乃稷米（別名為粢米，稉米，穈子米）化身，所以腹中尚存有米色。古書中多形容

鯽魚之美猶如美女一般。依據考古研究，鯽魚的美味，早在七千多年前就已在中國成為餐桌上的美味佳肴。

而鱘魚在古代便為四大美味魚鮮之一，四大美魚分別為黃河的鯉魚，河南伊洛（伊河）的魴魚，上海市西南邊松江鎮的鱸魚和杭洲富春江的鱘魚。鱘魚平日生活於大海，初夏游入長江，到淡水中產卵，到達之處最多僅達長江南京一帶的河段，因此長江中、上游便十分少見。鱘魚離水即死，鮮味即逝，因此每年五、六月間，是吃鱘魚的佳好時節。鱘魚成為名貴魚種始於宋代，後為皇家貢品達數百年，至清代康熙帝時終止。而鱘魚的美味就連現代文學小說名家張愛玲都因鱘魚的鮮嫩甜美，而有句名言：恨鱘魚「多刺」！

而河豚，又叫「赤鮭」，早在秦朝前《山海經·北山經》中，便稱河豚為「赤鮭」。河豚內臟有劇毒，為何先人、老饕們還要爭相品嘗？就因其鮮美非一般魚所能媲美。古今稱頌河豚者，最為著名的是蘇東坡的「竹外桃花三兩枝，春江水暖鴨先知，蔞蒿滿地蘆芽短，正是河豚欲上時。」其他讚頌河豚的名句還有元代王逢《江邊竹枝詞》的「如刀江鱭白盈天，不獨河豚天下稀。」清初的大文學家朱彝尊《河豚歌》的「河豚雪後網來遲，菜甲河豚正及時，才喜一尊天北海，忽看雙乳出西施。」等。

據文獻記載，古代之人食魚多以生食為主，稱之為魚膾或魚鱠，在現在的中菜烹飪多稱之為「魚生」。「膾」泛指細切的生肉，「鱠」指細切的生魚肉。日本人在唐代與我國文化交流中學習了中原製作與食用魚膾的方法，之後稱魚膾為刺身或生魚片，現在號稱日本「國菜」。而魚膾在三千多年前的文獻中已多有記載和生動描述，這種生食魚肉的食俗也一直延續至今。三千年間產生了像是北魏賈思勰所著《齊民要術》記載的「金齏玉膾」（據考原菜名：鱸魚膾），孔子之「食不厭精，膾不厭細」的經典典故。回到當今，食膾之風不減漢唐。不只有我國的各式魚鮮可供食用，即使是北歐斯堪地那維亞半島沿海的世界著名漁場，也能源源不斷地帶來品質優異的鮭魚。

另一方面，從地域差異所造成的飲食習慣來看，魚膾似乎沒有什麼太大的差異。位居中原的河南，西北的陝西，西南的四川都有零星的食魚膾記述。如詩聖杜甫在四川旅居時寫《觀打魚歌》：「饔子左右揮霜刀，膾飛金盤白雪高」，描述的是綿陽人捕魚後，廚師切魴魚膾的生動實況。但歷來中國較流行食魚膾的地區是在江浙、閩粵，相對的各種記載、描述也較多。

如漢末的廣陵太守陳登因過度食用魚膾而致病的故事就發生在江南。西漢桓寬的《鹽鐵論》中批評餐飲市場過分食用「膿鱉膾鯉」，也是說南方。隋煬帝所言「金齏玉膾，東南佳味也」，指的亦是江南。西晉張翰思鱸的故事說的還是江南。

而中國歷史上著名的魚膾名品，如金齏玉膾、飛鸞膾、海鰟乾膾、縷子膾、咄嗟膾、鯰魚膾、鱸魚膾、鯊魚膾、鯉魚膾、生膾十色事件、三珍膾、五珍膾、白刀膾、魚生等等，皆出自江浙、閩粵，這與當地水產、海產豐富有直接關係。

在中國菜四大菜系形成至今，各菜系均有不少河鮮名肴。只是從古代的生食魚膾已發展為清蒸、清燉、紅燒、乾燒及煎、炸、燒、烤、醃等多種烹製方式。像魯菜中的糖醋鯉魚、醋椒魚、荷包鯽魚、川菜中的清蒸江團、砂鍋雅魚、乾燒岩鯉、脆皮魚、豆瓣魚、軟燒仔鯰等；蘇菜中的西湖醋魚、宋嫂魚羹、松鼠鱖魚、清蒸鱘魚等；粵菜中的清蒸鱸魚等。在現代的中華大地，好食河鮮及魚、蝦、蟹等水產已不單是為了美味，也成了食療養生的健體之道。

四川地區的河鮮文化

中國上古時代的四川盆地是一片沼澤湖泊，川西平原當時可說是水鄉澤國。四川西北部的人們以捕魚食魚鮮、水產為生，故其部落名為魚鳧氏。「魚鳧」原指會捕魚的一種黑羽魚鷹。魚鳧氏的後代不甘於長久生活在四川西北部，就在川西沼澤湖泊逐漸變為陸地平原後，冒險跋涉，沿岷江河道走出高山峽谷後到達灌縣，之後又因每年岷江洪水氾濫，被迫再次遷移到川西平原上的溫江和郫縣，定居下來，並建立了魚鳧王朝，設都於郫縣，在望帝、叢帝之帶領下，除延續傳統，以捕魚食魚為主的生活外，同時發展出農耕的平原生活。也是四川人捕魚食河鮮之先河，算一算距今已是約三千多年。

到了秦滅巴蜀，首次一統大江南北後，蜀郡的第二任郡守李冰在秦昭王期間，全面整治岷江之水，在大禹治水的基礎上，修建且完善了都江堰水利工程，四川也就此成為華夏大地唯一水、旱從人，不知饑饉、富庶豐饒的魚米之鄉，天府之國自此而名冠天下。

四川境內江河眾多，大多屬長江水系，主要的江河有金沙江、岷江、嘉陵江、沱江、烏江、漢江、大渡河、青衣江等以及遍布全川的支流河渠。四川境內湖泊眾多，大小天然湖泊數千個，但無大型湖泊，較大的有瀘沽湖、邛海、大小海子、天池、龍池、小南海、九寨長海等。還有大大小小的水庫、池塘、河堰、河溝和沼澤，以及大量頗具特色的冬囤水田（在冬季時用來囤儲水資源的水田）。

四川是中國內陸淡水魚養殖的重要省區之一，魚類資源豐富，擁有魚類8目、18科、200種以上，約占全國淡水魚種類的27%。分布最廣的是鯉科魚類，如常見的棒花魚、鯿魚、鱅魚等等都屬鯉科，有141種，占四川魚類品種總數的64%。其次為鰍科、平鰭鰍科。在魚類資源中，主要經濟魚類達10種以上。這些科類大多數分布在四川東部盆地；愈接近四川西部山地、高原、魚類愈少。在江河魚類中，以鯉科、鮈科和鯰科魚類的產量最高，占全省江河捕撈量的90%以上。四川更是中華鱘、長江鱘、銅魚（水密子）、江團等珍稀名貴魚的主產區，產量居全國之冠。四川虎加魚（屬鮭科）僅分布在岷江和大渡河的

某些河段。

四川養殖魚類品種也很豐富，水庫、池塘、水田、湖泊、河堰各類水域的養殖魚類有20多種。其中草魚、鰱魚、鱅魚、青魚產量約占全省魚類總產量的70%；鯉魚、鯽魚次之。四川還盛產龜、鱉，主要分布於達川、綿陽、南充、涪陵地區。此外，還有蛙、水獺、水貂、蚌螺等資源。

四川河鮮養殖歷來以湖泊、水庫、池塘及網箱養殖為主，魚業養殖戶的平均養殖面積位居全國第一。此外，在川西平原上，塘堰溝渠密布，魚、蝦、蟹天然野生數量極多，且自然生長。就連冬季儲水的水稻田裡也不乏鯉魚、鯽魚、泥鰍、黃鱔等河鮮。

即便是流經成都市區的府河、南河在1980年以前亦是河鮮的世界，魚之樂園。每年春天，當都江堰開閘放水，肥美歡騰的「桃花魚」便順流而下，魚躍水歡，府南河頓時熱鬧起來，撒網的、魚杆釣的、空手捉的、網兜撈的，是忙得人歡狗叫。夏日小孩子在河裡游泳腳板也能踩到魚，一個猛子（方言，潛水的意思）進水底就能在石頭塊，岩石縫中捉到魚。甚至在冬天枯水季節，娃兒們也用自製的魚叉，挽起褲腳在暖暖的水中搬開大石頭，就能叉到不少小魚兒，回家用菜葉包住在灶裡或火爐

上烤熟或炸熟。雖然現在的府河、南河因經濟發展、環境變化後，河魚不再如此繁盛，但依舊足以讓人們一嘗釣魚的樂趣，但童樂童趣，卻已不再，令人感懷。

蜀水美，河鮮肥，三千多年來，巴蜀山林澤魚，檀利魚鹽，名品匯萃，河鮮一直是川人的最愛，喜食、善烹河鮮的歷史悠久且名聲四揚。早在西漢時期，辭賦家揚雄在《蜀都賦》中就描述了漢代四川地區的烹飪原料，烹飪技藝，川式筵宴及飲食習俗，有關河鮮水產便記有：「其深則有猵獺沉蟬，水豹蛟蛇、黿鼉、鱉魚，眾鱗鰨鱸……」，這裡，「蟬」即指鱔魚，「鰨」指鯢魚，俗稱娃娃魚。西晉文學家左思在其「三都賦」之《蜀都賦》中記有：「金罍中坐，肴隔四陳，觴以清醥，鮮以紫鱗。」三國時期，曹操在《四時食制》中，特別記有「郫縣子魚、黃鱗赤尾，出稻田，可以為醬」，另還記有「一名黃魚，大數百斤，骨軟可食，出

江陽，犍為」。

而在唐、宋時代，四川處於歷史上最為繁榮昌盛時期，華夏文人名士紛紛入川，也都留下了豐富多彩的詩詞歌賦。許多詩詞都與河鮮魚肴有關，較著名的有唐代杜甫的名篇《觀打魚歌》，詩中生動描述當時捕魚、品河鮮的景況：「綿州江水之東津、魴魚鱍鱍色勝銀，漁人漾舟沉大網，截江一擁數百鱗」。之後在《又觀打魚歌》中更記有：「蒼江漁子清晨集，設網提綱取魚急」，「東津觀魚已再來，主人罷鱠還傾杯」。前句描述了四川漁人捕魚之風情，後句意指以魚入饌之易。

杜甫最有名的詩句是在《戲題寄上漢中王三首》中「蜀酒濃無敵，江魚美可求」，以及《將赴成都草堂》一詩中：「魚知丙穴由來美，酒憶郫筒不用酤」之句，盛讚四川「丙穴魚」，即雅魚和「郫筒酒」。杜詩中描述四川河鮮及魚肴的詩還有不少。宋代陸遊的名篇佳句《思蜀三

首》中之一的「玉食峨眉栮，金齏丙穴魚」，以及《夢蜀二首》中：「自計前生定蜀人，錦官來往九經春，堆盤丙穴魚腴羲，下著峨眉栮脯珍」，明確的表達出其對河鮮美味的喜愛與對天府之國的嚮往。

到了清代辣椒自沿海一帶順著長江傳入四川，加上湖廣填四川的大移民的背景下，民間因緣際會的創製辣椒豆瓣後，四川人的飲食習慣、風俗與川菜的風味發生了根本性的變化，也透過近五百年時間的演變，逐步確立了川菜「清鮮醇和，麻辣見長，一菜一格，百菜百味」的菜系特色。而河鮮也從歷史沿襲的生魚肉、燒烤、清蒸等基本風味，變的千滋百味。烹調方式也順著器具與料裡技巧的進步而愈加豐富多彩。在二十世紀後四川火鍋興起，河鮮也跟著躍進熱鬧滾紅的火鍋中，四川人吃魚的情趣更為高漲。

四川的千江萬水與豐富水產

四川氣候溫和，雨量豐沛，山川縱橫，江河密布。豐富的水資源是四川被稱之為「天府之國」的重要因素之一，也是四川生態環境的重要特色。流域面積在100平方公里以上的河流有1419條；湖泊水庫無計其數，面積大於1平方公里的就有近百餘處。所以形成四川的水文景觀為大江大河多、溝壑溪流多、湖泊海子多、瀑跌潭池多。

按流域水系劃分，四川省水系區域可分為金沙江、岷江、嘉陵江、沱江、長江上游幹流、烏江、漢江及黃河8個區域。其中，岷江區、金沙江區水流量最大，其次是嘉陵江區域。

四川的天然湖泊多達1000餘個，但水域面積多數都不大，一般都在1平方公里以下。較大者有瀘沽湖、邛海、馬湖又名龍湖、小南海及新路海。

豐富的水產資源

四川是中國內陸淡水魚生產重點省區之一，雖然沒有大海，但淡水水域的類型眾多，面積廣闊。不僅有江河、湖泊，而且有水庫、池塘、河堰、河溝和沼澤，還有大量頗具特色的冬囤水田（在冬季用做囤積水源的水田），形成河鮮品種多元的特色，從高海拔的冷水魚到平地的四大家魚，到大江大水的深水魚，應有盡有。

四川魚類資源豐富，有魚類8目、18科、200種以上，約占全國淡水魚種類的27%。其中鯉科魚類為141種，占魚類種數的64%。其次為鰍科、平鰭鰍科。在魚類資源中，主要經濟魚類有70種，占魚類種數的34%；珍稀名貴魚類達10種以上。這些科類大多數分布在東部盆地；愈接近西部山地、高原，魚類愈少。在江河魚類中，以鯉科、鮠科和鯰科魚類的產量最高，占全省江河捕撈量的90%以上。四川是中華鱘、長江鱘、銅魚、江團等珍稀名貴魚的主產區，產量居全國之冠。

而在人工養殖方面，魚類品種也很豐富。水庫、池塘、水田、湖泊、河堰各類水域的養殖魚類有20多種。其中草魚、鰱魚、鱅魚、青魚產量約占全省魚類總產量的70%；鯉魚、鯽魚次之。四川還盛產龜與鱉，主要分布於達川、綿陽、南充、涪陵地區。此外，還有蛙類、水獺、水貂、蚌螺等資源，廣泛分布於全省各地。

四川的水生植物因多元的地形與豐富的水資源，也具有種類多、數量大、分布廣的特點。據不完全統計，種類在100種以上，是全國水生植物資源最豐富的地區之一，為魚類和各種水生動物提供了豐富的食物來源，以及產卵和棲息條件，形成四川地區的水產養殖業發展一大的優勢。

水產漁業養殖

池塘養魚歷來是四川省水產業的重點，產量占總產量的47%。水庫漁業除了網箱養魚和大規模魚種投放外，更將水庫飼料養魚做為推廣應用的重點技術。水庫養魚收入占水庫總收入的70%以上，實現了以水養水的自然循環，同時也為一般大眾提供了相對較為便宜的水產品，使得享用河鮮美味可以成為生活的一部份。全省水庫養魚56,420噸，水庫養魚平均畝產達52公斤，居全國第一。此外，還有稻田漁業及湖泊漁業。

到1990年代後，四川共有58個國有魚種場、站。特種水產由原來的4個品種39個繁殖點發展到11個品種，在123處開始繁養。全省各種特殊優質及新引進的水產品產量達185萬公斤。所以用滋潤豐沛來形容四川水資源與河鮮可說是最為貼切，加上櫛比鱗次

的河鮮酒樓與河鮮火鍋與河鮮美味的愛好者，將一同為這天府之國譜寫河鮮的美味歷史，建構河鮮的休閒飲食文化。

百菜百味的百變川菜

川菜歷史與特色

川菜，即四川菜。由成都菜（亦稱上河幫）、重慶菜（亦稱下河幫）、自貢菜（亦稱小河幫）等主要流派組成。原料以省境內所產的山珍、禽畜水產、蔬菜、果品為主，兼用沿海海產乾品原料。川糖、花椒、薑、蔥、蒜、辣椒及豆瓣、腐乳為主。味型以麻辣、魚香、家常、怪味為其重點特色，素以「尚滋味」，「好辛香」著稱。

川菜簡史

川菜文化歷史悠久。考古資料證實，早在五千年前，巴蜀地區已有早期烹飪。商、周時期，已有炙、膾、羹、脯、菹、齏、醢等烹飪品種。春秋至秦是川菜的啟蒙期。《呂氏春秋·本味篇》裡就有「和之美者……陽樸之薑」的記述。西漢至兩晉，川菜已形成初期輪廓。西漢揚雄的《蜀都賦》及西晉左思的《蜀都賦》中，對四川烹飪和筵席盛況就有具體描寫。東晉常璩的《華陽國志》中，首次記述了巴蜀人「尚滋味」、「好辛香」的飲食習俗和烹調特色。

隋、唐、五代，四川烹飪文化進一步發展，烹調技藝日益精良，菜肴品種更為豐富。

兩宋時期，四川菜已進入汴京（河南·開封）和臨安（江蘇·杭州），為當時京都上層人物所歡迎。明末清初，辣椒傳播到四川，為「好辛香」的四川烹飪提供新的辣味調料，進一步奠定川菜的味型特色。清末民初，隨著辣椒入川並被廣泛種植和食用，川菜技法也日益完善，麻辣、魚香、家常、怪味等味型特色已成熟定型，成為中國地方菜中獨具風格的一個流派。

川菜風味與工藝特色

四川菜現有的，而且能適應不同消費對象的菜肴已超過5000多款菜品，主要由成都菜、重慶菜、自貢菜和具有悠久歷史的傳統素食佛齋菜組成。其中成都菜的代表菜有紅燒熊掌、蔥燒鹿筋、樟茶鴨子、家常海參、乾燒鮮魚、開水白菜、乾燒魚翅、鍋巴肉片、雞豆花、麻婆豆腐、豆渣雞脯等。重慶菜的代表菜有宮燕孔雀、一品海參、乾燒岩

川菜百味之7種基礎味

麻、辣、香、甜、苦、酸、鹹

鯉、魚香肉絲、水煮魚片、燒牛頭方、燈影牛肉絲、清燉牛尾、枸杞牛鞭湯、毛肚火鍋等。自貢菜的代表菜有水煮牛肉、火邊子牛肉、小煎雞等。

川菜的風味特點取決於特產原料。除了四川平原的糧、油、蔬、果、畜、禽、筍、菌外，山區有熊、鹿、麂、獐和蟲草、銀耳、竹蓀、川貝母等，江河峽谷有江團、岩鯉、雅魚（丙穴魚）、鱘魚等，都是烹製川菜的原料；自貢的井鹽、郫縣的豆瓣、新繁的泡菜、簡陽的二金條辣椒、漢源清溪的花椒、德陽的醬油、保寧的醋、順慶的冬尖、敘府（宜賓）的芽菜、潼川的豆豉等都是烹調川菜的重要調輔料。

川菜的常用技法有炒、爆、溜、炸、煎、燒、燴、燜、熗、氽、蒸、煮、燉、熏、鹵、焗、漬、拌、醃、糟等數十種，尤以小煎、小炒、乾燒、乾煸見長。如魚香肉絲，不過油，不換鍋，現兌滋汁，急火短炒成菜，魚香味突出。

川菜味型很多，主要有麻辣、魚香、家常、怪味、豆瓣味，以及陳皮、椒鹽、荔枝、酸辣、蒜泥、麻醬、芥末等30餘種，尤以麻辣、魚香、家常、怪味等幾種味型獨擅其長。

川菜流派與特色

四川飲食業在舊時就沿襲傳統，在經營主業上和風味流派上以「幫」來區分。主業上一般分為蜀宴幫、燕蒸幫、飲食幫、麵食幫、醃鹵幫、甜食幫等。此一分法也便於各主業幫的「歸口」管理協調。在川菜風味流派上，過去也大多按舊時代人們對江河碼頭運貨販貨的船幫叫法。分有成都幫、重慶幫、自內幫（自貢、內

江），其後便按船幫統分為上河幫、下河幫及小河幫。處在上水的成都平原，又稱川西壩子，稱為「上河幫」。處在下水川東地區以重慶為代表的為「下河幫」。而位於長江上游及其主要支流的川南地區包括自貢、宜賓、瀘州、樂山、雅安稱為「小河幫」。

上河幫成都平原的川菜風味流派以味豐、味廣、醇和、香鮮見長。下河幫重慶地區的川菜風味流派則以味厚、味重、麻辣見長；小河幫以自貢宜賓為代表則有小煎小炒、乾煸水煮、味多、味廣、善調辣麻、巧用川鹽的特點。川南小河幫川菜中，自貢尤以小煎小炒、水煮見長，宜賓瀘州、雅安、樂山則以善烹河鮮而享譽巴蜀。

川菜百味之37種烹調方法

炒、爆、煸、溜、熗、炸、炸收、煮、燙、沖、煎、鍋貼、蒸、燒、燜、燉、火靠、燴、煨、燴、烤、烘、汆、拌、滷、熏、泡、漬、糟醉、糖黏、拔絲、焗、白灼、石烹、乾鍋、瓦缸煨、凍等。

細說川南小河幫菜

川南小河幫菜源自自貢，位於四川盆地南部，沱江支流的釜溪河畔，地處川南低緩的山丘陵區，氣候溫和。自貢天然資源豐富，首推鹽鹵，主產地在自流井，主要有黃鹵、黑鹵、富含氯化鈉，是中國第一大井鹽產地。也因此自貢有「鹽都」、「鹽城」之稱。自貢之名是源於兩大井鹽產區－自流井和貢井，將兩地名合二為一，稱為自貢。所謂「貢井」區，即指此地所出產之井鹽因品質上乘、味道鮮美，歷來作為貢品專供皇家宮廷享用，故而稱此「鹽井」為「貢井」。

井鹽傳奇

自貢在東漢章帝時期已有井鹽生產，到清代同治年間發展到鼎盛。西元1835年左右，在大安地區（舊名「大坟堡」）開鑿出深度達1,001.42

公尺的燊海井，是當時世界第一深井。自貢因產鹽而成市，因汲鹵而興盛，交通更是加速促成。經水路，由釜溪河順流而下，可進入沱江、長江；走陸路，有公路，鐵路穿境而過，連接周邊縣、市。在過去自給自足的小農經濟中，自貢以外的百姓是「餵雞換油鹽，餵豬換布衫」，鹽和布是自貢交換農副產品的主要商品，也是四川向省外換回棉紗、棉布的重要物資。

自貢在清代就已發展為四川較大的工商業城市，人口多，流動性強，生活消費量大，主要靠鹽與外地商品交易。但自貢百姓生活中的兩大

主要物資－糧食和肉卻自給自足。尤其是肉食，過去自貢鹽井全靠牛力提鹵，一個大井用牛數十頭，小井也需數頭。牛的來源主要是川康、川滇、川黔山區。每年大約要採購和宰殺1萬頭牛，牛肉價格常為豬肉價格的1/3左右，甚至是鹽井東家在牛老死後宰殺，再送給工人。因此，牛肉自然成為市民百姓家的主要肉食。實行機器提鹵後，牛逐漸退出歷史，牛肉也逐漸減少，其他如豬、雞、鴨、兔、河鮮才開始漸漸成了自貢人民日常生活肉食品。

1950年代初，自貢便有旅店客棧156家，飲食館店526家，到1985年飲食店增為

920家,現今則達數千家。因自貢運用牛力產鹽的背景,飲食業中最享有盛名的是牛肉菜肴,其中最具典型代表的是「水煮牛肉」、「清湯牛肉」、「乾煸牛肉絲」及「火邊子牛肉」。火邊子牛肉在清末已名揚中華各地。製作方法也獨具特色,將牛肉切成很薄的片,用牛糞燃燒之火燒烤而成,其味麻辣乾香,慢嚼細咀,香美化渣,回味悠長,是佐酒美肴,饋贈佳品。在清朝時,鹽商都用以贈送各級官員。現今仍採用傳統工藝,密封包裝,行銷世界各地。

自貢菜與鹽商菜、鹽幫菜

自清代中葉以來,中國各地鹽商,如陝西、山西等,便雲集自貢。逐步形成以各地為幫口、幫會的鹽商民間機構。為方便鹽務交易,協調商務,各地方政府還派駐鹽務官員,且各地鹽商均在自貢修建了地方會館。於清代乾隆元年由陝西鹽商集資,耗時十六年建成,堪稱古建築藝術珍品的西秦會館,在1950年代末,自貢鹽業博物館就設置在此,至今保存完好,風韻猶在。

各地鹽官及鹽商在自貢市安居落戶,帶來了各地廚師,鹽官及鹽商之間經常相互宴請,在吃喝間進行業務交流,而各地風味菜也在宴席上相互交融,逐步形成「鹽商菜」或「鹽幫菜」的風味特色。舊時,自貢鹽業鼎盛時,民間有句俗話說:山小牛屎多,街短牛肉多,河小鹽船多,路窄轎子多。其中所言河小鹽船多,即指自貢釜溪河上鹽船穿梭往來的盛況。在這樣繁榮鹽運商業經貿的推動下,自貢的民間飲食,地方小吃也得到極大發展。

自貢菜以鹽商菜(鹽幫菜)為主的官商筵宴菜,如清湯牛肉;地方傳統風味菜,如水煮牛肉;以及民間小食吃,如火邊子牛肉、擔擔麵等。有別於上河幫成都菜的華美、婉約、精緻、風味多樣;也不同於下河幫重慶菜的粗獷、豪放、厚重。取兩者之長,在烹調及風味上,體現出精緻、細膩、味多、味廣、味厚的特點。

川菜百味,味在自貢

自貢產鹽,不僅其菜式與鹽有直接關係,川菜之所以能一菜一格,百菜百味,也與川鹽密不可分。川鹽尤其是井鹽,富含多種礦物質、氨基酸、微量元素及其它能豐富味覺的物質,在和菜肴烹飪過程中,經加熱高溫溶解,而有定味、增香、提鮮、殺菌及去除異味的作用。川菜的基本「五味」:辣、麻、甜、酸、苦之所以沒包括以鹽為主體的

「鹹」味，是因為鹽是人體基本之需，也是川菜烹飪及所有烹飪的基本調味，故而不計。

有人說自貢菜「鹽重」，所謂「鹽重」應為「重鹽」，重視鹽的運用。也就是說自貢菜擅長巧用各種品質的井鹽來調味，不同的烹飪方式，不同的菜式，蒸、炒、燒、燉、拌均用不同品質的鹽，使其菜式風味尤顯鮮香醇厚，香美多滋。如水煮牛肉，雖是麻辣、卻是香辣、香麻、辣而不燥，麻而舒涼，滋味豐厚，鹹鮮醇濃。又如自貢的河鮮代表菜－自貢梭邊魚，所謂「梭邊」，是自貢當地人過去習慣稱「泡菜」為「梭邊」，因而梭邊魚實則為泡菜魚。自貢人家做泡菜、泡辣椒、泡薑有專用的井鹽，故而其泡菜鮮香味美、乳酸醇濃、口感脆爽，用之烹製的泡菜魚之鮮香、味美自是非比尋常。

自貢沱江水中河鮮豐盛，珍貴優良品種有紅鯉、岩鯉、團頭魴、白甲、青鱔、白鱔及中華倒刺「魚巴」等。運用河鮮烹飪菜品也是自貢菜式的一大特點。梭邊魚在自貢民間多用花鰱、草魚和鯰魚，高檔席宴用岩鯉。製作時把魚剖殺洗淨，橫切成塊，用薑汁、蔥節、料酒、精鹽醃漬碼味，再撒上些許太白粉碼勻，入熱油鍋稍炸，加泡菜、魔芋、芹菜和火鍋底料同燒而成。梭邊魚

體現出的是魚肉細嫩、鮮美、香濃、辣麻醇和、酸香宜人。

自貢菜在烹調中亦以小煎小炒見長，猛火短炒，不換鍋，不換油，臨時兌滋汁，一鍋成菜。其經典菜品為「小煎兔」、「小煎雞」。自貢菜中兔肴雞肴頗多也是一大特色，單單兔肴中有名的便有：水煮兔肚、小米椒兔、香辣兔塊、蘸水兔絲、黃燜兔、乾燒兔、乾鍋兔等。

善用辣、麻，
風味濃厚的自貢菜

自貢菜在風味及調味上亦善用辣麻。由於氣候溫和卻潮濕，加上過去的鹽工因勞動量大，基於身體所需，在飲食上須借由辣、麻之刺激以鬆弛疲勞、振奮精力、增強熱能、抵禦寒氣；加上地質土壤的先天特性，自貢一帶的小米椒風味特別香、鮮、辣、爽，如此促使自貢菜形成以辣、麻見長，風味濃厚的特色。然而自貢菜之辣麻追求不同於下河幫重慶菜之大辣大麻，也有別於上河幫成都菜之平和溫柔，在辣麻味上展現出辣中求香，麻中求酥，換句話說則是香辣香麻，重在一個香。如自貢代表菜之一的小米椒兔，以自貢本地鮮紅小米椒和鮮嫩仔薑炒製。吃起來先是小米椒的清香鮮辣，再是嫩仔薑的辛辣辛香，緊接著兔肉的細嫩肉香，層次分

明,口感豐富。川南一帶的人品吃這款菜還十分講究,先夾一顆兔肉丁、再是一顆小米辣椒,一片仔薑放入嘴裡同嚼,方能品出和感受這道菜的美味層次與風韻。另一款代表菜小煎雞亦與此相似。

自貢菜以其兼容並蓄的特質,而形成巧用井鹽,善用泡菜、辣麻重香、滋味豐厚,口感舒爽的風味特色,像自貢代表性河鮮菜品中的仔薑燒鯽魚、自貢跳水魚、沸騰魚、鮮椒美蛙等就充分表現出自貢菜的風味特色。而這風味及其烹調特色在成都菜及重慶菜中並不多見。獨顯川南小河幫菜之特點。

善調麻辣、巧用川鹽的小河幫菜

川南小河幫菜基本上以自貢菜為代表,而川南地區包括自貢、宜賓、瀘州、內江、樂山等地為低山丘陵,地形起伏綿延。是岷江、沱江、金沙江下游和長江上游段流經區域。

川南地區得天獨厚的水資源,豐富的物產,溫熱濕潤的氣候促使川菜在此形成獨特風格。川南小河幫菜亦在川菜三大流派中獨樹一幟,個性鮮明,風格突出。

小河幫菜既不同於上河幫菜的清麗雅致,也不同於下河幫菜的粗曠厚重,而是形成的自己獨特的風格,有將前兩者

川菜百味之
25種基本味型

家常味型
魚香味型
麻辣味型
怪味味型
椒麻味型
酸辣味型
辣味型
紅油味型
鹹鮮味型
蒜泥味型
薑汁味型
豉汁味型
茄汁味型
麻醬味型
醬香味型
煙香味型
荔枝味型
五香味型
香糟味型
糖醋味型
甜香味型
陳皮味型
芥末味型
鹹甜味型
椒鹽味型

巧妙的融合於一體之巧妙，但又不一味照搬，既講究味覺的爽口和刺激，也非常注重食材的搭配與營養，烹飪用油當重則重，調味用料當猛才猛，濃淡之妙存乎於心，可說是川菜之集大成者。

「川南小河幫菜」的烹飪、調味風格可以用五個字來概括「麻、辣、鮮、香、爽」。前四個字「麻、辣、鮮、香」望文生義，都很好理解最後的「爽」字才是「川南小河幫菜」精華所在。爽口的感覺是河幫菜的最大的特點，吃了還想吃，吃了停不下嘴是川南小河幫菜給人最深的印象，哪怕吃到額頭冒汗，嘴巴喘氣，但心裡就是覺得舒服，而且麻是麻，辣是辣，層次、口感分明吃過之後不會有燒心反胃的感覺，隔兩天還想吃！

說到川南小河幫菜獨特的口感，就不得不提到它獨特的食材與原輔料，川菜擁有「一菜一格，百菜百味」的稱譽，而小河幫菜更是將此推到極致，單是家常紅味的烹魚味型就不下十種之多，如麻辣、乾辣、鮮辣、熗辣、煳辣、酸辣、泡辣、魚香、怪味、香辣等。豐富的「味」來源於豐富而獨特的「料」：如威遠、自貢的七星椒、簡陽養馬河的二金條辣椒、資陽的小機子菜籽油、內江的嫩仔薑、川南特產的香蔥、香芹菜、甘露寺的香

醋、天花井的醬油、安嶽的苕粉、宜賓的芽菜和芝麻油、資中的冬尖加上用當地傳統工藝醃泡的四葉青菜及泡薑、泡海椒等，共同造就了川南小河幫菜「味」的豐富底蘊。

河鮮的烹製在川南小河幫菜系中佔有很大比重，可說是川菜各派系之最。河鮮關鍵在於「鮮」，俗語有云：寧吃活魚一兩，不吃死魚一斤。資陽、內江、宜賓、瀘州、自貢等川南地區盛產河鮮，物美質優，產量與品種尤以宜賓、瀘州、內江居多，正是因為有上述幾種具代表性的天然野生食材，川南小河幫菜的河鮮才有了獨到而醇厚的鮮味。

小河幫河鮮風情

四川盛產魚鮮，並以魚肉細嫩鮮美而名揚華夏。川人也因此而喜吃善烹，並創製出不少風味別樣的名品。而真正讓人穿腸難忘、愛不釋口的還是來自三江江邊打漁人家和路邊「野店」的家常風味魚肴。

說起川南河鮮，是以「三江」（長江、岷江、金沙江）匯流，萬里長江第一城的宜賓為代表，宜賓之江魚與五糧美酒自古在華夏大地便享有美譽。然而最令人動容的還是三江河鮮美味和三江河鮮打魚人家的水上風情。

江上的艘艘打漁船和江邊站在齊腰深的江水中的打漁

人，大多父子成雙，夫妻成對，母女結伴，兄妹姐弟協手，從日出到月明，遊弋在三江之上，撒網收網。江面上，漁船中不時響起他們輕鬆的歌聲和歡娛的笑聲。

三江之水不僅生養珍貴肥美的河鮮，也養育了世世代代的三江人。至今他們仍保留著傳統的捕魚方式，攔網、撒網、搬鯰、撈子、垂釣，有的夜落下網，晨曦收穫；有的日出入江，日落上岸。

漁民每日捕獲，運氣好有江團、岩鯉，大多還是青波、菜板魚、水密子、刺婆魚、玄魚子、花鰱、河鯉、黃辣丁等魚種。雖然在捕魚期，每日捕魚所獲有近兩百元，但他們仍保持傳統的生活習俗，在船上烹燒活水魚鮮。每到傍晚，平靜的江面上薄霧飄繞，只只魚船，炊煙徐徐，一股股泡辣椒、泡酸菜融合著魚鮮原味的香風美味飄蕩在江岸，漁夫一家就船圍鍋而坐，喝五糧美酒，品風味魚鮮，盡享其樂。面對此情、此景、此味，大凡是活人，誰能不心動，不垂涎欲滴。本來川南一方的川菜就擅長烹燒魚鮮，尤其善用泡椒泡菜、鮮椒、乾辣椒、以鮮燒、乾燒、燴鍋、水煮為主，其不僅講究風味醇濃，更注重突出魚鮮本味，江邊的古鎮名城也成為川人品享河鮮之勝地。

川菜百味之
10種現代多重複合味型

可樂味

茶香味

三椒味

野山椒味

奇香醬汁味

沙嗲辣醬味

避風塘家常味

避風塘陳皮味

避風塘飄香味

避風塘孜然味

河鮮烹調基本篇

FreshWater Fish and Foods in Sichuan Cuisine

A journey of Chinese Cuisine for food lovers

河鮮種類與特色

一、四大家魚

　　唐代以前，最廣泛養殖的淡水魚是鯉魚，因唐朝皇帝姓「李」，因此禁止鯉魚的養殖、捕撈與販售。養殖業者只好尋找其他魚類品種，如青魚、草魚、鰱魚、鱅魚，後來發現這四種魚分別生活在湖、河的淺水層到水底層的，各自有生活的水域與食物，因而可有效利用養殖空間，養殖技術也因此快速發展，青魚、草魚、鰱魚、鱅魚就成了四大家魚。

- **青魚**：又名青鯇、烏青、螺螄青、黑鯇、烏鯇、黑鯖、烏鯖、銅青、青棒、五侯鯖等，台灣稱此魚為烏溜或鰡仔魚。
- **草魚**：稱「鯇魚、白鯇、草鯇、油鯇」。體呈圓筒形，尾部側扁，頭梢平扁，吻略鈍，下嚥齒2行呈梳子形，體表有鱗，呈茶黃色或灰白色。腹部灰白色。肉質細嫩。◎適合：家常紅燒、清蒸、炸、溜等。
- **鯽魚**：俗稱「喜頭、鯽拐子、鯽瓜子、河鯽魚、月鯽仔」。體側扁而高，頭較小，吻鈍，無須眼大，下嚥齒側扁，尾鰭基部較短，背鰭、臀鰭粗壯、帶鋸齒的硬刺，鱗大，體為銀灰色。肉質細嫩而鮮美。◎適合：燒、炸收、煙熏。
- **鱅魚**：又稱「包頭魚、胖頭魚、大頭魚、黃鰱、花鰱魚」。肉質細嫩、鮮美、頭大、身粗、鱗甲細小。◎適合：家常紅燒、清蒸、炸溜。

二、常見河鮮：

　　四川地區大量養殖的河鮮，屬於一般家庭或餐館也常使用的品種，購買成本較為經濟，兼具美味與價廉的特質。

- **鯉魚**：又稱「毛子、稹鯉、拐子、六六魚」。其肉堅實而厚、細嫩少刺、味鮮美。◎適合：清蒸、乾燒、紅燒、脆炸。

- **白鰱魚**：又稱「白鰱、跳鰱、白胖頭、扁魚、鰱子」。頭大、吻鈍圓、口寬、眼的位置特別低，鱗小、背部青灰色、腹側銀白色。肉質細嫩但刺較多。◎適合：紅燒、清蒸、燉湯。

- **武昌魚**：又稱「團頭魴、魴魚」。以湖北鄂城縣梁子湖產為著名。肉嫩、脂多、味美。◎適合：清蒸、乾燒、紅燒。
- **黃辣丁**：又稱「黃顙魚、江鰍、黃刺魚、昂刺魚」。肉質細膩、滑嫩、少刺多脂，體長、後部側扁、腹部平直、頭大、吻短鈍、口小無鱗。名菜有「大蒜燒黃辣丁」等。◎適合：燒、燉、水煮。
- **烏魚**：又稱「烏鱧、烏棒、生魚、黑魚、才魚、蛇頭魚」。體長，約呈圓筒形，頭小而尖，前部平扁，口大，上下頜有尖齒，眼小，鰓孔寬大，體被圓鱗，背鰭及臀鰭均長，體表灰黑色，體側有不規則的黑色斑紋。◎適合：燉湯、鮮溜。
- **桂魚**：又稱「鱖豚、水豚、肥鱖、桂魚、桂花魚、季花魚」。肉質緊實細嫩，少刺春季較為肥美，上等食用魚。體較高、側扁、頭尖長、背部隆起、口大口裂約斜、下顎突出、鱗小圓形，背刺有毒刺傷會劇烈疼痛。

◎適合：清蒸、紅燒、香辣。

● **鱸魚：** 又稱「鱸板、花鱸」。背側青灰色、腹部灰白色。體側散布黑色小斑點、體長、側扁、口大、肉質結實、纖維較粗而細嫩鮮美。秋季所產最為肥美。◎適合：清蒸。

● **土鳳魚：** 四川地區的稱呼，個體細長，表皮銀白鱗甲小而密集。肉嫩刺多。◎適合：紅燒成菜。

● **鯰魚：** 又名「鬍子鯰、鯰巴郎、泥魚、鯰」。因嘴部長有八根鬍鬚，體小、肉嫩而得名。無鱗魚，大多以飼養為主，背部烏黑，腹部呈白色。◎適合：紅燒、香辣、麻辣味型。

● **大口鯰：** 又稱「鯰魚、大河鯰」，體長後部側扁、頭扁口大、下顎突出、顎內有細齒，眼小體光滑無鱗、表皮富有涎液腺、體灰褐色、肉質鮮嫩、刺少。胸鰭刺有毒刺傷後會劇痛應注意。◎適合：大蒜燒、香辣、水煮、家常、燉湯。

● **黃鱔：** 又稱「鱔魚、田鱔或田鰻」，俗稱「長魚」。體圓、細長、呈蛇形、尾尖細、頭圓而尖、上下頜有細齒。體表光滑、色黃褐無鱗。肉厚刺少、因其組氨酸含量多、故鮮味獨特。◎適合：乾煸、紅燒、水煮、炸收、涼拌。

● **泥鰍：** 又稱「鰍魚」。「鰌、鰡、鰻尾泥鰍」。俗稱「泥裡鑽」。體細長，前部圓筒形、後部側扁、尾柄長大於尾柄寬、尾鰭圓形、頭尖、吻突出、口小、須5對、無鱗，生活於淤泥底層的靜止或溪流水域中。肉質細嫩、刺少味鮮美。◎適合：紅燒、炸收、水煮、火鍋。

● **美蛙：** 美國青蛙又稱「河蛙、水蛙」。體扁平、頭小巨扁、鼓膜不很發達、眼小突出、前肢較小、後肢粗而發達。因肉質細嫩、味鮮美、蛋白質含量較高、脂肪含量較低而成為食用的佳品。◎適合：紅燒、乾煸、仔薑燒。

● **田螺：** 又稱「黃螺」。生活於湖泊、河流、沼澤、水田之中。質地結實而脆嫩、味鮮美。烹製時可以帶殼或單獨取肉烹調。川菜中多以夜宵的小炒形式銷售。◎適合：香辣、燒烤。

● **小土龍蝦：** 淡水龍蝦，又稱「克氏螯蝦」，體表有一層堅硬的外殼，體色呈淡青或淡紅色，頭胸部與腹部均勻相連，頭部有觸鬚3對，在頭部外緣的1對觸鬚特別粗長，一般比體長長約1/3。因其肉味鮮美，營養豐富而深受食客的青睞。◎適合：香辣、椒鹽、燒烤。

三、特有河鮮 ：

　　主要介紹四川地區特有的或是較不普遍的河鮮品種，有養殖也有野生的。野生的價格貴上許多，口感與鮮味都較養殖的佳。

● **青波魚：** 又稱「中華倒刺耙、烏鱗」。肉質肥美，背鰭長有一倒刺，鱗大、背側青灰、腹部銀白色、個體較大。◎適合：清蒸、湖水燒、炸、溜。

● **翹殼魚：** 學名「翹嘴魚白」，俗稱「大白魚、翹殼、翹嘴白魚」。背部青灰色、兩側銀白、體長，頭背面平直，頭後背部為隆起、體背部接近平直，口上位、下頜很厚，且向上翹，口裂幾乎成垂直故俗名「翹

殼」。眼大,位於頭的側下方。肉白而細嫩,小刺多,味美而不腥。◎適合:燒、溜。

● 黃沙魚:又稱「紅沙魚」,表面色黃、無鱗刺少、肉質細嫩、無腥味深受食客喜歡。幼魚則被稱之為金絲魚,也是常用河鮮。◎適合:紅燒、水煮、香辣。幼魚可清蒸、紅燒、香辣、酸菜燒。

● 鴨嘴鱘:又稱「匙吻鱘」,是北美產的一種名優魚類。吻特別長,呈扁平,如船槳狀,體表光滑無鱗,背部黑藍灰色,夾雜一些斑點在其中;腹部白色,口大眼小,前額高於口部,鰓耙密而細長,腮蓋骨大而後延至腹鰭,尾鰭分叉,尾柄披有梗節狀的甲鱗。肉質鮮美,富含膠原蛋白。◎適合:燒,蒸、燉湯。

● 江鯽:與鯽魚是近親,學名為三角鯉,重慶一帶的統稱江鯽,個頭大、肉厚肥嫩、鮮美而得名。又稱長江鯽魚。◎適合:燒,蒸、燉湯。

● 丁桂魚:分為黃丁桂和白丁桂。鱗甲細小、而多,背部肉厚。◎適合:清蒸、紅燒、溜。

● 邊魚:學名「鯿魚」。也稱「長春鯿、草鯿」。俗稱「方魚、北京鯿、鍋鯿、鯿花」。肉質細嫩、脂肪多、下腹最為肥美。◎適合:清蒸、紅燒。

● 小河鰾魚:成都地區又稱「貓貓魚」。個體細小、鱗甲多而密、體表呈銀白色。多以乾炸成菜後佐酒,酥香爽口。◎適合:酥炸、炸收。

● 青鱔:學名「鰻鱺」又稱「日本鰻鱺、白鱔、風鰻、鰻魚、河鰻」。背部灰黑色,腹部灰白色或淺黃,無斑點。身體細長如蛇。◎適合:酥炸、紅燒、燒烤。

● 花鰍:無鱗魚、體表像斑馬一樣的花紋、幼苗時與泥鰍相似而得名。長大後可以比泥鰍大好幾倍。◎適合:紅燒、水煮。

● 石綱鰍:個頭細小、無鱗、肉嫩鮮美。體長6~8公分,喜歡成群結對的生活。◎適合:紅燒、泡椒燒。

四、極品河鮮:

主要介紹四川地區的特有且稀少的河鮮品種,許多都屬於高冷魚,肉質特別細嫩鮮甜,養殖的量不多,大多是野生的,價格相對的貴,但其特殊的細、鮮、嫩、甜的口感與鮮味卻是令人回味再三。

● 水密子:又名「銅魚、水鼻子、假肥沱、麻花魚、尖頭棒、圓口銅魚」。體長、前部圓筒形、後部側扁,頭後背部顯著突起,胸鰭長、眼小於鼻孔。魚肉細嫩而鮮美,小刺較多,魚鱗組密含大量的鈣,故在烹調中不用去鱗;其體背古銅色具金黃色閃光而得名「銅魚」。◎適合:泡椒燒、家常燒、清蒸、乾燒。

● 鱘魚:學名是「中華鱘」又稱「長江鱘魚、沙借子」。鱘形目,鱘科。為大型魚類。體長,梭形,吻近犁形,眼小,鰓孔較大,背部青灰色,腹部白色。肉味鮮美,皮可製革,鰾及脊索可以製魚膠。◎適合:清蒸、燒、燉。

● **雅魚**：又稱「齊口裂腹魚、奇口、奇口細鱗魚、細甲魚等」。體長側扁，吻圓鈍，背部暗灰色，腹部銀白；肉多質嫩、刺少。雅安的「砂鍋雅魚」遠近聞名，久負盛名。◎適合：清蒸、燉湯、燒。

● **胭脂魚**：又稱「黃排、火燒鯿」。個體大身寬、生長快、肉嫩味鮮美，鱗甲細小。全身五彩斑斕，惹人喜愛。也是一種觀賞魚類。◎適合：紅燒、乾燒、清蒸。

● **岩鯉**：又名「岩原鯉、黑鯉」。以食岩泥漿長大，故嘴唇有老瞼（厚）較突出，鱗細而密，頭小身寬肉厚、背部隆起鰭長，肉質細嫩緊密，產量少，為產區名貴食用魚。◎適合：清蒸、鮮椒燒、雞湯燒。

● **江團**：又稱「長吻鮠、鮠魚、鮰魚、肥頭魚、肥王魚、回王魚」，體長、腹部圓、尾部側扁、頭較尖、吻肥厚、無鱗體色粉紅、背部灰色腹部白；肉鮮美細嫩、肥美翅少。為魚中之上品。◎適合：清蒸、粉蒸、大蒜燒、紅燒。

● **白甲魚**：又稱「白甲魚、爪流子」。背部青黑色，腹部灰白色，側線以上的鱗片有明顯的灰黑色邊緣。背鰭和尾鰭灰黑色，頭短而寬，吻鈍圓而突出，胸腹部鱗片較小。生活在水流較湍急、多礫石的江段中。肉嫩而味鮮美。◎適合：清蒸、紅燒。

● **甲魚**：學名「鱉」。也稱「神守」，俗稱「團魚、水魚、腳魚、足魚、元魚、元菜、王八、中華鱉」。肉質爽滑鮮美、營養豐富、裙邊滋糯味美而為筵席中的珍品。◎適合：紅燒、清燉、蒸。

● **邛海小河蝦**：又稱「沼蝦、河蝦、青蝦」。以西昌邛海中所產為最佳。體色青而透明、蝦身有棕色斑紋、頭胸部較大，肉質鮮美、細嫩、營養豐富。◎適合：醉蝦、乾炸、炒。

● **石爬魚**：又名「石爬子、石斑魚、石斑鮎、外口鮎、鯽魚」。長期習慣棲於溪澗急流中，以胸腹貼附於水底石頭上而得名。頭圓口小、身前平扁、胸、腹鰭平扁而長有吸盤，生存環境水溫在0～5℃左右，屬冷水魚，肉質細嫩、味很鮮美屬魚中珍品。◎適合：香燜、紅燒、清燉。

● **水蜂子**：洪雅一帶稱「炟老漢」、「炟鬍子」，體小無鱗，鰓兩側的刺有毒，刺傷後會腫痛，而得名。屬於冷水魚類，肉質細嫩、少刺。◎適合：香辣，燉湯、酥炸。

● **玄魚子**：每年四月（桃花開的季節）出產，到當年十一月下市。體小身短（約6～8公分長）內臟少，頭的兩側有刺具毒性，應小心處理。玄魚子為無鱗魚、表面有大量的腺體，少刺、肉質細嫩，因產量小而成為魚中之珍品。◎適合：酸菜燒、燉湯、家常燒。

● **豹魚仔**：西藏高原冷水魚，體型小短、無鱗、肉質極為細嫩。體表花紋色澤與豹子的色澤近似而得名。

● **老虎魚**：體小而細長，無鱗魚、肉質細嫩鮮美。冷水魚類。從外觀看似老虎的皮一樣而得名。◎適合：泡椒燒、水煮、乾炸。

河鮮基本處裡

有鱗魚

示範魚種：【青波魚】

❶將青波魚的頭部敲暈，或冷凍約1～2個小時，使其凍暈。

❹用剪刀將魚鰓與魚頭骨連結的地方剪斷，取掉魚鰓，之後用清水洗淨乾淨。

❷以去鱗用的刷子刮去魚鱗甲。

❸用刀剖開魚的肚腹取淨內臟。

❺根據成菜的要求特點進行刀工處理（如：片、條、塊、丁、絲、茸）。

示範魚種：【桂魚】

❶將桂魚的頭部敲暈，或冷凍約1～2個小時，使其凍暈。

❷用去鱗用的刷子刮去魚鱗甲或是以片刀逆著魚鱗的方向刮去魚鱗甲。

❸用剪刀將魚鰓與魚頭骨連結的地方剪斷，取掉魚鰓後用清水洗淨。

❹用刀剖開肚腹取出內臟。

❺根據成菜的要求特點進行刀工處理（如：片、條、塊、丁、絲、茸）。

無鱗魚

示範魚種：【黃沙魚】

❶先將魚的頭部用刀敲暈，或冷凍約1～2個小時，使其凍暈。

❷用刀剖開肚腹（或從鰓口處）取出內臟。

❸用刀從下顎的鰓根部斬一刀取出魚鰓。

❹用清水洗淨後根據成菜特點刀工處理即成。

示範魚種：【江團】

❶先將江團魚的頭部用刀敲暈，或冷凍約1～2個小時，使其凍暈。

❹用刀從下顎的鰓根部斬一刀取出魚鰓。

❷用80℃的熱水將全魚燙約10秒。

❺用刀剖開肚腹（或從鰓口處）取出內臟。

❸將燙過的江團洗去表面的黏液。

取魚肉及淨魚肉

❶用刀將處理治淨的魚，從魚尾沿著魚身水平剖開，進刀時應保持刀面在肉與骨之間。

❷從魚尾切到魚鰓處時，魚身轉直，將魚頭剁成兩半。

❸去掉連在魚肉上的魚頭、魚骨、旁邊的魚鰭及夾藏的魚刺，就完成取下魚肉的工序。

❹在沿著魚皮與魚肉的銜接處，用刀水平片開，去除魚皮，即得淨魚肉。

特殊魚種處理方式

【石爬魚】

❶用剪刀夾住石爬子魚的背部。

❸用剪刀剪破魚的肚腹，取掉內臟。

❷以剪刀夾起後，左手抓住魚的頭部。

❹再取出魚鰓即可。

【鴨嘴鱘】

❶先將鮮活鴨嘴鱘敲暈，或冷凍約1～2個小時，使其凍暈。

❷用刀剖開肚腹，取出內臟。

❸接著取出魚鰓洗淨。若是魚鰓不好取下，可用剪刀將魚鰓與魚頭骨連結的地方剪斷，即可輕易取下。

❹洗淨後根據成菜要求進行刀工處理。

【黃辣丁】

❶用剪刀先剪去脊刺、鰓兩側的毒刺。

❷再從鰓根處撕開。

❸取出內臟、魚鰓後即可。

【鱒魚】

❶先將鮮活鱒魚敲暈，或冷凍約1～2個小時，使其凍暈。

❷用80℃的水溫燙約十幾秒鐘。

❸撈出來用刀刮去表層的鱗片。

❹用刀剖開肚腹取出內臟。

❺接著取出魚鰓。若是魚鰓不好取下，可用剪刀將魚鰓與魚頭骨連結的地方剪斷，即可輕易取下。

❻根據成菜要求進行刀工處理。

【甲魚】

❶先從甲魚頸部用刀割開放血。

❸用80℃的熱水燙透甲魚身。

❷從甲魚尾部裙邊處下刀剖開背甲，取出內臟。

❹除去外表的一層粗皮。

❺以清水將燙過的甲魚身內外洗淨即可。

全魚基本刀工

【一字形花刀】

（應用菜品如：鄉村燒翹殼魚、鹽菜燒青波魚等）

刀口與魚脊呈約45度角，傾斜刀面斜剞至近魚骨處，依次從鰓後以等距離剞至魚尾即成。

【十字形花刀】

（應用菜品如：松鼠桂魚）

❶先剞一字形花刀。

❷將刀口與一字形花刀呈約60度角，垂直刀面剞至近魚骨處，依次從鰓後以等距離剞至魚尾即成。

【牡丹花刀】

（應用菜品如：糖醋脆皮魚）

❶先垂直刀面剞至近魚骨處後不動。

❸水平方向剞魚肉約2公分即可。

❷將刀面放平，以水平、往魚頭方向繼續剞魚肉。

❹將魚肉挑起後可明顯看出魚肉的切開面平行魚身。依次從鰓後以等距離剞至魚尾即成。

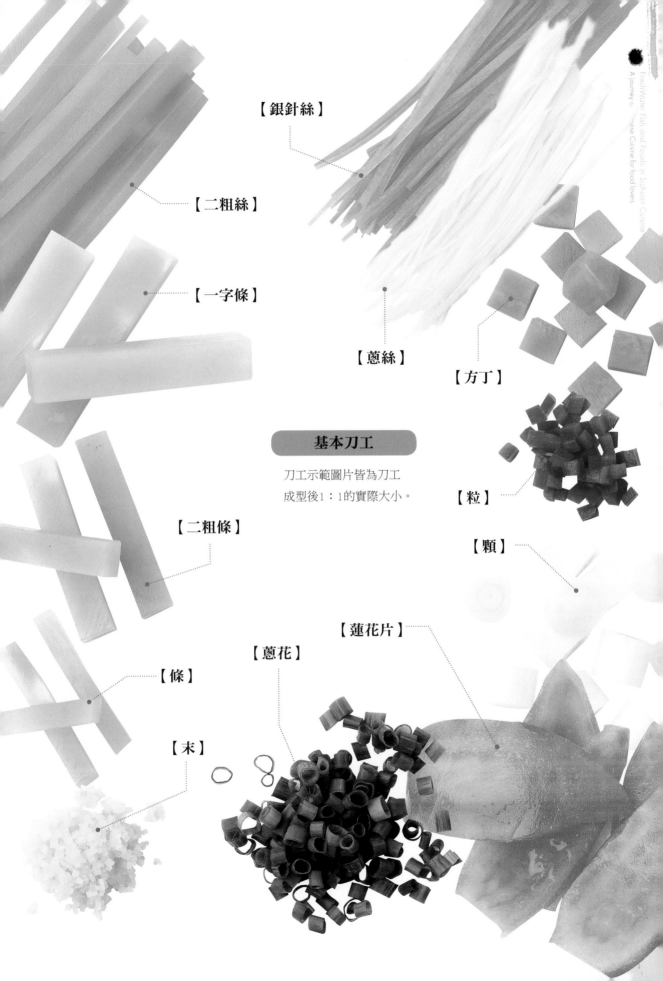

【銀針絲】

【二粗絲】

【一字條】

【蔥絲】

【方丁】

基本刀工

刀工示範圖片皆為刀工
成型後1:1的實際大小。

【粒】

【二粗條】

【顆】

【蓮花片】

【蔥花】

【條】

【末】

成都河鮮采風

歷史上的成都平原曾是澤國水鄉之巴蜀湖泊，河鮮豐盛，蜀地居民以捕魚吃魚為生。直到1950~60年代，成都市內的兩條河水，南河與府河依然是魚躍水樂，尤其每到春汛，都江堰開閘放水，豐腴的河鮮滿河歡騰。成都郊區大大小小星落棋布的河渠，水塘池堰甚至水田都充滿了各種河鮮。雖然缺少名貴河鮮品種，但卻是既豐富又價廉。不僅成為大眾百姓的日常美饌，也成為餐館酒樓的主要風味食材。

近代，從1920~40年代，是成都餐飲業發展興盛的30年，其間便產生了不少因河鮮魚肴獨具風味、特色而成為品牌名店的酒樓，像是成都南門大橋（原萬里橋）「枕江樓」之「豆瓣全魚」，成都市內「竟成園」的「糖醋脆皮魚」，「帶江草堂」之「軟燒仔鯰魚」，「芙蓉餐廳」的「豆腐鯽魚」，「蜀風園」的「麻辣江團」，「頤之時」的「乾燒岩鯉」等不勝枚舉。

天府之國－河鮮之都

河鮮菜品一直以來在川菜中都佔有主流地位，到1980年代，名品河鮮菜肴就已有200多款，現今已超過300多種菜品。近40年間，在成都的餐飲消費中，單單因河鮮而激起的一波又一波流行飲食浪潮就讓人歎為觀止。如1980年代的酸菜魚、水煮魚；1990年代的沸騰魚、郵亭鯽魚、光頭香辣蟹；2000年後的梭邊魚、冷鍋魚等是一浪高過一浪。其中以火

鍋形式竄起的有魚頭火鍋、冷鍋魚、鱔魚火鍋、黃辣丁火鍋等,到現在仍然是熱門魚肴,成都名菜。而成都人除吃火鍋外,下館子常點的河鮮菜品有豆瓣魚、脆皮魚、乾燒魚、大蒜燒鯰魚、泡菜魚、水煮鱔魚、黃辣丁、洋芋燒甲魚等。在成都人的日常生活中,河鮮是不可或缺的,平均每個家庭每週有一到兩次要吃河鮮,不是吃火鍋就是上川菜酒樓,即便是閑吃的麻辣燙、串串香這類街邊小食,也定會點吃耗兒魚、橡皮魚、黃辣丁、鱔魚一類。河鮮已不僅是川菜中的一大特色,更是成都人或是說四川人的飲食文化及習俗之必然。

在1970年代前,成都的河鮮豐盛且充足。1980年代後,河水受到嚴重污染,河鮮急劇減少,一些名貴珍稀魚種幾乎絕跡。西元2000年後,大力發展農林漁牧,改善生態環境,河鮮在市場上又重新豐盛起來。

現今成都消費市場的河鮮主要來自成都周邊九區十二縣的河鮮養殖基地,主要是江團、雅魚、岩鯉、中華鱘魚等名貴魚種。如蒲江縣的水產養殖便以中華鱘、中華鱉為特色;邛崍水產養殖則以鱔魚、大口鯰、大黃魚為主;大邑縣的冷水魚;彭州的鱒魚、鮭魚;雙流縣的黃鱔、牛蛙;而都江堰市也已是遠近聞名的鱒魚、鮭魚等冷水魚養殖基地,更成為旅遊美食景點。

成都周邊還有不少大型人工湖及水庫,均是水產河鮮主要養殖基地,常見的有鯽魚、鯉魚、鯰魚、鱤魚、草魚,同時也引進了湖北、越南等地的大甲魚,江蘇的大閘蟹等。這些河鮮主要以供應成都的市民消費及餐飲市場,少部分出口到外省。

品鮮就在成都

成都的河鮮批發主要針對餐飲的市場,迄今為止,成都僅川菜與火鍋酒樓就有3萬多家,其河鮮均來自成都市區內的青石橋水產批發市場及新建成的龍泉驛西河鎮水產物流交易市場。青石橋水產批發市場已有20餘年歷史,是西南地區最大的城市水產批發市場,其河鮮、海鮮及冷凍水產品來自中國各地及東南亞。河鮮產品則來自成都九區十縣的水產養殖基地與大型水庫,川南宜賓、雅安、樂山等江河養殖基地亦每日向青石橋輸送鮮活河鮮,僅雅安的河鮮每天都向成都運送幾千公斤鮮魚。

成都水產物流批發交易市場是中國西部最大的現代化水產流通平臺,分設為淡水魚交易區、海鮮交易區、凍品交易區及特色餐飲區,集批發市場與休閒餐飲於一處,具有交易現代化、資訊數位化、生態環保人文化的特點與現代功能,集中了全國各地的水產養殖企業及水產商,批發市場規模在百億元人民幣以上。該水產物流批發交易市場的投入和營運為成都,全川乃至西南各地提供更加充足和豐富的河鮮、海鮮及水產凍品,促進水產,尤其是河鮮、海鮮的消費。讓成都成為河鮮的品味之都,也傳承了巴蜀大地數千年的河鮮食用習俗及文化。

特色食材與調輔料

花椒類

- **南路紅花椒**：風味特點為柑橘皮味型，其芳香味是在花椒本味有明顯的熟甜果香、柑橘皮香味與涼香味。顏色屬於濃而亮的紅褐色，麻度中上到強，麻感相對溫和。著名產地為雅安市漢源縣。

- **西路紅花椒**：俗稱大紅袍花椒，風味特點是屬於青柚皮味型，通常帶有明顯的木質揮發味，加上西路花椒突出且特有的本味，是該品種花椒的標誌性味道，另具有明顯的青柚皮苦香味，其花椒顆粒是各品種中最大的，顏色為鮮艷而亮的紅色，麻度中上到強，麻感強，入口即麻。代表產地為阿壩州茂縣。

- **九葉青花椒**：風味特點是屬於檸檬皮味型，青花椒本味鮮明而濃，具有明顯花香感的青檸檬皮味或熟成的黃檸檬皮味，顏色為濃郁的深綠色，麻度中等到中上。最具特色的產地為瀘州市龍馬潭區。

- **金陽青花椒**：風味特點為萊姆皮味型，是市售花椒中唯一以地名命名的品種，主產於涼山州金陽縣。金陽青花椒的氣味是在青花椒本味有明顯的青萊姆皮爽香味與涼爽感，顏色為粉綠色或粉黃綠色，麻度相對高。

- **保鮮青花椒**：市場上的保鮮青花椒皆為九葉青品種，基本風味特點與乾的九葉青一致，但鮮香味更豐富。為適應冷凍保鮮，保鮮青花椒的成熟度較低，其色澤碧綠、麻味輕、香而鮮，在川菜中普遍使用。麻感中等。

■ 關於花椒

花椒是中國特有的香料,具獨特芳香與極強的去腥除異特性,食用歷史超過2千年,至今仍為廚師和家庭烹調所青睞,當今以川菜使用的最為廣泛。從小菜、滷味、四川泡菜、火鍋到雞鴨魚肉等菜品均可見花椒的使用。於是有一說法,就是外國人認識川菜是從麻婆豆腐開始的,因麻婆豆腐獨特的花椒香、麻滋味讓人印象深刻。

花椒的果皮含有多種具香氣的揮發油,可去除或抑制各種肉類的腥膻臭氣,同時促進唾液分泌,增加食欲。而花椒的麻來自檸檬烯對味蕾的刺激,這種刺激大腦將其描述成脹麻感。

花椒的種植主要分布於中國北部各省至西南各省,其中四川花椒品種多樣,產出的花椒品質、風味具佳,主要品種有南路椒、西路椒,悠久的

食用史更讓四川產的花椒俗名很多,如巴椒、蜀椒、川椒、清溪椒、紅皮椒、大紅袍、麻椒、狗屎椒、遲椒等。

青花椒又稱香椒子、山椒、野椒子、臭椒,主要食用品種為九葉青、金陽青,80年代以前的館派川菜是不用青花椒的,當時是窮苦人家買不起紅花椒,就自己採摘野青花椒曬乾了頂著用。

所有成熟的花椒採摘時不能碰破果皮,否則曬乾後顏色發黑,風味也稍差,因此花椒的採摘仍然十分依賴人工。另花椒樹全株都有硬刺,所以採摘過程中十分容易受傷,因此好花椒的價格相對是高的。花椒果摘下後要盡快曬乾,當天採當天曬乾最佳;乾燥開口的花椒除去果柄、種子後即成市場上看到的花椒模樣,因此當年新產的花椒多在九到十月間上市。

四川花椒中以川南雅安市的漢源花椒最為出名,漢朝還因此設置黎州郡。在《漢源縣誌》記載:「黎椒樹如有刺,縣中廣產,以附城(今清

溪)、牛市坡(今建黎)為最佳,蓋每粒有小粒附之,故稱為子母椒……元和志貢黎椒,寰宇記貢花椒,明統志貢花椒,大清一統志貢花椒。密斯士者,每年除入員外,以小印記分遺,得者莫不以為貴也。」從這段記載可知早在唐朝元和年間,漢源花椒就被列為貢品,直到清光緒19年立碑免貢為止,超過千年的進貢歷史,因此漢源花椒又被冠以「貢椒」之名。

漢源花椒經過上百代花椒農的種植與改良,氣更清、味更重、香更濃、麻上勁,自古交易地都在清溪,因此漢源花椒有另一響亮的名號清溪椒,至2017年為止,漢源縣花椒種植總面積達10萬多畝。清溪椒又稱娃娃椒、子母椒,主產於大相嶺西面的山中,得天獨厚的環境培育出了清溪椒的絕佳品質,其花椒油重粒大、色澤紅潤、芳香濃郁、甜香味明顯,麻感細緻。

辣椒類

- **紅小米辣椒**：色澤紅亮、個小、鮮辣味芳香而濃重。
- **青小米辣椒**：色澤碧綠、各個小、鮮辣味次於紅小辣椒
- **紅美人椒**：其肉質厚實、微辣、味清香。
- **青美人椒**：其肉質厚實、微辣、味清香。
- **紅二金條辣椒**：體形細長、均勻，肉嫩厚實而紅亮，質地細，辣味濃烈而芳香。主要產於每年的夏季。主要可製作乾二金條辣椒，還用於豆瓣醬和泡紅辣椒製作。
- **青二金條辣椒**：體形細長、均勻，肉嫩厚實而翠綠，質地細，辣味濃烈而芳香。主要產於每年的夏季。
- **野山椒**：野山椒屬於雲南的特產，未經泡製的野山椒，辣味極濃，經過泡製後，濃辣轉為醇辣帶酸香氣，色澤黃亮、酸辣爽口。在川菜中習慣用泡製的野山椒，市場上有瓶裝出售。

辣椒在中國

辣椒的祖先來自中南美洲熱帶地區，明代晚期才傳入中國。最早的記載是在高濂的《遵生八箋》一書，書中稱其為番椒。因為辣椒是從番外，亦即海外傳來的。但該書描述辣椒只是一種觀賞植物，到後來才發現辣椒也可食用，於是清代康熙年間出版的《花鏡》寫道：「番椒一名海瘋藤，俗名辣茄。……其味最辣，人多採用，研極細，冬月取以代胡椒。」說用辣椒替代胡椒取其辣味。辣椒進入中國後，名字就多了，有番椒、地胡椒、斑椒、狗椒、黔椒、海椒、辣子、茄椒、辣角等名稱。

辣椒在中國是沿著長江、黃河，一路從沿海往內地傳播，但食用的記錄卻是從內地往沿海發展，原因應該是內地多山，濕氣重，又有瘴癘之氣，食用辣椒可以發汗、驅濕氣，且又開胃，因此對辣椒的食用接受較早。

辣椒作為一種外來食材，傳入中國只有400年左右，卻很快辣遍全中國，將原本的辣味食材「食茱萸」（紅刺蔥）完全取代。目前辣椒種植，以四川及其周圍的省份為主要產地，同時也是主要食用地區。現在中國的辣椒總產量年產量達2800多萬噸，位居世界第一，約佔全世界產量的46%，現在每年的總產量還在快速增長。在中國各種品種都有栽種，其中雲南思茅一帶產的小米椒最辣。不辣的甜椒反而最晚傳入中國，只有100多年的歷史。

川人吃辣十分講究，早在距今1600多年晉朝的《華陽國志》中就記載蜀人「好辛香」。辣椒上了四川人的餐桌後，風味與吃法更加多樣化，有辣椒粉、辣椒油、辣椒醬、渣辣椒、乾辣椒、烱辣椒、泡辣椒、糍粑辣椒等。將辣椒與其他調料組合後，就變成紅油味、麻辣味、酸辣味、烱辣味、家常味、魚香味、怪味等，雖都有辣，卻要辣而不燥、辣得適口、辣得有層次、辣得舒服、辣得有韻味。所以川菜不只是加辣椒而已，而是精細要求辣的風味、層次，講究程度堪稱世界第一。

調料

● **川鹽**：川鹽指的是四川鹽井汲出的鹽鹵所煮製的「鹽」，主要成份除氯化鈉外，含有多種微量成份如 $Ca(HCO_3)_2$-$CaCO_3$、$CaCl_2$、Na_2CO_3、$NaNO_3$-$NaNO_2$ 等，是成就川鹽鹹味醇和、回味微甘之獨特風味的主因。川鹽在烹調上有著定味、解膩、提鮮、去腥的效果，是正宗川菜烹調的必須品之一。

發現四川井鹽

上古時期四川盆地是一座超大湖泊，井鹽資源豐富。四川開採、利用井鹽的歷史源遠流長，最久可以追溯到東漢章帝時期，在唐、宋時期就聞名全國，明、清時發展到最巔峰。

據文獻記載和考證，廣為四川地區所使用的先進鹽井開鑿技術－「卓筒井」法，創於北宋慶歷年間，既可開鹽井也可開天然氣井。位於四川中部遂寧市的大英縣及自貢市的富順縣是目前所知最早使用「卓筒井」技術開鑿鹽井的地區，而製鹽方式就是一口鹽井取鹽鹵配上一口天然氣，並燒火煮鹽鹵。

清朝咸豐、同治年間自貢成為四川井鹽業的中心，井鹽遍銷四川、雲南、貴州、湖南、湖北各省，幾乎提供了全國1/10的人口用鹽。在對日抗戰時期，因日軍封鎖海鹽，自貢井鹽的重要性大幅提高，成為內地各省的唯一食鹽來源，也因此自貢被譽為「井鹽之鄉」。

2千多年來，自貢共開鑿了1萬3千多口鹽井，累計食鹽產量達7千多萬噸、天然氣有3百多億立方公尺。眾多鹽井中被保存下來的有「大公井」、「焰陽井」、「發源井」等遺址，而每一口鹽井就會有一架天車，最高的一架天車就屬「達德井」，天車高達113公尺，約有38層樓高（位於自貢市大安區的扇子壩，可惜已於1990年代拆除）。

雍正九年全四川的井鹽產地遍及四十個州縣，共有鹽井6100多眼，當時年銷食鹽達4萬6千多公噸，到了乾隆、嘉慶時，四川井鹽產量大增，最高一年產銷的井鹽量達35萬多公噸，現年銷量保持在20～25萬噸。

● 郫縣豆瓣

郫縣乃四川成都平原西北面一個縣城，為一地名。那裏盛產川菜中使用最廣的調味料～豆瓣醬，也是品質最好的豆瓣醬。是用發酵後的乾胡豆瓣和鮮紅剁細的二金條辣椒製成的醬，再經過晾曬、發酵而成的一種調味料。紅褐色、略油潤有光澤、有獨特的醬酯香和辣香、味鮮辣、瓣粒酥脆化渣、黏稠適度、回味較長。

郫縣豆瓣的一般識別方法，首先是看色澤，從釀製工藝來看，郫縣豆瓣分成太陽曬和不曬兩種。太陽曬過的叫曬瓣，曬瓣的成品要相對濃黑，香氣也較濃些。不曬的郫縣豆瓣顏色濃而不黑，香氣略少於曬瓣。其次水份多的不好，因正常釀製的成品水份是很少的。在香氣部分不能沒有醬香氣或是怪味。若是可以品嘗的話，在口感、味道、鹹度等不能有過於濃、鹹、硬或爛的現象。

郫縣豆瓣的故事

被譽為「川菜之魂」的「郫縣豆瓣」產於成都市郫縣的唐昌、郫筒、犀浦等19個鄉鎮，已有300多年的歷史。相傳清初陳氏祖輩陳益兼在湖廣填四川的大移民潮中入蜀，途中陳賴以充饑的蠶豆遇連日陰雨而生黴，陳益兼捨不得丟棄，於是就置於田埂晾曬去黴，之後就以鮮辣椒拌和而食，竟鮮美無比，餘味悠長，之後就以製作此釀製調料為生。這就是郫縣豆瓣的起源。

清嘉慶八年，福建汀州的祖先陳逸先也來到郫縣，並於郫縣南街開設作坊，以陳益兼的方法大量生產豆瓣，郫縣豆瓣亦開始被廣為使用並有了名氣。清咸豐三年，六公公陳守信於郫縣城南街開設醬園，以釀造醬醋和祖傳之郫縣豆瓣為業，其店號為「紹豐和」醬園。民國四年，四川軍政府犒賞西藏，向郫縣「紹豐和」醬園訂購郫縣豆瓣3、4萬斤，深得官兵讚譽。軍政府特此嘉獎並贈獎牌以茲鼓勵，自此郫縣豆瓣聲名大噪。從此隨著川菜的流傳，郫縣豆瓣也遠銷至世界各地，深得各國人民的喜愛。

「紹豐和」現由陳氏後裔陳述承繼承祖業。於2006年被認定為「中華老字號」，2007年認定為「中國成都國際非物質檔遺產保護展品」。所生產的豆瓣至今仍按祖傳秘方及工藝生產、配料考究、堅持「翻、曬、露」工序，工藝獨特、品質極佳，經過360多天人工翻曬釀造而成。

郫縣豆瓣的基本工序為一、精選優質的二荊條辣椒，這種辣椒色澤紅亮辣味適中，然後剁切成1寸2分長左右的碎節，加入鹽，置於槽桶中在太陽下曝曬，一天翻攪兩次。二、將乾蠶豆浸泡，然後放入開水鍋中略煮片刻，撈起後用石磨碾壓去皮。三、將黃豆磨製成粉，然後與糯米、麵粉及去皮蠶豆一起攪拌均勻，放入籮筐中發酵。四、把發酵充分、香味撲鼻的豆瓣、辣椒相混合。五、也是最後一道工序，卻是決定豆瓣風味的關鍵，是把製成的豆瓣醬進行翻攪、曝曬並吸收夜露，為期1年左右，色澤紅亮、滋味鮮美的紅豆瓣就算釀製完成。如果想要滋味更濃的黑豆瓣醬，則需要最少1年半以上時間的釀製。

● **醪糟**：又稱「酒釀」，為糯米和酒麴發酵釀製而成的酵米。成品湯汁色白而多、味純、酒香味濃郁。有益氣、生津、活血之功效。在菜肴中有去腥、解膩、增香的作用。

● **陳醋**：陳醋一般指的是山西產的醋。顏色淺黑色，酸味持久，香氣濃厚。多應用於熱菜或涼菜湯料的熬製。加熱後酸香味更香醇。

● **大紅浙醋**：其色澤紅亮、醋酸味清爽，一般與番茄醬加熱後搭配使用，色澤更加油潤光亮。其醋的色澤、酸香味不同，所使用的菜式也不一樣。

● **料酒**：又稱「黃酒、紹酒」。淡茶黃色而透明、酒精度較低，具有柔和的酒味和特殊的香味。在菜中起除異、增香、提色、和味的作用。廣泛應用於炒、蒸、燒、燉等。

● **香醋**：一般指的是恒順香醋。色澤約比陳醋淡，酸味淡卻醇厚，多用於涼菜。

● **火鍋底料**：品牌頗多，市場上有成品出售。例如：「重慶三五火鍋底料、重慶小天鵝火鍋料、辣子魚火鍋料等」。包括近年的「清油火鍋料、牛油火鍋料等」。由於品牌、廠家的不同，其製作方法也有所不一樣。基本作法為使用菜籽油（四川俗稱「清油」）煉熟以後，加生薑、洋蔥、大蔥炸香後濾去料渣，加入郫縣豆瓣和糍粑辣椒、各種香料製成的粉狀以小火慢慢炒製，色澤紅亮、香氣四溢、豆瓣油潤。一般用小火要炒2～3小時後才能達到成菜要求。

香辛料

● **蔥**：從品種上分為：大蔥、洋蔥、四季蔥、小香蔥等。四川的品種較多，因季節不同所產的品質也不一樣。蔥在川菜中使用廣泛、用量多而大，用以除腥、去膻、增香、增味。

● **大蒜**：具體品種分為瓣蒜和獨獨蒜。大蒜的營養豐富，所含的大蒜素有強烈的殺菌作用。在烹調中起調味的作用。而在魚香味、蒜泥味、家常味等味型中帶出風味特色。

● **薑**：通常指「生薑」。按質地分為老薑和嫩薑。薑含有揮發油、薑辣素，有濃烈的辛辣味。在菜肴中主要起調味，有除異增香、開胃解膩的作用。其中老薑常在去皮處理乾淨後，加水攪打成茸。取其老薑汁來碼味，老薑茸用來作調輔料。

● **胡椒粉**：胡椒粉是用乾胡椒碾壓而成，一般分成白胡椒粉和黑胡椒粉兩種。黑胡椒粉是用未成熟的果實加工而成，白胡椒粉則是果實完全成熟後加工而成。

● **孜然粉**：又名安息茴香，新疆地區稱之為「孜然」，主要產於中亞、伊朗一帶，在中國只產於新疆。主要用來除異味、增香等，是燒、烤肉類必用的上等佐料，口感風味極為獨特，富油性、氣味芳香而濃烈。孜然也是配製咖哩粉的主要原料之一。

● **十三香**：近幾年才上市的一種香料粉，因為用八角、草

果、香葉、小茴香、三奈、桂皮等十幾種香料磨成的粉混合在一起而得名。

● **大料：** 又稱八角、八角茴香、大茴香，瓣角整齊，一般為八個角，故俗稱八角。大料風味甘甜，有強烈而特殊的香氣，是我國的特產。

● **肉桂葉：** 取肉桂樹的葉乾製而成，又稱香葉，味道不若桂皮濃，較偏清甜香氣。

● **桂皮：** 取肉桂樹的皮乾製而成，肉桂是屬於樟科常綠喬木，又稱玉桂，味道香濃，原產於中國，在烹調中常用它給燉肉調味，也是五香粉的成份之一。

● **小茴香：** 小茴香是多年生的草本植物的籽乾製而成，市場上又稱小茴香籽。主要產於埃及和印度，與茴香味道相似，但香甜味較濃。

● **三奈：** 原名山奈，一般多稱之為三奈、三柰、山奈、三奈子，又叫做沙薑，原產地在南洋，現在廣東一帶有種植。氣味芳香、味辛辣、富含粉質。以氣味濃厚為佳，多作為調味的香料。

● **草果：** 又稱草果子、草果仁，為薑科植物草果的果實乾燥而成。其風味帶有辛辣香氣，可用來遮蓋肉類的腥味，特別是在燉煮牛羊肉中。多產於貴州、雲南、廣西等地。

● **乾香菜籽：** 香菜又名芫荽、胡荽，全株植物都能吃，一般只吃它的嫩葉和曬乾的種子，即乾香菜籽。香菜的嫩葉加熱後香氣會散失，因此多是成菜後加入，取其鮮香。但香菜籽曬乾之後，卻要在油裡炸過才容易出味，因其香味成份是屬於脂溶性。

● **藿香：** 又稱「排香草」，我國各地均產，其味約甜，葉翠綠而有特殊的芳香味，川西平原主要用於燒魚、漬胡豆、味碟等，使用較為廣泛。有解暑、化濕、和胃、止嘔吐、腹脹胸悶等。

泡菜類

● **泡薑：** 又分為泡仔薑和泡二黃薑。泡仔薑一般作為餐前的開胃菜或餐後的下飯菜，其酸辣味柔和適中，酸香可口開胃，味道鮮美。色澤白黃發亮，入口脆爽。泡二黃薑實際上是比仔薑老而又比老薑嫩的一種薑，行業上通常叫泡生薑。其色澤黃亮，辣味較重，香氣濃厚，在調味時可以除腥、壓異、增香、耐高溫。

● **泡海椒：** 又稱「泡海椒、泡辣椒、魚辣子」。其色澤紅亮、肉厚、無空殼、酸辣味濃厚為上在菜肴中主要起增色、調味的作用。上世紀90年代末在全國風靡流行大江南北的「泡椒墨魚仔」，最主要的調味品就是「泡椒」。從其品種上分：泡二金條、泡子彈頭、泡小米辣、泡野山椒等，而不同的菜肴、不同的地區使用的泡

椒不同，其成菜後的口味，
風味也會有所不同。

- 泡豇豆：用鮮的嫩豇豆處理
乾淨後晾乾水氣，入裝有鹽
水的壇內，加蓋密封浸漬至
熟透。成形後黃亮、脆爽、
酸香味濃厚。一般多做調味
品。

- 泡酸菜：用四川的青菜，在
每年的春季大量上市。處理
乾淨後晾乾水氣。入裝有鹽
水的壇內，加蓋密封浸漬至
熟透。成形後色澤黃亮、酸
香開胃、入口脆爽。可以單
獨成菜或作調味料。

- 泡蘿蔔：採用白皮或紅皮蘿
蔔，入裝有鹽水的罐內，加
蓋密封浸漬至熟透。其酸香
脆爽，多用於調味，用清熱
解暑、潤肺之功效。

- 醃菜 ：用四川的青菜（每年
的春天所產為最佳、品質最
好），處理乾淨後放於通風
出晾乾，至菜葉發焉菜梗的
水氣完全脫乾，再用清水處
理治淨後，用川鹽拌碼均勻
裝入罐子內密封保存發酵而
成。隨取隨用，方便保存。

漫話泡菜

　　四川有個傳統習俗，「挑媳婦，先看他的泡菜罈子」。如果泡菜罈子的外觀乾乾淨淨，罈沿的鹽水也是清澈無雜質，再看一下裡面的泡菜，顏色鮮豔，質地脆爽，那這門親事也就幾乎確定了。

　　為何終生大事是由泡菜罈子決定？因為泡菜罈子的照顧工作需勤快與用心。從準備做泡菜起，所有的器具、食材，加上雙手都要保持乾淨，所有應放的食材、調料入罈後，進入泡製的階段時夏天需要早晚更換罈沿的鹽水2～3次，冬天要1～2次，才能讓罈沿水隔絕空氣與避免雜菌孳生的功能完全發揮。還要因所泡的食材不同與泡製的狀態隨時調整泡菜水的鹽分濃度，泡製的狀態如有異常就要及時補救。而家庭要幸福當然就要挑勤快加用心的媳婦！

　　從這裡就可看出泡菜對四川人生活的重要性，加上四川泡菜最大的特點就是製作簡單、經濟實惠、美味方便、利於貯存、不限時令又有助於解決蔬果產量過多或過少的問題。因此深受四川人的喜愛，每到飯後總要來碟泡菜，酸香脆爽，既清口又解膩，其中的乳酸菌還助消化。

　　而做好泡菜的第一步就是挑罈子，泡菜的基本原理是藉由乳酸發酵促使食材產生質變來轉化風味。而乳酸菌是厭氧性微生物，因此發酵過程中泡菜必須隔絕空氣，但日常食用時又需要頻繁取用，因而創製了現在所看到的泡菜罈模樣。將罐子底做小以便於沉澱雜物。寬廣的罈身方便添加新菜，也加大罈子的使用效率。開口小而頸細可減少因取用或添加食材而產生過多

的空氣交換。加上罈沿的部份灌入鹽水，既能隔絕空氣又能使罈內發酵產生的多於二氧化碳溢出，讓開罈、封罈變得十分便利。因此選用泡菜罈子要注意罈子外面不可有砂眼或裂紋等瑕疵。

　　關於泡菜的起源應是從醃漬菜改良而來，《詩經》記載「中田有廬，疆場有瓜是剝是菹，獻之皇祖」，「廬」和「瓜」指的是蔬菜，「剝」和「菹」是醃漬的意思，若是依此推估，泡菜的祖先應在《詩經》成書前就有了，也就是說中國的泡菜或說醃漬菜的歷史已超過2600年以上。

　　而四川泡菜的也是歷史悠久，據北魏孫思邈的《齊民要術》一書中，就有製作泡菜的描述，因此成熟的泡菜工藝至少有1400多年的歷史。甚至在清朝時，川南、川北的民間還將泡菜當作為嫁妝之一。

烹調器具簡介

工欲善其事、必先利其器

這裡除了各式的中式器具外，在量具上介紹二種西餐與西點中使用頻率最高的量杯及量匙，以利初學者在調料的「量」的控制上更方便準確。

- **片刀**：在中式烹飪中使用範圍最廣的刀具，從切末、切粒、切絲、切條、切塊、切片、取淨肉、切菜，甚至是削皮，都用這一把片刀。廚師用的片刀的規格一般是指刀面為長方形，大小約莫在15×25cm

上下，厚度不超過2mm的刀。家庭用的片刀刀面約莫在10×18cm上下，形狀不絕對是長方形，又稱菜刀，因只要是作菜要切食材都用得上。

- **剁刀**：顧名思義，拿來用力剁東西的刀，特別是帶粗骨或是硬質的食材，通常刀面比片刀梢小，但厚度達4mm左右，重量也偏重。

- **剪刀**：在烹飪中剪刀多是屬於輔助的角色，因有些食材的處裡是「剪」比「切」方

便而有效率，甚至是只適合剪。烹飪用的剪刀相對於一般的剪刀是更強有力，足以剪斷中等粗細的雞骨。

- **墩子**：又稱「砧板」，在中式烹飪的專業廚房中，多使用原木圓切的厚重墩子，其目的有二，一是使食材不易滑動，便於處裡；二是厚重的墩子不會滑動。專業用的厚度多在12～16cm之間，直徑在35～60cm之間。而家庭用的為了方便通常有圓、有方，有塑膠的也有原木的，

現在也有竹製的，在形式、材質上沒有一定，也較輕巧，但只要能達到上述的二個要求就是好用的砧板。

● **手勺**：專業廚師都習慣使用手勺烹調大多數的菜品，因手勺可以舀水、油，又可推、拌、攪、滑，也可以替代碗的功能，在勺中勾兌滋汁。但對於翻的操作就須配合顛鍋以做到翻的要求。一般家庭都無法操作顛鍋的動作，因此就有鍋鏟來相對應，雖然少了些手勺的優點，卻可以降低烹飪的技術性。

● **漏勺**：指勺中有孔洞且較大，可將兩種不同大小的食材分離，或是使固體食材與液體的水或油分離的勺。不論是汆燙或是油炸，在起鍋時都要藉由漏勺將食材瀝乾油、水。

● **炒鍋**：中式烹飪一鍋到底，煎、煮、炒、炸樣樣行，搭配簡單的器具就可以蒸。從一小瓢的湯汁烹飪，到十人份的菜品都能在同一個炒鍋中完成。這完全歸功於炒鍋的圓弧鍋底設計，量少時可以集中；量多時，熱能又可以順著圓弧鍋底傳送的上緣的食材，使菜品均勻熟成。家庭炒鍋與專業炒鍋最大的不同大概就在材質上，家庭爐具火力小，因此炒鍋材質以鐵和鋁合金為主，專業爐具火力大以生鐵為主，可以耐更高的溫度而不變形。

● **湯鍋**：基本上只要是圓柱狀的鍋子，都可以稱之為湯鍋，因此湯鍋一名可說是統稱。但若是嚴格定義，應是指深度與開口有一定比例以上的圓柱狀鍋具才能稱之為湯鍋，亦即深度要大於鍋具開口直徑的一半以上，或是鍋具設計就是以盛湯為主的鍋具。

● **攪拌盆**：在中式烹飪中並沒有所謂的攪拌盆這樣的名稱，這專有稱呼是源自西式烹飪，但此稱呼具有一定的明確性，指鍋底是圓弧狀、開口寬廣的鍋具，因而在此加以沿用。傳統中式烹飪多以湯碗當作攪拌盆；食材極多時，則是使用大盆子來做攪拌。

● **量杯**：量杯沿用自西點器具，是一種具有國際公認標準的器具，基本上一「杯」的容量相當於240c.c.，也就是一「杯」水等於240毫升，是為了便於量取食材、調料而設計。

● **量匙**：量匙也是沿用自西點器具，是一種具有國際公認標準的器具，也是為了方便量取食材、調料而設計。基本上您都會買到一整組的，裡面分成1大匙、1小匙、1/2小匙、1/4小匙，「小匙」又稱之為「茶匙」。其液體容量分別是15毫升、5毫升、2.5毫升、1.25毫升。

基本烹飪技巧

談到中式烹飪，相信許多人第一個想到的就是「火候」兩個字！看似簡單兩個字，卻是許多朋友有興趣下廚料理的障礙，就因無法正確掌握火候。

淺談火候

火候是指火力的大小（火）與時間的控制（候）。基本上加熱熟成的時間越短，對火候的要求越是要精確，最典型的就是「爆、炒」，對火候要求相對的高，從旺火爆的10秒內成菜，到一般中大火的炒製成菜最多不過1分鐘上下。因此中式烹飪對烹飪程序的要求相對於西式烹飪而言是更為嚴謹。但對調味就秉持「適口者珍」的原則，將調味的厚薄、濃淡交由烹飪者依自己的偏好決定，於是才會常在食譜中出現「適量」這樣的用語，而令人有中菜食譜不準確的印象。這對寫食譜的專業烹飪者而言真是一大誤會。量寫正確了，依菜譜烹飪的你我卻用錯火候，成菜依舊不好吃。

火候無法用言語、文字準確表達，原因就在現代爐具的火力大小，強弱相差懸殊，家庭用中式爐具的火力大小與西式爐具相比最多可以大到

近八倍；若是以中、西式專業爐具相比，中式爐具強了近四倍。都以中式爐具做比較，家庭用的與專業用的又差了二到三倍。因此您會發現中式烹飪的大廚開口閉口都是講火候，因為火候是一位大廚一輩子都在專研的烹飪問題，而且是最難以量化的！有鑑於此，本書在描述烹飪過程時盡量將火力與時間描述清楚，爐火大小是以火力較強家庭爐具為基礎，

而讀者可依據上述的一個簡單比較做適當調整。

基本烹飪技法

認識了火候，就要認識川菜的基本烹飪技法。川菜的烹飪技法極為多樣化，就目前常用的技法在《川菜廚藝大全》一書中收錄了37種烹調方法，有炒、爆、煸、溜、熗、炸、炸收、煮、燙、沖、

煎、鍋貼、蒸、燒、燜、燉、熷、爆、煨、燴、烤、、烘、雜、拌、滷、熏、泡、漬、糟醉、糖黏、拔絲、焗、白灼、石烹、乾鍋、瓦缸煨、凍等。善用小炒、乾煸、乾燒和泡、燴等烹調法。川菜以「味」聞名，味型多，烹飪方法也富於變化，且常會有一道菜中運用二、三種的技法烹飪成菜。這裡僅就本書所應用到的技法作介紹。

● **煎**：經刀工處理成流汁狀、餅狀或整件的食材原料。入鍋中加熱至熟並使兩面皮酥的一種烹調技法。煎時用中火、熱油，食材是否碼味上漿根據成菜要求特點而定。食材入鍋後先將一面煎至皮酥後，再翻面煎另外一面，煎至兩面酥脆色黃即成。

● **煮**：將刀工處理成形或整件的原料，放入開水鍋中加熱至熟的一種烹調技法。將原料加工後置於放有薑、蔥的鍋中，加入的水是原料的數倍（至少須掩蓋食材）。先大火燒開打去浮沫，再轉中小火將原料烹製熟透而成。

● **炒**：將食材經過刀工處理成絲、丁、片、末、泥等較小形態後，根據成菜要求碼味上漿，入鍋加熱至熟的烹調技法之一。按傳熱媒介方式分：貼鍋炒、沙炒、油炒、鹽炒等。按食材質地的要求分：生炒、熟炒、小炒和軟炒等幾種。小煎、小炒是川菜的烹飪技法特色之一。原料經碼味上漿後，直接入熱鍋溫油中滑散，瀝油後加料炒製而成。

● **爆**：多用於質地脆嫩的原料，將原料處理後改刀成絲、丁、條、塊狀後，須現碼現炒，碼味上漿後，下入六成熱的油鍋中爆炒，不換鍋不過油一鍋成菜。要求急火短炒（旺火、熱鍋、滾油），速度快。原料成菜後入口脆爽滑嫩。

● **鮮溜**：溜的技法之一。又稱「滑溜」，多用於質地細嫩鬆軟的食材。將原料刀工處理成形，先碼上蛋清太白粉糊後，入熱鍋、中溫油（油要多）、用中火滑散，瀝去滑油加輔料、調味、收汁成菜。其特色為質地潔白爽滑細嫩。

● **炸**：將原料經過刀工處理成條或塊狀後，根據成菜要求原料有的需要碼味上漿、有的只需碼味、有的需要上色等，放入大量的熱油鍋中，加熱使之成熟的烹製方法。按成菜質地要求分有清炸、軟炸、酥炸等。按火候的運用分有浸炸、油淋炸等。

● **燴**：將兩種或兩種以上的原料先製熟後，再下入適量的湯汁中一起調味，下少許太白粉水收汁後成菜。加熱的時間短、速度快、口味清淡、汁多芡薄。

● **燒**：將原料以刀工處理成形後，入開水鍋中汆水或炒香後摻湯燒開，以小火把原料製熟透，再調味成菜的一種烹調技法。根據成菜要求、食材質地老嫩、成形大小不同，掌握燒製的火力、時間。燒魚更應使用小火，不然魚不易入味，大火會造成魚肉不成形也不入味。成菜有色澤美觀、亮汁亮油、質地鮮香軟糯的特點。以成菜

色澤分紅燒、白燒；以調味料分蔥燒、醬燒、家常燒；按原料的生熟分生燒、熟燒、乾燒等。

● **乾燒**：乾燒技法是川菜的特色技法之一。原料經處理後，用中小火加熱，使湯汁完全滲入到食材內部或黏裹在其表面的一種技法。成菜出鍋前不勾芡，自然收汁亮油成菜，外酥內嫩。

● **燉**：指原料經加工處理成塊狀或整形後，入湯鍋、砂鍋或陶瓷燉器皿中，先大火將湯（或水）燒開，打盡浮沫加入薑、蔥，轉至微火加蓋燉上4～6小時後調味成菜。燉的要求中途不加湯，湯水一次加到足。不熄火一氣呵成，湯味鮮美，且要保持原料成形完整，爛而不爛有魂。

● **蒸**：食材入蒸籠後利用水蒸氣為傳熱媒介使食材熟透的烹調技法之一。原料刀工處理後洗淨，無論原料是整件、塊狀、或是小件，根據成菜要求和食材的多少、大小、質地的老嫩，決定碼味的輕重（採用川鹽、胡椒、料酒、薑蔥汁等香辛料醃製入味）與去腥的方式、造型的處理後，掌握入籠蒸製的時間長短、火力的大小、途中不得斷氣。蒸法可保持原料形態完整、造型不變、原汁原味不流失。蒸通常又分為清蒸、旱蒸和粉蒸等。

● **燜**：經刀工處理成形的原料，先在鍋中加少量的油爆香，加湯汁、調味料用大火燒開，轉小火加蓋，蓋嚴蓋緊至原料熟透、入味成菜的一種烹調技法。

● **汆水**：將原料刀工處理成絲、片、塊或丸形後，入大火、湯多、沸騰的湯鍋中使原料製熟的烹調技法。原料入鍋至斷生撈出晾冷即可。

● **煸**：是川菜中很具特色的烹製方法之一。將原料處理治淨後改刀成塊、條、丁、絲狀後，用川鹽、料酒、薑蔥碼味幾分鐘，入六成熱的油鍋中炸乾水氣，原料出鍋瀝油後，鍋留底油下料頭爆香，接著再將炸過的主料下入，以小火煸至原料酥香入味後成菜。或是將食材直接入鍋，以適量的油加熱、翻炒、使之脫水、成熟、乾香的方法。食材直接入鍋時用

中火、熱油，將原料煸炒至鍋中見油不見水，再下料頭爆香，再繼續煸炒入味，成菜酥軟乾香即成。

● **燜炒：**在川菜中的一種烹飪技法。將原料刀工處理成泥、末狀後，放入鍋中，加入油，用小火慢慢加熱、拌炒至乾香。行業內稱之為「火 鬲炒」。

● **貼：**烹調技法之一，將幾種原料碼味後依次黏連在一起，呈餅狀或厚片塊狀。置於鍋中以小火、熱油、少油製熟，加熱時間較長，貼鍋的一面成酥脆黃色狀，另一面軟嫩即成。

● **拌：**將生的或熟製品原料刀工處理成絲、丁、片、塊、條狀等後，根據成菜的要求來確定成品的造型，再澆拌各種獨特的味汁後，使食材入味成菜的一種烹調技法。

● **糖黏：**烹調技法之一。將原料刀工處理成條、丁、塊狀。先入油鍋炸至乾香或炒得酥香成為半成品後起鍋，鍋內再加糖以小火熬化至濃稠的糖液，再下入半成品翻勻使糖液沾附在表層，涼冷成菜。

● **炸收：**川菜中涼菜烹調技法之一。將原料處理成條、塊狀碼味後，入油鍋中炸至乾香成半成品，再入湯汁中小火慢燒，調味後將汁自然燒乾亮油，使原料色澤棕紅、酥軟、適口成菜。

● **泡：**在四川地區可為是家喻戶曉，人人會做，老少愛吃的菜肴，是川菜中涼菜的一種烹調技法。原料根據成菜要求經刀工處理成丁、片、條狀等後，放入用冷開水製成的鹽水溶液中，根據成菜特點不同加入的調味料也不一樣。一般常用的有乾花椒、乾海椒、白酒、香料、中藥材、野山椒、檸檬汁、橙汁、紅糖、薑、蒜等。葷、素、海鮮均可泡製。利用鹽水發酵產生的自然乳酸菌使原料入味、芳香至熟，達到成菜質地鮮脆、色澤不變，酸、鹹、辣、甜適口。

● **焗：**將原料處理治淨，碼味、上醬料後直接入瓦罐煲內（或過油後再入瓦罐煲內），加蓋密封，上爐後以小火加熱，利用水蒸氣的介質使食材製熟的一種方法。食材經焗後受熱膨脹、鬆軟，水分蒸發，將醬料吸附在原料上，味道乾香醇厚。

自製正宗川味複製調料

要烹飪出具有特色的川菜，除了基本功以外，煉製屬於自己的調料，是做出特色的第一步，也是他人無法取代的關鍵秘訣，即使一樣的配方，煉製的工序、火候與用心與否都將使複製調料的成品呈現不同的風味。因此在四川煉製屬於自己的風味的複製調料、醬汁就成為每位廚師贏得眾人讚揚與尊敬的法寶，也是用以區隔餐飲市場的關鍵！

川菜菜品百菜百味的基礎就在複製調料，透過運用各種配方與煉製技巧製成的調味油、醬汁、辣椒，將使成菜麻、辣、香充滿層次感，甚至營造味覺感受先後的微妙變化，如先麻後辣、先辣後麻、

酸甜而後辣、辣後香麻，或是辣唇、辣舌、辣喉、麻唇、麻舌、麻喉等。

因調料製作十分花時間，因此在這裡我們提供大量製作的配方與工序，若是家庭自行製作、使用可以依比例自行調整。

辣椒類

● **刀口辣椒：**取500克乾紅花椒粒和2.5公斤的乾紅辣椒放入炒鍋，用小火炒香後，出鍋晾冷使花椒、辣椒變深紅棕色至脆後，以絞碎機絞成碎末後就完成刀口辣椒（傳統工藝是用刀剁的方法，使辣椒成為碎末，故而得名「刀口辣椒」）。

● **糍粑辣椒：**將色澤紅亮、品相良好的子彈頭乾辣椒去蒂、籽後，入開水鍋中煮透。出鍋後用刀剁成末或用絞碎機攪成末，即成糍粑辣椒。

複製調味油類

● **菜仔油：**用油菜籽榨成的油，未經脫色，除味處理，其是所謂的生油，色澤黃亮、香味濃郁而悠長。一般須先煉熟再使用。用以煉紅油香氣更濃、醇、香。尤其拌涼菜更能讓味附著在食材上。廣泛應用於火鍋底料的油脂。四川地區又稱之為「清油」。

● 特製紅油：

原料：純菜籽油50公斤、辣椒粉10公斤、帶皮白芝麻2.5公斤、大蔥1.5公斤、酥花生仁1公斤、洋蔥片1公斤、老薑塊1公斤、香菜150克、芹菜200克。

香料：八角50克、三奈10克、肉桂葉75克、小茴香100克、草果15克、桂皮10克、香草15克。

製法：將純菜籽油入鍋，用旺火燒熟至油色發白。關火後下大蔥、老薑塊、洋蔥、芹菜、香菜炸香。接著將全部香料下入炸香後，濾去料渣。再開旺火使油溫回升至六成熱，將辣椒粉、白芝麻、酥花生仁放入大湯鍋中，備用。先把1/5熱油沖入辣椒粉、白芝麻、酥花生仁的湯鍋中，使辣椒粉、白芝麻、酥花生仁發脹浸透。待其餘4/5熱油的油溫降至三成熱時，再倒入湯鍋中，攪勻冷卻後加蓋燜48小時後即成特製紅油。

● 老油：

原料：郫縣豆瓣末5公斤、粗辣椒粉1公斤、菜籽油25公斤、薑塊500克、大蔥節500克、洋蔥片500克。

香料：八角15克、小茴香10克、香葉15克、三奈5克、桂皮3克、香草3克、草果5克。

製法：將菜籽油入鍋，用大

火燒至八成熟至熟（無生菜籽的氣味兒、色澤由黃變白）。下薑塊、大蔥節、洋蔥片炸香，隨後將所有香料投入炸香。轉小火，待油溫降至四成熱時，下入郫縣豆瓣末以小火慢慢炒至水分蒸發至乾，油呈紅色而發亮，豆瓣渣香酥油潤後，再加入粗辣椒粉到鍋中炒香出鍋，加蓋燜48小時後即成老油。

● 煳辣油：

原料：乾紅花椒粒500克、乾紅辣椒2.5公斤、菜籽油12.5克、薑塊50克、大蔥75克、洋蔥塊75克。

香料：八角5克、香葉5克、小茴香5克、桂皮3克、三奈2克、草果3個。

製法：取乾紅花椒粒和的乾紅辣椒入鍋，用小火炒香。出鍋晾冷使花椒、辣椒變焦至脆後，攪成碎末成刀口煳辣椒末備用。取菜籽油用旺火燒至六成熟，下薑塊、大蔥、洋蔥塊及所有香料炸香。將刀口煳辣椒粉放入大湯鍋中待用。當鍋中油溫升至6成熱時濾去料渣留油。將1/3的熱油澆在刀口煳辣椒末上，使刀口辣椒粉浸透並使發漲。等油溫降至三成熱時緩緩將全部的油澆在刀口煳辣椒末上，加蓋燜48小時以後即成煳辣油。

● 花椒油：

原料：乾花椒5公斤、蔥油25公斤。

製法：將乾花椒用溫水泡10分鐘後，撈出瀝淨水分，之後下入蔥油鍋中，加入蔥油25公斤。先大火燒至四成熱再轉小火慢慢熬製，待油面水氣減少花椒味香氣四溢時離火涼冷，瀝去花椒即成。

● 小米椒辣油：

原料：鮮紅小米辣椒1.5公斤、蔥油5公斤。

製法：將鮮紅小米辣椒剁成末，下入蔥油的鍋中，小火慢慢炒30分鐘至油色紅亮而油潤、有光澤、且油面水氣減少，無渾濁現象，即可連油帶渣出鍋裝入湯桶，燜24小時後濾去料渣取油即成。

● 泡椒油：

原料：二金條紅泡辣椒5公斤（剁成細末）、泡薑末1公斤、生薑塊500克、大蔥1公斤、洋蔥500克、沙拉油25公斤。

製法：將沙拉油入鍋，用旺

火燒至六成熱，下生薑、大蔥炸香。接著轉小火濾去料渣，再轉中火待油溫回升至四成熱時，下泡椒末、泡薑末轉小火，用手勺慢慢炒約2小時，至油面中的水蒸氣完全揮發，出鍋盛入湯桶內燜48小時後濾渣取油，即成泡椒油。

● **特製沸騰魚專用油：**

原料：菜籽油25公斤、老生薑1公斤、大蔥2公斤、洋蔥塊2公斤。

香料：八角15克、香菜20克、肉桂菜籽500克。

製法：將菜籽沙拉油入鍋大火燒至七成熱，下老生薑、大蔥、洋蔥炸香，轉小火下八角、肉桂葉、乾香菜籽慢慢炒香。炒約2小時後出鍋燜48小時濾去油中的料渣即成。

● **化豬油：**

原料：生的鮮豬板油5公斤（又稱邊油，就是長在豬五花肉內則的油脂）、生薑片200克、大蔥節250克、洋蔥片250克。

製法：將生的鮮豬板油用刀剁切成小塊後入鍋，並加入生薑片、大蔥節、洋蔥片。用小火慢慢將鮮豬板油熬化後，至水氣乾時有一股油香味溢出後，濾去料渣，取油入鍋晾冷凝固即成化豬油。

● **化雞油：**

原料：生的雞油5公斤、生薑片200克、大蔥節250克、洋蔥片250克。

製法：將生的雞油用刀剁成小塊，加入生薑片、大蔥節、洋蔥片。入鍋分別用小火慢慢將生油熬化後，至水氣乾時有一股油香味溢出後，濾去料渣油入鍋晾冷凝固即成化雞油。

● **蔥油：**

原料：沙拉油25公斤、大蔥節3公斤、洋蔥片3公斤。

製法：將沙拉油、大蔥節、洋蔥片同時倒入鍋中，先用中火燒熱至油面水氣沸騰時，轉小火慢慢熬製。待大蔥節發乾水分減少時關火，撈去料渣，將油涼冷即成。

高湯類

● **鮮高湯：**

原料：豬筒骨（豬大骨）5公斤、豬排骨1500克、老母雞1隻、老鴨1隻、水25公斤、薑塊250克、大蔥250克。

製法：將豬筒骨、豬排骨、老母雞、老鴨斬成大件後，入開水鍋中汆水燙過，出鍋用清水洗淨。將水25公斤、薑塊、大蔥加入大湯鍋後，下豬筒骨、排骨、老母雞、老鴨大火燒沸熬2小時，轉中小火熬2小時，成鮮高湯。

● **高級清湯：**

原料：鮮高湯5公升、豬里脊肉茸1公斤、雞脯肉茸2公斤、水3000毫升、川鹽約8克、料酒20毫升。

製法：取熬好的鮮高湯5公升以小火保持微沸，用豬里脊肉茸加水1000毫升、川鹽約3克、料酒10毫升稀釋、攪勻後沖入湯中，以湯杓攪拌，掃5分鐘後，撈出已凝結的豬肉茸餅備用。再用2公斤雞脯肉茸加水2000毫升、川鹽5克、料酒10毫升稀釋、攪勻成漿狀沖入湯中，以湯勺攪拌，掃10分鐘後，撈出已凝結的雞肉茸餅。接著用紗布將雞肉茸餅和豬肉茸餅包在一起，綁住封口後，放入湯中再繼續吊湯。見乳白的湯清澈見底時即成。

● **高級濃湯：**

原料：老母雞5公斤、老鴨5公斤、排骨2公斤、豬蹄5公斤、赤肉（淨瘦肉）3公斤、雞爪2.5公斤、金華火腿7.5公斤、瑤柱（乾貝）500克、水75公斤。

製法：將老母雞、老鴨、排骨、豬蹄、赤肉3公斤、雞爪2.5公斤、金華火腿7.5公斤、瑤柱500克處理治淨後，入沸水鍋中汆水燙過後，裝入湯桶內再加水75公斤，上爐以旺火燒開，旺火燉1小時，轉小火燉8小時

後，瀝淨料渣取湯即成。

● **雞湯**（又名雞高湯、老母雞湯）：

原料：3年以上老母雞2公斤、水3000毫升。

製法：將老母雞處理治淨後，炒鍋中加入清水至七分滿，旺火燒開，將雞入開水鍋中汆燙約10～20秒，洗淨備用。將汆過的老母雞放入紫砂鍋內灌入水3000毫升，先旺火燒開，再轉至微火燉4～6小時即成。

滷湯、湯汁類

● **酸湯**：

原料：青美人辣椒1.25公斤、小米辣椒1.25公斤、大蒜瓣500克、生薑片150克、切片檸檬250克、大蔥節200克、黃瓜切塊1公斤、鮮雞精500克、生抽1瓶（630毫升）、老抽200克、陳醋3瓶（1260毫升）、美極鮮400克、川鹽200克、水10公斤。

製法：將上述原料全部放入湯桶內，先大火燒開後轉小火熬15分鐘，冷卻後濾去料渣即成。出菜時根據成菜量的多少加入酸湯。

● **家常紅湯**（紅湯）：

原料：沙拉油500克、郫縣豆瓣末150克、泡椒末100克、泡薑末50克、薑末50克、蒜末50克、鮮高湯3公斤。

香料：十三香14克。

製法：鍋中放入的沙拉油，用中火燒至四成熱，下郫縣豆瓣末、泡椒末、泡薑末、薑末、蒜末、十三香炒香，並炒至原料顏色油亮、飽滿。之後摻入鮮高湯以旺火燒沸，轉小火熬約10分鐘後瀝淨料渣即成紅湯。

● **紅湯鹵汁**：

原料：泡椒末250克、泡生薑50克、薑末25克、蒜末20克、大蔥40克，沙拉油500克、鮮高湯3公斤、川鹽3克、鮮雞精15克。

香料：胡椒粉2克。

製法：取蔥油下鍋，用中火升溫至五成熱時，下泡椒末、泡薑末、大蔥、薑末、蒜末炒香，並炒至顏色油亮、飽滿，摻入鮮高湯以大火燒沸，用川鹽、鮮雞精、胡椒粉調味後，撈盡料渣即成。

● **薑蔥汁**：

原料：生薑100克、大蔥100克、水500毫升。

製法：將生薑、大蔥放入攪拌機，加水攪成茸，取汁即成。

● **山椒水**：

即泡野山椒的鹽水，色澤清澈、酸辣味濃厚。主要起調味的作用。

● **山椒酸辣汁**：

原料：野山椒20克、紅小米辣35克、川鹽、雞精1克、陳醋30克、豉油25克、美極鮮15克、山椒水20克、水750毫升。

製法：鍋中放入水用大火燒沸，下入全部的原料後，轉中火熬煮8分鐘，瀝去料渣後即成酸辣味汁。

● **糖色**：

原料：白糖（或冰糖）500克、沙拉油50毫升、水300毫升。

製法：將白糖（或冰糖）、沙拉油入鍋小火慢慢炒至糖溶化，糖液的色澤由白變成紅亮的糖液，且糖液開始冒大氣泡時，加入水熬化即成糖色。

河鮮烹飪美味篇

FreshWater Fish and Foods in Sichuan Cuisine

A journey of Chinese Cuisine for food lovers

經典河鮮佳肴

A journey of Chinese Cuisine for food lovers

出生廚師世家的大師：舒國重

舒國重1956年生於四川成都的五代廚師世家，而他的兒子舒傑目前也是中國川菜特級廚師，曾榮獲首屆中國川菜大賽個人全能金牌。現於澳洲雪梨擔任川菜主廚。

與生俱來的熱情

舒國重從小，在廚師世家的耳濡目染下，對料理充滿興趣，於1977年進入成都市西城區飲食公司擔任廚工開始，便抱定了在餐飲行業勤奮耕耘、奮鬥一生的信念。儘管當時條件十分艱苦，但一種對烹飪的熱情，使他努力奮進從廚工到廚師，從廚師長再到餐廳經理。

11年後的1988年，第一次參加國際表演賽的他一鳴驚人。參加成都市烹飪大賽，獲優秀菜品獎和榮譽證書；之後代表四川赴馬來西亞吉隆坡的

「四川菜品名譽推展會」上表演獻藝，他憑藉超群的烹飪技藝和紮實的理論功底，榮獲了馬來西亞官方榮譽證書。在繁忙的工作之余，舒國重的另一愛好得到了較好的發揮。因為歷次擔任省、市區委，市廚師職稱考核評委和省技工學校、烹飪專科學校、職業財貿學校、成都市總工廚師師培訓班等特聘烹飪教師、名譽教授等，所以他獲得了更多的理論知識，後來成為一名技術紮實、理論深厚的學院大師。

精彩的烹飪的生涯

在舒國重幾十年的烹飪生涯中，有一個重要的階段，亦即他從1990年被派到巴布亞新磯內亞的四川飯店起，接著到斐濟首都的「四川樓」擔任主

廚，日本本田公司的「樓蘭」餐廳主廚，具有豐富國內外工作及管理經驗。且之後多次擔任「中國四川國際合作股份有限公司」出國廚師培訓班餐廳教師、任教及廚師長等職。

1997年從日本歸國後，歷任多家星級賓館、大酒樓總廚、餐飲部經理、餐飲總監、鄉老坎技術顧問，他還曾先後相繼出任了在成都知名餐飲企業新山城菜根香集團公司任行政總廚，卞氏菜根香集團公司廚政經理。1999年被聘為北京喜來登長城飯店的川菜總廚。

2002年被四川省人民政府授予川菜名師稱號，後授予「中國烹飪大師」最高榮譽稱號。四川省名廚委員會委員。曾擔任中國國際美食節大賽評委。首屆中國川菜大賽評委、

四川省第三屆「芽菜杯」、中國川菜培訓中心顧問烹飪賽評委。

他說：「這十年是自己人生最美好的十年」。因為長期擔任涉外烹飪技術培訓班工作，他不僅有許多的機會了解國外對中餐的需求，而且更是常能走出國門去實地感受。

也因此長期擔任專業烹飪雜誌《四川烹飪》的《烹飪課堂問答》專欄的主筆教師（此雜誌為中國優秀期刊並且是具有權威性烹飪專業的期刊），通過這一平台，舒國重經由經驗與教學所累積的的烹飪觀點和實用技術，變成了一篇篇觀點鮮明、題材新穎的專業論文。也因而他發表的多篇論文及創新菜點，在中國烹飪界有著極大的影響。舒國重的成就與影響力也使他被列入《中國廚師名人錄》中並榮獲世界名廚貢獻大獎。

舒國重於1980年代起在成都首創四川小吃筵席，1994年創製了著名的「三國宴」及「三國系列菜式」，1998年他在成都知名酒店「鄉老坎」推出具有川西風味的菜品「泡豇豆煸鯽魚」「老罈子」等菜

式，使鄉土風味，即所謂的四川江湖菜一度風靡全國大江南北。2002年，他將自己的創新作品和多年從業經驗編輯成書，先後推出了暢銷中國的烹飪書《四川江湖菜》（一、二輯）及首創展現新派思路的菜肴書一《菜點合璧》。最近，他又被評為中國菜「十大精英」人物之一。也推出菜譜書《佳肴菜根香》、風味流行小吃書《江湖小吃》。

以熱情與信念 烹調生命果實

多年來舒國重大師培養了100多個徒弟，其中榮獲中國烹飪名師頭銜的有數名，川菜名師、烹飪技師、特級廚師數十人，烹調技術人員、廚師長及數千教授過的學生更是遍布全國。2005年春節，中央電視臺的節目《見證》中的《絕活世家》單元，對舒國重的廚藝世家傳奇與其精采廚藝生涯作了專題報導。2008年被被選為《中國川菜100人》的精英人物。同年獲得「中國川菜突出貢獻大獎」。

今天，身兼川菜烹飪名師和中國烹飪大師稱號的舒國重大師，在餐飲界可謂響噹噹的人物了，但他仍忙碌在一線廚房和烹飪學校的課堂上。正如他自己所說：「選擇了廚師這一行，你就得無怨無悔的耕耘下去。」

簡歷：

專研川菜紅、白案技術超過40年，並在製作上精益求精，成功將理論知識和廚藝教學融合與發展。長期在全國優秀刊物《四川烹飪》雜誌上發表諸多作品，有菜點、小吃創新論文等，並曾持續十年在此刊物上主持「烹飪課堂」問答欄目，也在《東方美食》、《中國大廚》等專業雜誌上發表烹飪知識相關文章，成為大陸知名的「川菜儒廚」。

現任四川省烹飪協會理事、國家高級烹調技師、中國川菜培訓中心顧問、國家高級考評員、高級麵點技師、中國川菜舒國重工作室技術總監。

政府授予中國烹飪大師、中國烹飪名師等名銜，獲選為川菜最具實力的十大精英人物，獲得中國川菜發展突出貢獻獎、川菜技術傳播功勛獎。

犀浦鯰魚

色澤紅亮，鹹鮮微辣，回味略帶甜酸

　　犀浦位於成都市郊的郫縣，盛產肉質細嫩、肥美的鯰魚。多年來當地廚師就地取材，運用郫縣豆瓣，精心烹製成一款家常味鮮明的地方傳統名菜。成菜以色澤紅亮，微辣鹹鮮，魚肉細嫩，鮮香適口，回味悠長的風格而名揚天下，並被列入《中國名菜集錦》（西元1981年出版，全九冊）一書，成為川菜代表性的菜品。

烹製技法：燒　　**味型：**家常味（略帶小甜酸）

製法：

① 仔鯰魚處理乾淨後，用刀在脊背處斬一刀（不斬斷）。

② 起油鍋，取炒鍋倒入沙拉油2000毫升，約七分滿即可，旺火燒至八成熱，轉中火，將仔鯰魚下入鍋中炸緊皮（魚皮皺起的樣子）後，撈出瀝油。

③ 將炒鍋中油炸仔鯰魚用的油倒出留作他用，炒鍋洗淨擦乾後，放入沙拉油約75毫升，以旺火燒至四成熱，下入郫縣豆瓣、泡紅辣椒末、薑末、蒜末，轉中小火，炒至顏色紅亮、飽滿。

④ 接著摻入鮮高湯大火燒沸轉小火，下炸好的仔鯰魚。

⑤ 調入醬油、醪糟汁、薑末、蒜末、白糖、胡椒粉、川鹽用小火慢燒至魚熟入味，將魚，先撈出擺至魚盤。

⑥ 最後以大火將鍋中湯汁勾入太白粉水收汁，加陳醋，蔥花攪勻後，將汁淋入魚上即成。

料理訣竅：

① 鯰魚必須選用鮮活的仔鯰魚，才能確保成菜所需的細嫩口感。

② 炸魚的油溫切忌過低，油溫過低魚皮炸不緊，也不可久炸，久炸魚肉就老了。

③ 炸魚的火候不宜大，炸鯰魚過程中不要過分翻動，以保持魚的形態完整。

④ 用太白粉水勾芡收汁時，火候應選用大火，才能亮汁亮油。

原料：

鮮活仔鯰魚（600克）

郫縣豆瓣末40克

泡紅辣椒末40克

生薑末30克

大蒜末40克

香蔥花20克

調味料：

川鹽2克（約1/2小匙）

白糖40克（約2大匙2小匙）

醬油5毫升（約1小匙）

陳醋40毫升（約2大匙2小匙）

醪糟汁15毫升（約1大匙）

胡椒粉2克（約1/2小匙）

沙拉油100毫升（約1/2杯）

沙拉油2000毫升（約8杯）

鮮高湯800毫升（約3又1/3杯）

太白粉水60克（約4大匙）

■川菜博物館的灶神廟。灶神的全名是「東廚司命九靈元王定福神君」，一般民間多俗稱「灶王」、「灶王爺」、「灶君」，或稱「灶君公」、「司命真君」、「九天東廚煙主」、「護宅天尊」，也就是廚房之神。

鳳梨魚

色澤金黃，外酥內嫩，甜酸適口，形似鳳梨

　　此菜運用花刀技法，將魚片炸製成形似小鳳梨一般，造型美觀並且魚肉口感外酥內嫩，酸甜中隱隱帶著果香，誘人食欲！這道菜品的趣味就在「見鳳梨卻不是鳳梨，嘗起來是魚卻無魚形」的疑惑中產生。不只是形式上讓人有錯覺，在味道上更運用醋與糖的酸與甜營造出味蕾的錯覺。

烹製技法：炸，淋汁，亦稱炸溜
味型：糖醋味（亦可選用茄汁，水果等味型）

製法：

❶ 將草魚中段處理治淨後取下完整的魚肉，片去魚肉中的骨、刺後洗淨並擦乾水分。

❷ 魚皮向下，將片刀傾斜成約35度角，斜剞魚肉成7mm粗的十字花刀。

❸ 用川鹽1/4小匙、料酒、薑片、蔥段，將剞花刀的魚肉碼拌後，靜置約5分鐘，醃至入味。

❹ 取炒鍋倒入沙拉油2000毫升，約七分滿，旺火燒至六成熱後，轉中火。

❺ 將碼好味的魚肉，裹上乾太白粉，在用手將魚肉向魚皮方向卷呈鳳梨形，放入漏瓢內，入油鍋中炸至熟呈金黃色時撈出裝盤。

❻ 將牛角青甜椒剪成3瓣並去籽，入清水中浸泡使其自然捲曲，插入鳳梨魚坯的大的那一端當作鳳梨葉。

❼ 將炒鍋中油炸的油倒出留作他用，但留下餘油約75毫升，旺火燒至六成熱，下入薑、蒜末炒香。

❽ 摻入鮮高湯，放白糖、川鹽、陳醋調味，用太白粉水勾芡收汁即成糖醋味汁，淋在魚上即可。

原料：

草魚中段650克
牛角青甜椒2根
薑片10克
蔥節20克
薑末10克
蒜末15克
太白粉80克
太白粉水40克（約2大匙2小匙）

調味料：

川鹽3克（約1/2小匙）
陳醋35毫升（約2大匙1小匙）
白糖40克（約2大匙2小匙）
醬油10毫升（約2小匙）
料酒20毫升（約1大匙1小匙）
鮮高湯100毫升（約1/2杯）
沙拉油2000毫升（約8杯）

料理訣竅：

❶ 須選用1500克左右大的草魚，魚大肉厚花刀才明顯，成菜的層次更加分明。

❷ 斜剞花刀不能剞穿魚皮，刀口要均勻一致。

❸ 必須要用乾太白粉，將每個刀口縫都均勻黏上粉，並抖散多餘的粉，太白粉不能過多，而使外皮偏硬，而免影響成菜口感。

❹ 炸製的油溫應控制在六至七成油溫。

❺ 糖醋汁需要用大火收濃，滾沸時呈吐泡狀，汁不可太稀，太稀味就巴不上魚肉。

芹黃拌魚絲

質地嫩脆，鹹鮮帶酸，清爽適口

原料：

河鯉淨魚肉250克

芹黃150克

紫甘蘭25克

小米辣椒2克

蛋清太白粉糊35克

生薑末30克

調味料：

川鹽3克（約1/2小匙）

香醋20毫升（約1大匙1小匙）

香油3毫升（約1/2小匙）

鮮雞精10克（約1大匙）

料酒5毫升（約1小匙）

薑蔥汁15毫升（約1大匙）

高級清湯100毫升（約1/2杯）

烹製技法：拌　味型：薑汁味

製法：

❶ 將河鯉淨魚肉用刀切成長約8cm、寬約4mm的絲條。

❷ 將魚絲放入盆中，用川鹽、料酒、薑蔥汁碼拌均勻、醃漬5分鐘後，加入蛋清太白粉糊拌勻，備用。

❸ 芹黃切成像魚絲一樣的絲條，用淡鹽水浸泡10分鐘，撈出瀝盡水分裝盤，待用。甘蘭切成細絲，待用。

❹ 將薑末放入碗中，再加入川鹽、香醋、雞精、小米椒粒和少許的高級清湯兌成薑汁味的滋汁。

❺ 鍋內放清水至八分滿，旺火燒沸後轉中小火保持微沸，將魚絲抖開，使其散入鍋內，小火汆熟後撈出晾冷再放在芹黃上。

❻ 最後淋入薑汁味的滋汁，撒上紫甘蘭菜絲即成。

料理訣竅：

❶ 切魚絲應順著魚肉纖維切，汆熟後才不易斷碎。

❷ 如不習慣生吃芹黃，也可用開水將芹黃汆熟後再拌。

❸ 汆魚絲必須是沸水下鍋，之後輕輕用筷子撥才容易散成一絲一絲的，不可久煮和使勁拔，以免斷碎。

❹ 澆淋汁應在食用之前，不可過早將味汁拌入，會影響質感和色澤，且味汁中的鹽分會使芹黃失去脆爽口感。

❺ 在薑汁味基礎上添加少許的小米椒粒，更添微辣爽口的風味，且色彩更鮮豔。

傳統「芹黃魚絲」為熱菜，以「鮮溜」的技法烹製成菜，滑嫩脆爽，芹香濃郁，很受人們喜愛。現將此菜演化為冷菜，魚絲先用沸水汆熟後放涼，再採用「冷拌」的方式拌入生嫩的芹黃，並輔之以「薑汁味」，成菜色澤淡雅，魚肉細嫩，芹黃脆爽，入口生香。

■恍若桃花源的上里古鎮。

盆景桂花魚

造型美觀，吃法新穎，外酥內嫩

原料：

桂花魚1條（約400克）

青蒜苗10根

生菜絲100克

竹籤10根

雞蛋液50克

麵包粉50克

蘿蔔花5個

調味料：

川鹽2克（約1/2小匙）

胡椒粉1克（約1/4小匙）

薑蔥汁15毫升（約1大匙）

糖50克（約3大匙1小匙）

陳醋50毫升（約3大匙1小匙）

料酒5毫升（約1小匙）

沙拉油2000毫升（約8杯）

烹製技法：炸　味型：鹹鮮（亦可配椒鹽味碟和番茄味碟、糖醋味）

製法：

1. 將桂花魚處理治淨，取下兩側魚肉並去皮成淨魚肉。

2. 把淨魚肉片成厚約3mm，長、寬約為 8cm×3cm的薄片，用薑蔥汁、料酒，胡椒粉，川鹽碼勻後，拌入蛋液，靜置約3分鐘，醃至入味。

3. 將魚片分別裹在10根竹籤上成橄欖的形狀，再沾裹上麵包粉，備用。

4. 將青蒜苗洗淨後，修剪成尖葉形，備用。

5. 取炒鍋倒入沙拉油2000毫升，約七分滿，旺火燒至四成熱後，轉中火，將竹籤魚下鍋炸至金黃熟透，撈出瀝油。

6. 將糖醋味生菜絲放入花盆內，分別將蒜苗，竹籤插入，點綴蘿蔔花即成。

料理訣竅：

1. 魚片不能過厚或形狀太大，才能顯現精緻感。

2. 裹魚片時，因只在竹籤1頭裹，因此須用手捏裹至緊，油炸時才不會散開。

3. 炸製的油溫不可太高、易將魚表皮的粉炸得焦糊。若是過低，就不易將魚肉炸至熟透。

4. 插入花盆內，如不容易插穩，可以用水果時蔬襯底，以幫助穩固。

■園林的營造對成都人而言，與當地自然的山川風物融為一體才是最高境界，園林本身與百姓的生活是融在一起的，所以成都園林的特色就在以竹和花為主，加上蜀文化中深厚的水文化，因此都市的園林中一定都有水池、流水等元素。

中菜烹飪的擺盤方式受國畫影響甚深，因此在擺盤上多將成菜的主配料當做繪畫的元素，並在盤中創作，讓食者在品之餘，得以欣賞一幅意境悠遠的畫。此魚肴跳脫了傳統的平面擺盤，選用少刺肉質細嫩的桂花魚作原料，應用花盆作器皿，大膽的將立體的插花藝術同菜肴擺盤結合，形成獨特藝術風格。

銀杏魚卷

色澤自然美觀，質地細嫩鮮美

　　銀杏樹亦稱「白果樹」、「公孫樹」，是植物界的「活化石」，以2億7千多萬年前的原始樣貌遍布在現代中國，銀杏樹所結的果實，俗稱「白果」，也擁有極佳營養，列入中藥材的行列，有潤肺定喘，止滯濁的食補功效。白果搭配魚卷，成菜美觀大方，質地細嫩味美，白果有微毒，不能一次吃太多，且烹飪、食用前應取出白果的心。

原料：

鯉魚肉400克

銀杏25克

熟火腿50克

冬筍75克

菜心150克

蛋清太白粉糊50克

特製奶湯400克

太白粉水30克

調味料：

川鹽3克（約1/2小匙）

雞粉3克（約1小匙）

胡椒粉1克（約1/4小匙）

薑蔥汁20毫升（約1大匙1小匙）

化雞油5毫升（約1小匙）

化豬油3毫升（約1/2小匙）

鮮高湯500毫升（約2杯）

特製奶湯100毫升（約1/2杯）

太白粉水30克（約2大匙）

蛋清太白粉糊
調配比例與方式：

雞蛋1顆，敲破雞蛋，只取雞蛋清（蛋黃留做它用），調入約30克的太白粉和勻成稀糊狀即成。

烹製技法：卷，蒸，淋汁　　**味型**：鹹鮮味

製法：

❶ 將鯉魚肉治淨後，去皮取淨魚肉，片成厚約3mm，長、寬約為8×6cm的片。

❷ 將魚片放入盆中用少許川鹽約1/4小匙、料酒、薑蔥汁將魚片醃漬約3分鐘，待用。

❸ 將火腿，冬筍分別切成長約5cm，寬、厚各約2mm的絲。

❹ 將洗淨的銀杏放入碗中，加清水至蓋過銀杏，上蒸籠以旺火蒸約20分鐘。

❺ 取已入味的魚片平鋪於盤上，放上火腿絲、冬筍絲卷成直徑1.5cm的卷，用蛋清太白粉糊封口黏牢。

❻ 依次完成魚卷後，將魚卷放入盤內上蒸籠，旺火蒸約5分鐘至熟透後取出。

❼ 將步驟4蒸過的銀杏通去銀杏心，再放入鮮高湯中用雞粉調味，上蒸籠蒸約5分鐘至熟軟，備用。

❽ 將菜心洗淨後入沸水鍋中汆燙至熟，撈起瀝水後，擺入盤內墊底。

❾ 再將步驟6蒸好的魚卷放在菜心上，用步驟7蒸軟的銀杏圍四周。

❿ 炒鍋內放化豬油，以旺火燒熟，加入特製奶湯、川鹽1/4小匙燒沸後，加入太白粉水勾成二流芡，滴入雞油攪勻後，將奶湯汁淋在魚卷上即成。

料理訣竅：

❶ 宜選用重1000克以上的大河鯉，魚肉須去盡骨、刺以確保食用的口感與便利性。

❷ 魚卷應儘量卷牢，封口應黏緊，避免蒸的過程中散開。

❸ 蒸魚卷時間要掌握好，一般蒸4-5分鐘即可

❹ 勾芡汁不能過於稠濃而影響口感與味道層次。

❺ 應選用甜銀杏果，苦銀杏果不能入菜。

■ 銀杏樹為成都市的市樹。成都市區現有銀杏古樹約有600多株，樹齡最大的達500餘年。市郊園林以都江堰市青城山古銀杏樹齡最長，相傳為漢代張天師親手栽植，已經有2千多年的樹齡。

鳥語魚花

魚肉花細嫩鮮美，味酸甜咸鮮，成菜別具一格

　　此菜，集形、色、意、聲、味、器之美於一體，使這款河鮮魚肴達到了一種詩情畫意的境界。選用河鰻魚肉，剞成花刀，經爆炒成花形入盤，再將菜盤置於花籃中，花籃提把上掛有一個小鳥籠，撥開鳥鳴器，將花籃上桌，使人有種置身於大自然鳥語花香之中的愉悅感受。

烹製技法：炒

味型：荔枝味

製法：

❶ 將鰻魚整理治淨後去骨，用刀在魚肉面剞成十字花刀，再改刀成小菱形狀。

❷ 將鰻魚肉用料酒，薑蔥汁，川鹽碼拌、醃漬約5分鐘，再加入蛋清太白粉糊拌勻，備用。

❸ 將泡紅辣椒去籽，剪成花瓣形。青筍花用少許鹽水浸泡，備用。

❹ 鍋內放入沙拉油75毫升，用中火燒至四成熟，將魚肉下入油中滑熟。

❺ 接著倒出多餘的油，維持中火，再下入薑、蒜片、泡辣椒炒香。

❻ 最後烹入川鹽、胡椒粉、白糖、香醋、雞精混合而成的滋汁，並以太白粉水兌成酸甜汁後，加入青筍花略炒即可成菜裝盤。

❼ 將菜盤置於花籃中，加以點綴，撥起鳥鳴器即成。

原料：

河鰻500克

泡紅辣椒20克

青筍花50克

薑片15克

蒜片10克

蛋清太白粉糊20克

花籃1個

鳥鳴器1個

調味料：

川鹽3克（約1/2小匙）

料酒15毫升（約1大匙）

胡椒粉2克（約1/2小匙）

白糖30克

雞精2克（約1/2小匙）

香醋30毫升（約2大匙）

沙拉油75毫升（約1/3杯）

薑蔥汁20毫升（約1大匙1小匙）

太白粉水15克（約1大匙）

料理訣竅：

❶ 若無河鰻，可選用刺少的河鮮魚類，但必須記得去盡骨、刺。

❷ 剞花刀要均勻，深淺一致，不能剞穿魚肉。

❸ 蛋清太白粉糊不能用的過重，宜少。拌入蛋清太白粉糊的目的只是確保魚肉的細嫩口感。

❹ 魚肉下鍋時油溫不可過高，同時應避免黏在一起。

❺ 烹汁下鍋快速，不宜久炒，否則香醋會因加熱過久而失去酸香味。

❻ 成菜後味汁不宜過多、過濃，而使菜品失去應有的清爽。

■望江樓公園的竹林禪意。

■郫縣農園景色。

經典河鮮佳肴

冬瓜桂魚夾

晶瑩剔透，白汁鹹鮮，味美質嫩

　　桂魚原名「鱖魚」，一直以來多是全魚成菜。但此菜只取桂魚肉，切片後鑲入冬瓜片內，經過蒸熟，澆汁而成為一款魚蔬合烹的魚鮮佳肴，取代傳統全魚形式，但風味依舊。

烹製技法：蒸，淋汁　　**味型**：鹹鮮味

製法：

① 桂魚整理乾淨後，取其淨魚肉，用刀切成厚約3mm，長、寬約5×3cm的魚片。

② 將魚片放入盆中，用川鹽1/4小匙、料酒、蛋清太白粉糊碼勻，靜置約5分鐘使其入味。

③ 冬瓜去皮，切成厚約3mm，長、寬約5×3cm的大小，以兩刀一斷的方式切成夾片，備用。

④ 將金華火腿切成小於魚片，厚約2mm的薄片，備用。

⑤ 取冬瓜夾片入沸水鍋中汆一水後撈出，並略壓汆好的冬瓜夾片，以擠去多餘的水分。

⑥ 各取一片魚片和火腿片，分別夾入冬瓜夾片內，成為冬瓜桂魚夾，擺入盤中。

⑦ 完成全部冬瓜桂魚夾後，送入蒸籠旺火蒸約5分鐘至熟，取出後翻扣於成菜用的盤中，備用。

⑧ 炒鍋中放入清湯用中火燒沸，調入川鹽1/4小匙、胡椒粉、雞精，轉小火，下入太白粉水勾成玻璃芡，滴入雞油、沙拉油成明油，推勻後澆在冬瓜桂魚夾上即成。

原料：

鮮活桂魚一條500克
冬瓜400克
金華火腿100克
清湯200克
蛋清太白粉糊40克

調味料：

川鹽2克（約1/2小匙）
料酒5毫升（約1小匙）
胡椒粉1克（約1/4小匙）
雞精2克（約1/2小匙）
化雞油10毫升（約2小匙）
沙拉油20毫升（約1大匙1小匙）
高級清湯100毫升（約1/2杯）
太白粉水30克（約2大匙）

料理訣竅：

① 桂魚應選鮮活的，並取盡魚骨、魚刺，才能確保鮮美、甜嫩的風味。

② 醃漬桂魚片時切忌用鹽過多，會蓋去魚肉的鮮甜味。

③ 魚肉拌入蛋清太白粉糊後，適當加點沙拉油，可以避免相互黏連。

④ 冬瓜夾片不能切得太厚，汆燙時需要用沸水，才能確保成菜口感層次的細膩感。

⑤ 蒸製冬瓜魚片的時間不可過長，以免魚肉質地過老。

⑥ 勾玻璃芡汁不能用大火，須將炒鍋端離火口進行。

開屏鱸魚

形美自然，質地細嫩，味鹹鮮略帶酸辣

　　此菜根據孔雀開屏的寓意與形式創製，造型自然大方，色彩飽滿，成菜後質、味、形俱佳，因此成為宴席上的常客，特別是喜慶壽宴，具有祝福之意，加上魚肉細嫩，味道清爽，在宴席中有濃淡調和的作用。

烹製技法：蒸，淋汁

味型：山椒味（微酸辣）

製法：

1. 將鱸魚處理後整理治淨，先剁下魚頭，再用刀，垂直魚的背脊處，每隔1cm切一刀，不將魚切斷，保持魚腹處相連。
2. 將切好的鱸魚放入盆中，用料酒、川鹽1/4小匙、薑片、蔥段碼拌醃漬約2分鐘至入味。
3. 將已入味的魚身擺於盤上成扇面形（孔雀開屏狀），魚頭放中間。
4. 用豬網油蓋在魚上，再放上薑片、大蔥段，送入蒸籠蒸約5～6分鐘至熟。
5. 將菜心下入中火煮沸的開水鍋中氽一水，使其斷生，撈起瀝乾，備用。
6. 將蒸好的鱸魚取出，去掉網油、薑片、蔥段。再將氽燙過的菜心放在魚頭和魚身之間。
7. 炒鍋放入沙拉油，以中火燒至四成熱，下薑、蒜末、泡野山椒粒、紅美人辣椒粒炒香。
8. 摻入豬骨鮮高湯，調入川鹽1/4小匙、胡椒粉、雞精，勾入太白粉水成玻璃芡汁，淋入魚上即成。

料理訣竅：

1. 應在魚身部分至少切十刀以上，才能形成開屏的造形。
2. 醃漬鹽味不能過多，寧少勿多，醃漬2分鐘即可
3. 芡汁不可太稠濃，而使成菜失去清爽亮麗的感覺。

原料：

鮮活鱸魚1條（約500克）
泡野山椒粒50克
菜心100克
紅美人辣椒粒5克
蒜末10克
薑末10克
薑片5克
大蔥段10克

調味料：

川鹽2克（約1/2小匙）
胡椒粉1克（約1/4小匙）
料酒10毫升（約2小匙）
雞精5克（約1小匙）
沙拉油25毫升（約1大匙2小匙）
豬骨鮮高湯100毫升（約1/2杯）
豬網油25克
太白粉水15克（約1大匙）

山椒泡鯽魚

鹹酸微辣，魚肉細嫩爽口

　　四川泡菜是天下一絕，以乳酸味濃、口感脆爽、色澤鮮豔而聞名。在四川地區作泡菜的方法是家喻戶曉，傳統泡菜以時蔬為主，如今則是將眾多葷原料也用於泡製。「泡鯽魚」採用熟泡方法，將鯽魚烹熟後再進行浸泡而成，是一款風味別緻的河鮮烹飪菜式。

原料：

鮮活鯽魚4條（約500克）

蒜片10克

薑片25克

大蔥節20克

紅二金條辣椒2根

青筍條25克

鮮花椒2克

調味料：

川鹽15克（約1大匙）

泡野山椒1瓶（約100克）

料酒5毫升（約1小匙）

白醋3毫升（約1/2小匙）

礦泉水1000毫升（約4杯）

烹製技法： 泡（先蒸熟後泡製，亦可生泡後再蒸製成菜）

味型： 酸辣味（山椒風味）

製法：

❶ 將鮮活鯽魚去鱗整理乾淨後，用料酒、薑片、蔥節碼拌、醃漬約5分鐘至入味。

❷ 將已入味的鯽魚送入蒸籠旺火蒸約3分鐘至熟，取出晾冷，備用。

❸ 將整罐野山椒連枝和湯汁一起倒入盆中，加入礦泉水，放入川鹽、白醋、鮮花椒攪勻後即兌成泡鹽水。

❹ 將鯽魚、青筍條、紅二金條辣椒、薑片、蒜片放入山椒鹽水中浸泡3-4小時，即可取出食用。

料理訣竅：

❶ 活鯽魚要將放養在清水中一天，讓其吐盡汙物。

❷ 蒸鯽魚時應用大火蒸，鮮味才能封在魚肉中，但不能久蒸，久蒸肉就老了。

❸ 泡製的山椒鹽水需淹過魚身，才能入味。

❹ 泡製的山椒鹽水不能重複使用。

■四川人三餐都離不了泡菜，即使是在江上的河鮮特色酒樓也一定要在船上泡上十幾壜的泡菜，講究隨取隨用，風味及口感才能保持在最佳狀態。

涼粉鯽魚

色澤紅亮，味道麻辣，香氣濃郁，涼粉爽滑，魚肉細嫩

　　四川涼粉分為許多種，有米涼粉、豌豆涼粉（又分黃豌豆粉與白豌豆涼粉）、綠豆涼粉（又名白涼粉）、蕎麥涼粉等等，常以涼拌方式食用，是街井巷弄間最受歡迎的小吃。而以豌豆涼粉製成的「涼粉鯽魚」為四川的傳統名菜，是川菜烹製河鮮魚肴的一款經典風味。做法是將涼菜的調味方法用於熱菜烹製，使得成菜風味獨特。

■就川菜而言，調味看似簡單卻極其深奧，不管冷、熱菜，數十樣的調料一展開就像天書，要正確無誤的調理出美味沒那麼簡單！

烹製技法：蒸，汆，拌

味型：麻辣味

製法：

① 將鯽魚去鱗後整理治淨，用料酒、川鹽再魚身上抹均。

② 把鯽魚放在墊有豬網油的蒸盤上，再將豬網油包在魚身上，放上薑片、大蔥段、花椒，上蒸籠蒸約7分鐘至熟。

③ 將蒸好的鯽魚從蒸籠取出，去掉魚身上的網油，裝入盤中。

④ 涼粉用刀切成1.5cm的小塊，入旺火燒的沸水鍋中汆一水（汆燙一下的意思），撈起瀝去水份。

⑤ 將燙好的涼粉放入攪拌盆內，加入紅油辣椒、豆豉泥、醬油、香油、蒜泥、白糖、花椒油、芽菜末、蔥花、芹菜粒、雞精拌勻。

⑥ 將拌勻入味的涼粉澆蓋於鯽魚周圍即成。

料理訣竅：

① 鯽魚盡可能選用鮮活的，才能嘗到細嫩肉質。

② 用豬網油把魚包起來蒸，才能有足夠的油脂使魚肉滋潤且魚皮發亮。若無豬網油，可選用切成薄片的豬肥膘肉替代。

③ 涼粉刀工應切的大小均勻，不能過大或太小，一般切成1.5cm的正方形塊狀，一來是使裹在其上的湯汁味道可以恰好展現涼粉風味，二來方便食用。

④ 汆涼粉後必須要瀝乾水分後再加入調味料，以免額外的水份影響口味的濃淡。

原料：

鮮活鯽魚3條（約400克）
白豌豆涼粉350克
宜賓芽菜末10克
芹菜粒20克
蔥花20克
蒜泥15克
豬網油250克
生薑片15克
大蔥段15克

調味料：

川鹽3克（約1/2小匙）
紅油辣椒30毫升（約2大匙）
豆豉泥15克（約1大匙）
花椒油5毫升（約1小匙）
料酒5毫升（約1小匙）
醬油10毫升（約2小匙）
白糖3克（約1/2小匙）
鮮雞精5克（約1又1/2小匙）
花椒1克（約1/4小匙）
香油5毫升（約1小匙）

辣子魚

肉質乾香爽口，麻辣香味濃郁

　　重慶在1980年代出了一道名菜「辣子雞」，源自歌樂山一帶的路邊小店，下料時大把辣椒、大把花椒的，成菜粗獷豪放，深受不拘小節的重慶人所喜愛。這裡借用「辣子雞」的做法與調味，做成道地巴蜀民風食俗的「辣子魚」，麻辣乾香，香酥化渣，味道濃厚。

烹製技法：炸，炒　　**味型：**麻辣味

製法：

❶ 將鱸魚整理治淨後，用刀切成長約8cm，寬、厚約1.5cm的魚條。

❷ 將切好的魚條放入盆中，用川鹽1/4小匙、料酒、薑片、蔥段碼拌、醃漬約3分鐘，再加入太白粉拌勻上漿。

❸ 取炒鍋倒入沙拉油2000毫升，約七分滿，旺火燒至七成熱後，轉中火，將碼味上漿的魚條下入油鍋炸至定形上色後，油溫控制在四成熱，浸炸至外酥內嫩後，撈出瀝油。

❹ 將炸魚的油倒出留作他用，鍋內約留75毫升的沙拉油，中火燒至四成熱後，下朝天乾辣椒、乾花椒、薑片、蒜片、蔥段炒香。

❺ 最後放入魚條，調入川鹽1/4小匙、雞精、白糖、胡椒粉炒勻至香，淋入香油即成。

料理訣竅：

❶ 魚可連骨斬成條。

❷ 拌入魚條的太白粉不要太多，拌勻後應抖去多餘的粉。

❸ 炸的油溫應七成熱下鍋，先高溫定型上色，再低溫炸透。

❹ 炒乾辣椒火候不可太大，中小火炒至辣椒酥香呈棕紅色後再下花椒，以避免炒焦。

原料：

鮮活鱸魚1條（約400克）

大蔥段25克

薑片20克

蒜片20克

朝天乾辣椒100克

乾花椒35克

太白粉20克

調味料：

川鹽3克（約1/2小匙）

料酒15毫升（約1大匙）

白糖10克（約2小匙）

雞精3克（約1/2小匙）

胡椒粉1克（約1/4小匙）

香油2毫升（約1/2小匙）

沙拉油2000毫升（約8杯）

■四川是辣椒的生產大省，每年7到9月的辣椒旺季，市區常可見一般家庭自己曬製乾辣椒，農村更是一片火紅。

芙蓉菜羹魚片

色澤自然美觀，味清淡魚細嫩

川菜中以清鮮為主，不帶麻辣的菜品多爽口不膩，除了調濟口味外，為的就是解麻辣菜品的的厚重。此菜就是一道清鮮「清口菜」，採用蒸芙蓉水蛋，青菜羹和桂魚片相組合，成菜色調自然的，不只清口，也「清眼」。

原料：

淨桂魚肉200克
青菜心200克
雞蛋2個
太白粉25克
蛋清太白粉糊30克
清湯400克

調味料：

川鹽2克（約1/2小匙）
料酒5毫升（約1小匙）
雞精2克（約1/2小匙）
高級清湯400毫升（約1又2/3杯）
沙拉油45毫升（約3大匙）
太白粉水15克（約1大匙）

烹製技法：蒸 ，燴 ，汆　　**味型：**鹹鮮味

製法：

① 將淨桂魚肉切成魚片，用川鹽、料酒拌勻，在拌入蛋清太白粉糊上漿，靜置約3分鐘使其入味。

② 將青菜心洗淨切細，備用。

③ 將雞蛋打入碗中攪散，加入川鹽及100毫升的清湯攪拌均勻，倒入玻璃湯碗內，送入蒸籠以中火蒸約8分鐘至熟，取出即成雞蛋羹（俗稱「水蛋」或「芙蓉蛋」）。

④ 取炒鍋倒入沙拉油，中火燒至五成熱後，下入青菜心絲炒熟，起鍋後放入雞蛋羹上。

⑤ 再將魚片下入小火微沸的水中汆熟，放在菜的中間。

⑥ 最後將300毫升的清湯倒入鍋中，用中火燒沸，加入川鹽、雞精調味，再用太白粉水勾成薄芡，澆在魚片上即可。

料理訣竅：

① 必須選用鮮活桂魚，才能與雞蛋羹的口感相襯。

② 應將魚片中的魚骨、魚刺及皮去盡之後再切薄片，魚肉的細嫩度才不會因此受到破壞。

③ 蒸水蛋，火候不要太大，否則會起蜂窩眼。掌握好時間，不宜過長，長了口感就不嫩。

④ 汆燙魚片要用小火微沸的水，水要寬一點（多一點的意思），汆燙效果才好。

■竹椅、熱水瓶加蓋碗杯，是現代四川茶文化的三大元素。

芽菜碎末魚

魚肉細嫩化渣，鹹鮮味濃香

常見的芽菜有分鹹、甜兩種。甜芽菜產於四川的宜賓，宜賓古稱「敘府」，因此又稱「敘府芽菜」。鹹芽菜則產於四川的南溪、瀘州、永川。此菜品採用四川宜賓芽菜加上花生仁碎和魚肉粒同烹，口感豐富，硬、脆、爽、嫩、滑兼備。

烹製技法：炒　　味型：鹹鮮味

製法：

1. 將烏魚肉去皮成淨魚肉，再切成豌豆大小的粒。
2. 將魚肉粒放入盆中，用川鹽、料酒、太白粉拌勻，靜置約2分鐘。
3. 將油酥花生仁壓碎，備用。
4. 炒鍋內放入沙拉油，以中火燒至四成熟，將魚肉粒下入油內滑散。
5. 接著將滑散的魚肉粒留在鍋中，倒出多餘的油，只留下約40毫升的油。
6. 保持中火，接著下入碎米芽菜、青椒粒翻炒，調入胡椒粉、白糖、雞精炒勻，起鍋前加入碎花仁翻勻即成。

料理訣竅：

1. 應選用刺少的魚類烹製，並應取盡魚刺，以方便實用。
2. 炒鍋必須先旺火高溫炙好鍋，接著轉小火待溫度降至適當的油溫，再下魚粒滑散，才能避免黏鍋現象。
3. 此菜要控制好川鹽的分量，因芽菜本身屬於鹹味重的鹹菜類。

原料：

鮮烏魚肉200克

宜賓碎米芽菜100克

油酥花生仁50克

青椒粒100克

太白粉30克

調味料：

川鹽1克（約1/4小匙）

料酒5毫升（約1小匙）

胡椒粉2克（約1/2小匙）

鮮雞精1克（約1/4小匙）

白糖2克（約1/4小匙）

沙拉油40毫升（約2大匙2小匙）

糖醋魚「排骨」

甜酸可口，「排骨」酥軟

這裡將魚肉做成「豬排骨」狀，用洋芋切塊當「骨頭」，並烹製成糖醋味，入口酸香甜嫩，而「骨頭」—洋芋塊則是酥軟帶甜，一次吃到兩種口感，讓人回味無窮。

■四川經典四合院民居，雖不氣派豪華，但絕對「巴適」！舒適！

烹製技法：炸，溜

味型：糖醋味（亦可做成荔枝味，魚香味）

原料：

淨烏魚肉250克

洋芋400克

薑蔥汁25克

蛋清太白粉糊25克

太白粉20克

薑末10克

蒜末15克

調味料：

川鹽3克（約1/2小匙）

料酒10毫升（約2小匙）

雞精2克（約1/2小匙）

糖色25克（約1大匙2小匙）

白糖20克（約1大匙1小匙）

香醋20毫升（約1大匙1小匙）

沙拉油75毫升（約1/3杯）

沙拉油2000毫升（約8杯）

清水100毫升（約1/2杯）

太白粉水15克（約1大匙）

製法：

❶ 將淨烏魚肉切成厚約2mm，長、寬約15×2cm的魚片。

❷ 將魚片放入盆中，用少許川鹽1/4小匙、薑蔥汁、料酒、蛋清太白粉糊拌勻，備用。

❸ 洋芋去皮切成厚約8mm，長、寬約8×1.7cm的排骨條狀。

❹ 將洋芋條下入中火煮沸的滾水鍋中，汆燙約2分鐘至熟，撈出瀝乾。

❺ 起油鍋，取炒鍋倒入沙拉油2000毫升，約七分滿即可，旺火燒至五成熟，轉中火。

❻ 將碼好味的魚片分別卷在汆熟的洋芋條上，拍上乾太白粉入油鍋中，以五成油溫炸至色澤金黃撈出。

❼ 將油鍋的油倒出留作他用，炒鍋洗淨擦乾，放入沙拉油75毫升，以中火燒至四成熟，將蒜末炒香。

❽ 接著下入清水、川鹽1/4小匙、白糖、糖色、雞精調味，用太白粉水勾成濃稠芡汁。

❾ 最後放入香醋，並立即將步驟6炸好的魚排骨倒入鍋中裹勻芡汁即成。

料理訣竅：

❶ 沒有烏魚時，可以選用其他的魚種，重點是選擇刺少的鮮活魚。

❷ 要把魚肉中的刺、骨及魚皮去盡，才不會扎口。

❸ 裹卷要緊，炸製的油溫以五成熟較恰當，技能上色，又不易炸焦。

❹ 糖醋芡汁，不可過清，太清了裹不上魚排骨。

❺ 香醋切忌過早放鍋內，因香醋加熱過久時醋酸與醋香味都會散失。

經典河鮮佳肴

鍋巴魚片

魚肉鮮嫩，鍋巴酥香，酸甜鹹鮮味

　　川菜中有一系列久負盛名的風味菜肴，那就是集色、香、味、形、聲於一體，給食者帶來情趣的「鍋巴菜品」，剛炸好還酥燙的鍋巴，在送上餐桌後立即澆入熱燙的湯汁，發出「滋」的聲響，一時間香氣四溢。這裡用鮮鯰魚肉片製成「鍋巴魚片」，口感細嫩，味道酥香，十分引人入勝。

烹製技法：炸，溜，淋汁　　**味型：**荔枝味

原料：

淨鮮鯰魚肉150克

乾鍋巴100克

冬筍片20克

番茄片20克

菜心30克

薑片5克

蒜片5克

蔥節5克

蛋清太白粉糊30克

調味料：

川鹽3克（約1/2小匙）

料酒5毫升（約1小匙）

醬油15毫升（約1大匙）

白糖20克（約1大匙1小匙）

陳醋25毫升（約1大匙2小匙）

胡椒粉0.5克（約1/4小匙）

雞精5克（約1小匙）

太白粉水35克（約2大匙1小匙）

豬骨鮮高湯350（原750）毫升（約1又1/2杯）

沙拉油100毫升（約1/2杯）

沙拉油2500毫升（約10杯）

製法：

① 將淨鮮鯰魚肉去除魚皮、魚骨及魚刺，片成厚約5mm，長、寬約5×3cm的魚片。

② 將魚片放入盆中，用川鹽1/4小匙、料酒、蛋清太白粉糊拌勻，備用。

③ 炒鍋放入沙拉油100毫升，中火燒至三成熱，先將魚片用溫油滑熟，撈起待用。

④ 再用中火燒至四成熱，下入薑片、蒜片、蔥節稍炒。

⑤ 接著放入冬筍、菜心、豬骨鮮高湯、醬油、料酒、川鹽、白糖、胡椒粉、雞精、陳醋、番茄片，煮沸後，下太白粉水勾成清二流芡的魚片汁，起鍋舀入盛器內備用。

⑥ 起油鍋，取炒鍋倒入沙拉油2500毫升，約七分滿，旺火燒至八成熱，下鍋巴炸至浮起且呈金黃色，撈起並擺入大盤內，在舀入少許熱油在盤內，即刻上桌。

⑦ 上桌後將步驟5的魚片汁淋在鍋巴上，隨著一聲炸響，香氣四溢，此菜即成。

料理訣竅：

① 須選用鮮活而刺少的魚鮮做原料。

② 選用體乾質厚的鍋巴，成菜後才不會因湯汁的水分的滲入而立即軟爛。

③ 炸製中要注意掌握好火候，炸的恰好鍋巴是既不綿軟，也不會焦糊。

④ 芡汁濃度要適當，不能過於濃稠而影響成菜美觀與口感。

【川味龍門陣】

　　早期燒飯是用柴火，因此鍋底常會有一層焦黃的飯，叫「焦飯」，廣東稱為「鍋焦」，四川叫「鍋巴」，山西又名「鍋渣」。這種煮飯瑕疵所產生的附帶小食品，卻演生出許多美味。現在煮飯的器具進步了，沒有鍋巴，反而要到市場上買。

■甑子飯在早期是只有富貴人家才有機會嘗到，現在許多以特色烹飪為招牌的酒樓、餐館也都有提供了。

球溪河鯰魚

色澤紅亮，味鮮香醇，魚肉細嫩

四川資中球溪河一帶盛產鯰魚，加上位居早期成都到重慶的交通要道上，又善於烹製河鯰魚，「球溪河鯰魚」的名號就此傳開，魚質細嫩，色澤紅亮，味道鮮香醇厚，香辣而不燥，可說是聞名巴蜀大地並成為無數河鮮魚莊的當家招牌菜。

烹製技法：炸、燒

味型：家常味

原料：

河鯰魚一條（約500克）
芹菜節200克
泡薑末20克
薑末5克
大蒜瓣20克
蒜末5克
泡紅辣椒75克
太白粉100克

調味料：

川鹽1克（約1/4小匙）
郫縣豆瓣末40克（約2大匙2小匙）
胡椒粉1克（約1/4小匙）
白糖3克（約1/2小匙）
料酒5毫升（約1小匙）
雞精2克（約1/2小匙）
化豬油50克（約3大匙）
鮮高湯750毫升（約3杯）
沙拉油2000毫升（約8杯）
太白粉水35克（約2大匙）

製法：

1. 將河鯰魚整理治淨後，斬成魚塊。
2. 將鯰魚塊放入盆中，拌入料酒、川鹽、太白粉碼拌均勻，靜置約3分鐘使其入味。
3. 取炒鍋倒入沙拉油2000毫升，約七分滿，旺火燒至六成熱，將魚塊下鍋炸至緊皮後，撈出瀝油待用。
4. 將油鍋中的油倒出留作他用，留少許油（約50毫升）在炒鍋中，再加入化豬油，用中火燒至四成熱，下郫縣豆瓣末、薑、蒜末炒香。
5. 再下泡辣椒、大蒜瓣、泡薑末炒至油成紅色，摻入豬骨鮮高湯燒沸。
6. 接著下入炸好的魚塊，用白糖、胡椒粉、雞精調味，轉中火燒10分鐘。燒魚的時候，將芹菜節置於大盤內，備用。
7. 最後開大火，將燒好的魚肉塊的湯汁勾入太白粉水收汁推勻，再連同湯汁倒於芹菜上即成。

料理訣竅：

1. 必須選用鮮活的河鯰魚，才能展現魚肉細嫩的要求。
2. 炸魚塊的時間不能太久，表面炸至緊皮即可撈出。
3. 用混合油（菜籽油、化豬油、沙拉油各一份的比例混合即成），燒製此菜才有動物油脂的脂香味、魚肉也能更細嫩，效果更好。
4. 掌握好燒製的火候，不能太大，用中小火燒，再大火收芡汁，才能突出汁濃厚油的質感。

■重慶長江邊魚獲愈來愈少，現在在市區的江邊捕魚其實只是圖個樂趣而已，漁網上下數十次，連個小魚都沒有！

豆瓣鮮魚

色澤紅亮，魚肉細嫩，味感豐富，回味悠長

此乃烹製河鮮菜的經典菜肴，主要以家常燒製方法，現如今也有採取「軟燒」之法，就是魚不經過油炸至而直接燒成，可保持魚肉更細嫩，但稍不慎會影響整魚形體，因此傳統做法較不會有菜不成形的問題。

　　豆瓣魚的主要調料為郫縣豆瓣，輔以薑、蔥、蒜、糖、醋、成菜色澤紅亮，鹹甜酸辣兼備，是一款典型的川式複合味魚肴。

原料：

活草魚一條（約500克）

薑末15克

蒜末20克

香蔥花20克

太白粉40克

調味料：

川鹽2克（約1/2小匙）

郫縣豆瓣末35克（約2大匙1小匙）

料酒5毫升（約1小匙）

醬油5毫升（約1小匙）

白糖20克（約1大匙1小匙）

陳醋20毫升（約1大匙1小匙）

沙拉油75毫升（約1/3杯）

豬骨鮮高湯750毫升（約3杯）

沙拉油2000毫升（約8杯）

太白粉水50克（約2大匙）

烹製技法：炸，燒（家常燒）

味型：魚香味（亦有單稱「豆瓣味」）

製法：

❶ 鮮活草魚處理治淨後，在魚身兩面剞一字刀，用川鹽、料酒醃漬碼味約5分鐘。

❷ 取炒鍋倒入沙拉油2000毫升，約七分滿，旺火燒至七成熱，將碼好味的草魚入油鍋稍炸至表皮緊皮即可取出。

❸ 將油鍋中的油倒出留作他用，留少許油（約75毫升）在炒鍋中，中火燒至四成熱後，下入郫縣豆瓣末、薑末、蒜末炒出香味。

❹ 接著放入豬骨鮮高湯煮沸後，用川鹽、醬油、白糖調味，並將炸好的草魚下入湯汁中用中火燒。

❺ 燒約5分鐘至熟透入味後，勾入太白粉水收汁，再放入陳醋、香蔥花推勻後起鍋，盛入條盤即成。

料理訣竅：

❶ 可依個人喜好選用各種魚類製作。

❷ 剞刀根據整條魚大小而定，一般每1cm剞一刀，以便於入味與熟成。

❸ 炸魚的油溫須在7-8成熱時下鍋，不能久炸，以免影響質感嫩度。

❹ 燒魚的火候控制在中火，不能太久，太久魚肉會散不成形。

❺ 收汁後在起鍋前才放入醋、蔥花，略燒即可起鍋。過早放入醋和蔥花，易使其香氣揮發，影響風味與口感。

■合江亭建於1200年前，位於府河與南河的交會口，當年從成都市南下往重慶方向的船隻多是從這裡出發。

陳皮鰍魚

色澤紅亮，肉質酥軟，麻辣回味略甜，鮮香化渣

　　正宗陳皮是自宋朝就聞名的廣東新會陳皮，以大紅柑皮製作而成，但數量不足以應付現在的市場，所以現在市面多數的陳皮是用橘皮所作。陳皮味是川菜常用味型之一，其特點是陳皮芳香、麻辣味厚、略有回甜，用於烹製鰍魚，成菜酥軟、色澤紅亮，麻辣回味略甜，是一道極佳的開胃菜。

烹製技法：炸收　　**味型：**陳皮味

原料：

淨鮮鰍魚（又名泥鰍）400克
乾陳皮8克
乾辣椒節10克
花椒3克
薑片15克
蔥段10克
薑塊20克
蔥節20克

調味料：

川鹽3克（約1/2小匙）
鮮雞精2克（約1/2小匙）
料酒20毫升（約1大匙1小匙）
白糖10克（約2小匙）
醬油15毫升（約1大匙）
紅油40克（約2大匙2小匙）
沙拉油2500毫升（約10杯）
清水1000毫升（約4杯）

製法：

① 鮮鰍魚處理成鰍魚片並洗淨後入盆，用川鹽、料酒與拍破的薑、蔥拌勻，醃漬約20分鐘使其去腥入味。

② 乾陳皮用沸水泡發約20分鐘後，將陳皮洗淨切成寬約2cm的片，備用。

③ 炒鍋放入沙拉油2500毫升，約七分滿，旺火燒至六成熱，放入鰍魚片炸至定型魚皮收縮後，轉小火續炸約8分鐘至酥，撈出，備用。

④ 將炒鍋的油倒出留作他用，鍋內留約100毫升的餘油，中火燒至四熱，放入乾辣椒節炒至棕紅色，再下花椒、陳皮炒香。

⑤ 摻入清水，放薑片、蔥段、料酒、川鹽、白糖、雞精以中火燒沸，下入炸好的鰍魚片後，轉小火燒。

⑥ 小火燒約15分鐘至鰍魚肉酥時，用中火燒至收汁亮油，起鍋前加入紅油即成。

料理訣竅：

① 選用鮮活鰍魚片口感最佳，亦可用帶骨鰍魚製作，但燒的間就要更長。

② 炸鰍魚油溫不宜過低，應在六、七成熱。先高油溫炸後轉小火浸炸至酥，水氣將乾時最佳。

③ 收汁期間，掌握好適宜的火候，不能黏鍋或焦糊。最後鰍魚起鍋時應用竹筷夾起可減少鰍魚片破碎。

■從超千米的自貢鹽井「燊海井」到離不開生活的竹椅子，他們的關連性就
是四川盛產的「竹」，因為古時鑽井是靠竹子中空的特質，貫通後向下開鑿
並像水管一樣將鹽鹵引流而出。

蛋皮魚絲卷

色澤金黃，外酥香，內鮮嫩

　　蛋香味濃的蛋皮，搭配鮮嫩的魚絲餡裹捲在一起，入油鍋炸成金黃色，一口咬下，酥中帶嫩，蛋香混合著鮮味，回味無窮。若想清淡，可在捲裹前將所有食材製熟，不經油炸，用蒸的或當作涼菜吃均可成為時尚魚肴。

原料：

鱸魚肉200克
冬筍絲50克
香菇絲50克
胡蘿蔔絲50克
蛋清太白粉糊40克
雞蛋皮10張

調味料：

川鹽2克（約1/2小匙）
料酒5毫升（約1小匙）
胡椒粉2克（約1/2小匙）
雞精5克（約1小匙）
醬油5毫升（約1小匙）
沙拉油50毫升（約1/4杯）
沙拉油1500毫升（約6杯）

雞蛋皮製法：

取一碗放入50克的太白粉，加入4個全雞蛋液攪打均勻成蛋糊後，再加入清水200毫升稀釋成蛋液糊。開中火將不沾鍋燒至五成熱，加少許的油後，放入約75克的蛋液糊並輕輕擺動不沾鍋，使蛋液糊均勻攤開，厚薄一致。慢煎至鍋中水氣將乾蛋液熟透成蛋皮即成。

烹製技法：卷、炸　　**味型**：鹹鮮味（亦可配椒鹽味碟或番茄醬等）

製法：

① 將鱸魚肉去除魚皮、魚刺後，切成寬、厚各約3mm，長約7cm的魚絲。

② 將魚絲放入盆中，拌入川鹽、料酒、蛋清太白粉糊，碼拌均勻，備用。

③ 取炒鍋下入沙拉油50毫升，用中火燒至三成熱，下入碼拌好的魚絲滑散至熟。

④ 接著將滑散的魚絲留在鍋中，濾去多餘的油，接著下胡蘿蔔絲、冬筍絲、香菇絲、川鹽、胡椒粉、雞精以中火炒勻。

⑤ 起鍋前滴入香油，晾冷後即成魚肉絲餡。

⑥ 依序用雞蛋皮將魚絲捲裹成直徑約2cm粗的雞蛋魚絲卷，封口用蛋清太白粉糊黏牢，至全部捲好。

⑦ 在取炒鍋下入沙拉油1500毫升，約五分滿，用中火燒至六成熱，下入雞蛋魚絲卷炸至皮酥色澤金黃後撈出，改刀成節子裝盤即可。

料理訣竅：

① 拌魚絲的蛋清太白粉糊不能過多，多了吃不到魚味。

② 滑炒的油溫控制在三成熱為宜，確保魚的細嫩口感。

③ 應待魚絲餡晾冷後再進行包捲，才不會有水氣包再魚絲卷內，造成後續油炸時產生油爆。

④ 封口須黏牢，油炸時才不會散開。

⑤ 炸魚卷油溫不能過低，應在六成熟以上。

⑥ 裝盤可選用糖醋生菜絲搭配，整體的感覺更清爽。

■雅安市的著名地標「青衣江廊橋」，在雅雨淡霧中呈現出一幅活生生的潑墨山水畫。

刷把鱔絲

味鹹鮮微辣香醇，質地脆嫩爽口

　　此菜將鱔魚（俗稱黃鱔），去骨切絲，烹製後同火腿絲，筍絲等捆成像似餐廳廚房中清理炒鍋的「刷把」形態，做個打油詩：「只見刷把鍋中來去千百回，今朝筷箸齊下一掃空」，為飲食樂趣添上一筆。

烹製技法：汆、拌（淋汁）　　**味型：**紅油蒜泥味

製法：

❶ 將青筍絲加入川鹽1/4小匙抓拌均勻，醃漬約5分鐘，再以冷開水沖淨，備用。

❷ 將淨鱔魚片洗淨，下入中火燒的沸水鍋內汆熟，撈出晾冷，切成寬約5mm的絲，備用。

❸ 再將蔥葉下入中火燒的沸水中燙熟後撈起晾冷，撕成細線條狀，備用。

❹ 用蔥葉條分別將鱔絲、熟火腿絲、青筍絲各數條捆成一束束的刷把形狀，擺入盤中。

❺ 取一碗，放入紅油、川鹽、蒜泥、醬油、雞精、陳醋、香油、熟芝麻調成味汁，淋入鱔絲上即成（亦可不淋，改配味碟上桌）。

料理訣竅：

❶ 須選用鮮活鱔魚製作，成菜才有光澤，口感脆嫩。

❷ 洗鱔魚時用些川鹽拌洗後，再用清水沖，就能輕易洗去黏液。

❸ 汆鱔魚的沸水中可放入些許的薑、蔥、花椒強化去腥效果。

❹ 捆絲成直徑1.5cm刷把形即可，過粗不便食用，太細就失去特色。

❺ 味汁須食用時才澆入，以免青筍絲吐水影響成菜美感。

原料：

淨鮮鱔魚片250克
熟火腿絲75克
青筍絲100克
蔥葉25克
蒜泥25克

調味料：

川鹽2克（約1/2小匙）
鮮雞精2克（約1/2小匙）
紅油35毫升（約2大匙1小匙）
醬油20毫升（約1大匙1小匙）
白糖10克（約2小匙）
香油5毫升（約1小匙）
陳醋2毫升（約1/2小匙）
熟芝麻1克（約1/2小匙）

■悠閒知足的四川人，一杯蓋碗茶，吟唱幾首地方戲曲，自娛娛人。

川南名城－宜賓

歷史沿革

　　宜賓古時為「僰人」聚居之地.金沙江與岷江交匯處於此，因此宜賓市以下才開始稱為長江，故有「萬裏長江第一城」之稱。宜賓市區一面靠山，三面環水，形勢險要，為川南重鎮。

　　宜賓境內有大小河流27條，岷江、金沙江在此匯入長江，自古以來便是四川水運連通中華南北的航運要道，其水產河鮮尤為豐盛，唐代詩人杜甫的名句：「蜀酒濃無敵，江魚美可求」曾令多少人心嚮往之。民間也有到宜賓「吃三江河鮮，品五糧美酒」之說。宜賓豐富的水資源造就了宜賓三大特色：航運、美酒、河鮮。

資源與文化休閒

　　宜賓地區地形地貌多樣化，氣候變化相當明顯，因而形成生物資源的三大特點。一是種類多，現已查明的樹種就有1001種，竹類有58種，香料329種，農作物482種。二是珍貴品種多，樹有紅豆、楨楠、銀杏，竹有楠竹、羅漢竹、方竹、人面竹等，畜禽有柳加豬、川南黃牛、宜賓白鵝，魚有長江鱘、中華鱘、大鯢、鯛魚等。三是生長週期短，生態效益高，有利於養殖業和種植業的全面發展。在長江、金沙江水域中珍稀魚種長吻鮠（江團）、圓口銅魚、水鼻子、中華鱘、長江鱘、白鱘等就透過人工大量繁殖。

　　宜賓是全國著名的名酒之鄉。釀酒始於東漢，唐宋時期就已負盛名，杜甫、蘇軾、黃庭堅等大文豪都有讚譽宜賓美酒的詩句。明代，宜賓釀出「雜糧酒」。1915年，宜賓「張萬和」酒坊的「元曲酒」獲巴拿馬萬國博覽會金獎。1929年，「雜糧酒」更名為「五糧液」。至今「五糧液」及其系列酒已獲得30多枚國際金牌。

　　宜賓同時也是歷史文化名城，文物保護單位有9處，城郊西北三公里的舊州壩有建於北宋大觀四年的舊州塔，塔高30公尺，完全無石頭地基，全用土磚從凝結的卵石上砌起，迄今無傾斜陷裂現象。

　　蜀南竹海位於宜賓地區長寧、江安兩縣毗連的連天山餘脈，距宜賓市74公里。蜀南竹海原名萬嶺箐，山形橢圓，東西長約13公里，南北寬約6公里，全境28座嶺巒，大小千餘嶺峰皆長滿茂密的楠竹。竹叢鋪天蓋地，鬱鬱蔥蔥，面積達7萬餘畝，是國內外少有的大面積竹景。景區以縣界劃分為東西兩處風景區，較有名的有仙寓洞、天皇寺、七彩飛瀑、忘憂谷、青龍湖、龍吟寺、還風灣和虎龍坪共8個景區。

德陽市
南充市

◎成都市
遂寧市　廣安市

資陽市

眉山市
內江市

雅安市
樂山市　自貢市

宜賓市　瀘州市

涼山州

攀枝花市

川南名城－瀘州

歷史沿革

瀘州古為巴國的一部分。西元前11世紀曾是周天子的封地。

瀘州有2000多年的歷史，是中國國務院公佈的第三批國家歷史文化名城之一，有省級文物保護單位6處，地面文物有930多處，最為著名的有市郊玉蟾山明代大型摩崖造像、玉龍寺石刻浮雕，遠郊有已闢為旅遊區的原始森林。市內還有朱德業績陳列館。敘永、納溪、合江、古藺等縣也有觀賞價值高的名勝、古蹟和風景。

但另一方面瀘州市區在歷史上曾多次毀於戰火。最近的一次為1939年9月21日，在日本飛機的大轟炸中，瀘州城全被夷為平地。自1970年以後，瀘州已發展成為一個以化工、機械、釀酒工業為主，產業類型豐富、齊全的中等工業城市。

資源與文化休閒

瀘州依傍長江，水陸交通便利。水陸交通網絡四通八達，成為川（四川）、滇（雲南）、黔（貴州）三省的交通樞紐和物資集散地。1980年以來，瀘州市相繼建立了日用工業品、農副土特產品、糧酒副食品貿易中心，恢復發展了400多個城鄉的交易市場。

瀘州水運便利，釀酒業發達，化工業基礎雄厚，機械工

業發展迅速。氣候土壤條件優越，烤煙及果中上品桂圓、荔枝的產量很高。這些條件構成其獨特的經濟優勢。但瀘州在水產河鮮及養殖上的發展程度較之宜賓或其他川南城市，規模與產量是相對的小，但在白酒的知名度上可就不輸宜賓，是川南的「酒城」，「瀘州老窖」的知名度甚而遠勝過瀘州本身。

103

川味河鮮家常味

FreshWater Fish and Foods in Sichuan Cuisine

相思魚腩

色澤紅亮，魚肉細嫩，魚香味濃郁

原料：

花鯰魚腩400克

香菜梗 10克

香蔥頭15克

青甜椒5克

紅甜椒 5克

大蔥15克

薑末 15克

蒜末20克

雞蛋白1個

調味料：

川鹽2克（約1/2小匙）

鮮雞精10克（約1大匙）

白糖35克（約2大匙）

陳醋 40毫升（約2大匙2小匙）

料酒10毫升（約2小匙）

郫縣豆瓣 10克（約2小匙）

泡椒茸 35克（約2大匙）

太白粉40克（約1/3杯）

香油15毫升（約1大匙）

沙拉油2000毫升（約八杯）

（約耗50毫升）

豬骨高湯75毫升（約5大匙）

太白粉水30毫升（約2大匙）

製法：

1. 將花鯰魚腩治淨切成二粗絲（長6~10公分，粗約0.3公分見方的絲），放入盆中，加入雞蛋白、川鹽、料酒、太白粉碼拌均勻，靜置約3分鐘使其入味，待用。

2. 青、紅甜椒、大蔥切成二粗絲，香蔥頭切成碎末，郫縣豆瓣剁細備用。

3. 取炒鍋置於爐上，開旺火，放入2000毫升的沙拉油燒至三成熱後，下魚絲並用手勺輕推滑散，魚絲斷生後撈起，並將油瀝乾。

4. 將鍋中的油倒出，留下些許油，約2大匙的量，以中火燒至五成熱後，下郫縣豆瓣末、泡椒茸及薑、蒜末炒香後摻入豬骨高湯燒沸，再下川鹽、雞精、白糖和陳醋、香油調味略煮，接著用太白粉水收汁。

5. 火力不變，倒入步驟3滑好的魚絲，加入香菜梗、青、紅甜椒絲、大蔥絲、香蔥頭推轉翻均，出鍋成菜。

料理訣竅：

1. 刀工處理的各式絲狀應粗細、長短均勻，以利於加熱至熟的時間控制。

2. 注意魚絲滑油時的溫度控制，這是保持肉質細嫩、成形美觀的關鍵。

3. 掌握好魚香味組成的調料比例，比例恰當時將使得魚香味更濃。掌握基本比例調製後，再根據所用泡辣椒的含鹽濃度進行川鹽、白糖、陳醋的用量調整。泡辣椒的含鹽濃度大就多加點糖、醋的量。反之，則多加川鹽用量。

　　「相思魚腩」是由傳統川菜「魚香肉絲」創新而來，取「香絲」的諧音「相思」作為菜名，也隱喻「魚香肉絲」吃魚不見魚的川菜特有魚香味型。魚香味的特色在於薑、蔥、蒜的氣味濃郁，入口後回味略帶甜酸且成菜色澤紅亮。用魚腩絲取代傳統的肉絲，讓魚味更鮮，陳醋與泡椒的微酸也將魚腩的鮮甜襯托得更有層次。在口感上魚腩絲十分鮮嫩，使得此菜一入口是滑潤爽口，卻又酸、甜、鮮、香層次分明，再帶點微辣，既開胃又下飯、下酒。

魚香味型基本配方：

使用的調料為川鹽3克、白糖35克、陳醋40克、泡辣椒末50克、薑末20克、蒜末25克、蔥35克，掌握上面比例調製後，再依菜品需求與個人口味偏好進行部份的用量調整。

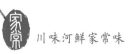

川味河鮮家常味

酒香糯米魚

酒香味濃，滋糯鮮美

八寶飯歷史悠久，最久可追朔到周朝，其由來有一說是皇室犒賞或祭祀，取其豐富豪華之形式。另一說法是因糧食不足、物資匱乏，百姓湊了七、八種米、麥、乾果等煮成一鍋雜糧粥飯才偶然發現的健康美味。而後借用佛教八種法器的統稱「八寶」之名以求吉祥之意，也因此民間多在年節時食用。據說乾隆皇帝對八寶粥是情有獨鍾。

此菜是在八寶飯的甜糯基礎上加進鮮味，搭配滋糯細嫩的鯰魚肉，利用醪糟汁中的酒精成分除腥，透過蒸製成菜，融合了甜香味與河鮮味。

108

原料：

河鯰魚肉350克

糯米100克

紅棗 35克

杞枸10克

醪糟75克

調味料：

川鹽2克（約1/2小匙）

雞精10克（約1大匙）

白糖25克（約5小匙）

料酒20克（約1大匙1小匙）

化豬油40克（約3大匙）

清水200毫升（約3/4杯再多一點）

太白粉水35毫升（約2大匙）

製法：

❶ 糯米淘洗後瀝水，直接放入開水鍋中煮至八成熟，出鍋瀝乾水後，加紅棗20克、杞枸6克、醪糟50克、白糖、化豬油拌均待用。

❷ 河鯰魚肉洗淨後斬成約1×1.5×6公分左右粗長條，用川鹽、雞精、料酒，碼味約3分鐘後，呈放射狀的擺放於蒸碗內，填入糯米上籠大火蒸約20分鐘，取出翻扣於盤中。

❸ 取炒鍋放入清水約200毫升、醪糟25克、杞枸4克、紅棗15克，旺火煮沸，轉中火略燒後用太白粉水勾薄芡汁淋在步驟2的魚上即成菜。

料理訣竅：

❶ 糯米先泡水再下鍋煮時，時間要短一點，否則蒸製成菜後太軟，不易成形。糯米淘洗過後就直接煮的話，煮時間就要長一點，蒸好的糯米飯帶點硬度、彈性與黏性，易於成形。

❷ 掌握好糯米製熟的程序、軟硬度與時間。因為這將直接影響成菜的軟硬口感，以及成菜效率的時間長短。

❸ 應依份量大小控制入蒸籠蒸的時間，以糯米熟透和魚肉剛斷生為宜，否則成菜效果與口感不佳。

❹ 下了醪糟汁後不宜收汁過濃，否則湯汁顏色將暗濁而不光亮，這會影響成菜美感。

【川味基本工】太白粉水與勾芡：

調製太白粉水的容積比例是1比1，例如清水1大匙，太白粉的量就是1大匙。若以重量計算則是1比2，如10克太白粉對20克水。使用太白粉水勾芡有所謂濃芡與薄芡之分，其重點不在於太白粉水的濃淡，在於勾芡時太白粉水的量。勾芡時應緩慢而穩定的以繞圈方式加入，同時以手勺攪拌湯汁；勾薄芡的太白粉水量要少，勾濃芡時量就要多，或是分次勾芡，直到所需的濃稠度。

川味河鮮家常味

香辣黃辣丁

麻辣鮮香味濃，細嫩爽口

　　川菜在中菜烹飪的武林中以擅調麻、辣著稱。黃辣丁菜肴曾經風靡全成都，如泡椒黃辣丁、大蒜黃辣丁或是紅辣的黃辣丁火鍋等，口味上較為傳統。而香辣黃辣丁為此熱潮中的創新菜。將黃辣丁結合最為大眾所接受的家常味與香辣刺激的麻辣味，採用突出豆瓣味的家常燒法燒製入味後裝盤，再熗以熱油炒香的辣椒和花椒而成，入口麻、辣、鮮、香，回味細嫩、鮮甜，滋味無窮，讓人停不下筷子！

製法：

❶ 將香蔥、香芹切成4~6公分長的節，鋪於盤中待用。郫縣豆瓣剁細成末，待用。

❷ 將黃辣丁剪去背上及兩側魚鰭上會刺人的硬骨，再去內臟、治淨待用。

❸ 取炒鍋開旺火，放入35毫升油燒至四成熱後，下泡椒、泡薑、郫縣豆瓣末、薑末、蒜末炒香，並將原料炒至顏色油亮、飽滿後，摻入鮮高湯以中旺火燒沸，轉小火撈去料渣。

❹ 用川鹽、雞精、白糖、胡椒粉、醪糟汁、料酒、陳醋等調味料調味後，下黃辣丁用小火燒5分鐘，連同湯汁一起出鍋盛入墊有香蔥、香芹的盤中。

❺ 另取一鍋放入香油、沙拉油65毫升用中火燒至三成熱後，下乾花椒、大蒜末、乾辣椒節炒香後，出鍋澆在黃辣丁上，點綴香菜即可。

料理訣竅：

❶ 黃辣丁入鍋烹製的時間要謹慎控制。時間過長，魚的頭、身易斷裂分開，魚肉易脫落分離，不易成型；時間過短，魚的肉與骨在食用時無法分離，會造成食用時的不便。

❷ 掌握乾花椒，乾辣椒的炒製程度，以辣椒由紅色逐漸變深，乾花椒、乾辣椒轉為酥脆，且麻辣香氣四溢時出鍋為佳，其香氣風味會十分濃郁。但乾花椒、乾辣椒不能炒得焦黑、過火，否則香氣會轉為焦　的臭味。

【川味基本工】如何吃黃辣丁：

在四川從吃黃辣丁就知道您是否為河鮮老饕！記得燒熟的黃辣丁尾先入口，筷子夾住魚頭和魚身，用唇齒輕輕的嚼著魚肉，筷子夾住用力往外拖，魚肉與魚骨自然分離而成的食用方法。

【河鮮采風】

吃黃辣丁！有學問！

　　是不是河鮮老饕，吃黃辣丁就見分曉！一般沒吃過的人，總是將小小的黃辣丁夾到碗中，再慢慢挑著魚肉吃，挑半天也塞不了牙縫，心理肯定是想著：推薦黃辣丁分明就是整人！

　　其實只要筷子夾住黃辣丁的魚頭，魚尾先入口，之後用唇齒輕輕的抿著魚身，筷子往外一拖，魚肉與魚骨自然分離，留在口中的就是滿滿的鮮甜，因黃辣丁只有一根魚骨，沒有魚刺，您說成都人如何不愛地！

原料：

黃辣丁400克
香芹15克
香蔥20克
泡椒末75克
泡薑末50克
郫縣豆瓣15克
乾花椒20克
乾辣椒節75克
薑末20克
蒜末20克

調味料：

川鹽少許（約1/4小匙）
雞精15克（約1大匙1小匙）
白糖3克（約1/2小匙）
胡椒粉少許（約1/4小匙）
料酒 15毫升（約1大匙）
醪糟汁20毫升（約1大匙1小匙）
陳醋15毫升（約1大匙）
香油20毫升（約1大匙1小匙）
沙拉油100毫升（約1/2杯）

藿香黃沙魚

入口藿香味濃郁，回味略帶甜酸

　　藿香在川西壩子（指空地、平地、平原）是常見的植物，又稱川藿香，味辛，性微溫，能祛暑、化濕、和胃，夏季食用更能清熱解暑、改善消化。經現代研究分析，藿香含有大量揮發油，可幫助腸胃抗菌、防腐、鎮靜，緩解腸胃症狀。春夏時其葉細嫩，氣味芳香，回味甘甜，在燒製魚肴時，人們總習慣摘一撮新鮮藿香，切碎後放入菜中增加風味。在城市現代化之後，這樣樸實的農家風味烹飪成了一種想念，後來，廚師們將之引進酒樓，推出一系列藿香佳肴，而藿香魚肴更成經典。

原料：

黃沙魚1尾（約重600克）

藿香葉50克

泡蘿蔔粒25克

泡椒末75克

泡薑末50克

薑末15克

蒜末25克

香蔥花20克

太白粉水40克（約2大匙2小匙）

調味料：

川鹽2克（約1/2小匙）

雞精15克（約1大匙1小匙）

鮮高湯1000毫升（約4杯）

胡椒粉少許（約1/4小匙）

料酒20克（約1大匙1小匙）

陳醋40克（約2大匙1小匙）

白糖35克（約2大匙）

香油10克（約2小匙）

沙拉油50克（約1/4杯）

製法：

① 將黃沙魚去腮、內臟後治淨，在魚身兩側刨一字形花刀，用薑、蔥、料酒、川鹽碼味約3分鐘待用。藿香葉切碎備用。

② 取炒鍋開旺火，放入50克沙拉油燒至五成熱後，下泡蘿蔔、泡椒末、泡薑末、薑末、蒜末炒香後摻入高湯，旺火燒沸再轉小火。

③ 將碼好味的黃沙魚下鍋，小火軟燒8分鐘後，用川鹽、雞精、胡椒粉、料酒、白糖、陳醋、香油調味。

④ 將黃沙魚先撈出裝盤，以小火保持燒魚的湯汁微沸，緩緩下入太白粉水勾芡，勾完芡後放入藿香碎葉、香蔥花攪均後澆在魚上即成。

料理訣竅：

① 原材料入鍋應先旺火爆香後以小火炒香，將紅泡椒的顏色溶出，使油色紅亮。否則成菜會有泡椒、泡薑等乳酸的生異味。若為了省時而急火短炒、旺火燒魚，成菜後的菜品湯色澤易變渾濁，發暗。

② 一般燒魚都會將魚過油鍋將外皮炸緊，也就是熟燒。但此菜的黃沙魚肉質細嫩不宜過油鍋，應用所謂的軟燒，這樣才能品嘗出黃沙魚肉特有的細嫩鮮美。

③ 魚入鍋後應轉小火，保持微沸不騰。但要不時的晃動炒鍋，以防止魚肉黏鍋。

④ 魚的燒製時間不宜過久，以免魚肉煮爛又與骨分離，不成菜型。

⑤ 藿香可分二次入鍋，第一次是調味，但藿香葉會變色，第二次是起鍋前加入，可增添藿香的濃度，使成菜色澤碧綠而紅亮。

紅袍魚丁

色澤紅亮，麻辣爽口，冷熱均可

本菜是把魚丁先炸至酥香後，再回鍋燒至收汁入味，稱之為「炸收」。炸收菜在早期是為能長期保存食物，現在可說是最能勾起思舊情懷的烹調方式。炸收過程中最重要的是將水分去除，再來才是味道，成菜酥軟油潤，香濃化渣。這裡運用炸收方式成菜，燒製收汁的過程中巧妙施以時下最為人們喜愛的麻辣味。菜名則因紅紅的乾辣椒被美譽為「紅袍」，故而將其取名為「紅袍魚丁」。

製法：

❶ 將草魚處理治淨後，取下魚肉。草魚的頭和骨可保留另外做湯或菜。

❷ 魚肉斬成2cm長寬的方丁，用薑、蔥、川鹽1/4小匙、料酒碼味5分鐘備用。

❸ 炒鍋中加入1000毫升沙拉油，以旺火燒至六成熱，下魚丁炸至外表金黃上色後，轉中小火將油溫控制在四成熱，浸炸至酥脆後出鍋將油瀝乾。

❹ 另取炒鍋開中火，下紅油、薑片、大蔥節、乾辣椒、乾花椒炒香，摻入鮮高湯以中旺火燒沸。

❺ 湯汁燒沸約1分鐘後，下入魚丁轉小火，用川鹽1/4小匙、雞精、醪糟汁調味，慢燒至自然收乾湯汁、亮油時，加入香油、花椒油推勻入味出鍋。點綴熟白芝麻成菜。

料理訣竅：

❶ 魚丁刀工處理應大小均勻，以確保油炸酥透的時間一致，成菜外型美觀。

❷ 炸魚丁應先高溫上色，後低油溫浸炸至熟、酥、透。

❸ 此菜是採炸收的方式，因此收燒魚丁的時候，摻水不宜過多，忌諱湯汁過多而用芡粉勾芡收汁，會使成菜變得軟綿不香。應自然收汁亮油才行，成菜口感才會糯香帶酥。

原料：

草魚1尾（約重800克）
乾花椒30克
乾辣椒120克
薑20克
大蔥20克
白芝麻10克

調味料：

川鹽2克（約1/2小匙）
雞精20克（約1大匙2小匙）
醪糟汁15毫升（約1大匙）
料酒15毫升（約1大匙）
香油20毫升（約1大匙1小匙）
紅油50毫升（約1/4杯）
花椒油20毫升（約1大匙1小匙）
沙拉油1000毫升（約4杯）
（約耗40毫升）
鮮高湯150毫升（約1/2杯又2大匙）

大蒜燒河鯰

色澤紅亮、蒜香濃郁、鹹鮮微辣

　　大蒜燒鯰魚是傳統川菜，魚肉細嫩、家常味濃。過去尤以成都三洞橋的「帶江草堂鄒鯰魚」善烹此菜。西元1959年詩人郭沫若來此用餐後，深覺美味，詩興泉湧留下歌詠的詩句。現今在巴蜀大地賣大蒜燒鯰魚的河鮮館很多，基本上都是選用養殖的鯰魚。在這裡我們選用質量更佳的河鯰，並搭配青、紅美人椒增加鮮椒香，使這道菜帶上川南小河菜的風味，蒜香濃郁，鮮辣爽口。

原料：

河鯰魚1尾
（約重1千克取中段400克）
大蒜瓣200克
剁細郫縣豆瓣30克
泡椒末50克、泡薑末25克
薑末25克、蒜末25克
大蔥顆 35克
青美人椒節30克
紅美人椒節30克
太白粉75克

調味料：

川鹽3克（約1/2小匙）
雞精20克（約1大匙2小匙）
料酒20毫升（約1大匙1小匙）
胡椒粉少許（約1/4小匙）
白糖3克（約1/2小匙）
香油20毫升（約1大匙1小匙）
沙拉油75毫升（約1/3杯）
豬骨高湯1000毫升（約4杯）

製法：

① 將河鯰去腮、內臟後處理治淨，斬成大一字塊狀，用川鹽、料酒、太白粉碼味上漿，備用。

② 取炒鍋，下入沙拉油至七分滿，以中火燒至三成熱，將已碼味上粉魚塊下入油鍋中滑油至表皮收緊微酥，約1分鐘，出鍋備用。

③ 倒出油鍋中的油，留少許底油，開中火下大蒜、剁細郫縣豆瓣、泡椒末、泡薑末炒香後摻入鮮高湯，旺火燒沸後撈去多餘的料渣轉小火。

④ 下入已過油的河鯰魚肉，用雞精、白糖、胡椒粉、香油調味，小火燒約5分鐘入味後，下大蔥顆，青、紅美人椒節後輕推至大蔥、美人椒斷生，出鍋裝盤即成。

料理訣竅：

① 鯰魚肉刀工處理應均勻，這樣不只成菜美觀，而且易於控制熟度與烹煮時間，也容易入味均勻。

② 鯰魚肉入鍋時溫度不宜過高或在油鍋中久滑，以免肉質過老。

③ 鯰魚下入調料湯汁中應用小火燒，切記不可以旺火猛燒，不然湯色容易渾濁或菜品不成形，而影響美觀與食用時的口感。

【河鮮采風】帶江草堂

　　位於三洞橋畔的帶江草堂由鄒瑞麟創於1930年代，店名取
自杜甫名句「每日江頭盡醉歸」之意境。1959年文學家郭沫若
於此享用美食後寫下了著名詩篇：

> 三洞橋邊春水深，
> 帶江草堂萬花明。
> 烹魚斟滿延齡酒，
> 共祝東風萬里程。

　　時至今日，帶江草堂依舊，周邊卻是景物全非，三洞橋也
僅剩地名！卻已足以令人回味。

老豆腐燒仔鯰

傳統家常風味，佐酒下飯皆宜

　　家常味的豆腐燒魚在川內幾乎家家戶戶都會製作，是一道名符其實的家常菜。在這裡我們為使口感有更多變化而採用老豆腐與仔鯰魚同燒，一質老嫩、一質細嫩，要把老豆腐燒至入味，柔軟適口，而仔鯰不能燒散、燒爛。老豆腐先炸後燒可確保豆腐中的水分不會在燒製過程中流失，又能使老豆腐有一股乾香氣。仔鯰魚在這算是軟燒，成菜後魚肉鮮美細嫩、鹹鮮微辣，老豆腐味道濃郁、柔軟適口。

原料：

仔鯰魚400克

老豆腐300克

剁細郫縣豆瓣25克

泡椒末50克

薑末20克

蒜末25克

香蔥節30克

調味料：

川鹽2克（約1/2小匙）

雞精20克（約1大匙2小匙）

胡椒粉少許（約1/4小匙）

白糖3克（約1/2小匙）

料酒25毫升（約1大匙2小匙）

香油20毫升（約1大匙1小匙）

沙拉油50毫升（約1/4杯）

鮮高湯600克（約2又1/2杯）

太白粉水50克（約3大匙1小匙）

製法：

❶ 仔鯰魚處理後去腮、內臟後並治淨，用川鹽1/4小匙、胡椒粉、料酒碼味3分鐘待用。

❷ 老豆腐切成一字條狀，入六成熱的油鍋中炸至表皮金黃色後，出鍋瀝油待用。

❸ 炒鍋下50克油，開旺火燒至四成熱後下剁細郫縣豆瓣、泡椒末、薑末、蒜末炒香摻入高湯，旺火燒沸下仔鯰魚燒開轉小火。

❹ 用川鹽1/4小匙、雞精、胡椒粉、白糖、香油調味後，再下步驟2炸好老豆腐同燒約3分鐘，用太白粉水勾芡，下香蔥花攪勻即可出鍋。

料理訣竅：

❶ 仔鯰魚最好軟燒，但也可以選擇過油滑再燒，風味稍有差異。軟燒的魚肉細嫩鮮美，過油後燒的魚肉質乾香滋糯，也可縮短了烹調時間。

❷ 豆腐先炸定型再入鍋燒，可保持豆腐的形態並增加乾香味，且不易在烹製中碎爛，從而影響美觀。

❸ 最後的勾芡不宜過重或過濃，成菜湯汁過度濃稠時，菜品的外形會令人感到不可口。

■豆腐又稱豆腐腦、豆花，可冷、可熱，可拌、可炒，造型口感千變萬化，從最簡單的豆花飯、麻辣豆花到酒店中的高檔菜，不論是主角或配角，豆腐的表現始終是最稱職的！

川味河鮮家常味

漁溪麻辣魚

麻辣味突出，風格獨具

　　川內的資中縣球溪河邊有兩個有名的小鎮—球溪鎮和漁溪鎮，都以盛產鯰魚聞名，漁溪鎮裡還有一個鯰魚村，當地人也將鯰魚取了個暱稱，叫「鯰巴郎」！這兩個鎮善於烹調鯰魚，80年代末起以一道麻辣鯰魚聞名巴蜀。這道漁溪麻辣魚就將麻辣鯰魚的主料改為肉質更細嫩鮮美的花鰱魚，以煳辣辣椒油突出花椒與辣椒的香味，最後加入花椒粉以使椒麻味鮮香濃郁，最後菜品雖然依舊是麻辣味濃，卻多了煳辣與鮮香。

【川味基本工】收汁亮油：

川菜的專業術語「收汁亮油」，許多人誤以為是出菜前再加大量的油到菜中，以增加菜品光澤渡，等於是油而膩！其實這是天大的誤會。

所謂收汁亮油是指將成菜的湯汁燒煮至一定的濃稠度與溫度後，使湯汁與油脂產生乳化融合而使湯汁呈現出油亮的感覺，是不另外加油的。

菜品成菜出鍋前才加油稱之為「搭明油」，主要是增添香氣之用，因此多以帶香氣的油脂來搭明油，如蔥油、化雞油、豬油、芝麻香油等。

■黃龍溪古鎮的歷史可溯及三國時代，距今已有1800年，位於成都往重慶方向的水陸要地，在早期經由水路進出成都，這裡都是必需停留休息與補給的重鎮。因此繁榮的極早，目前沿河的街上依舊保有大量的古建築。

原料：

花鰱魚1尾（約重650克）

糊辣辣椒油75克（約1/3杯）

番薯（紅苕）粉50克（約1/3杯）

黃豆芽 40克

香蔥花25克

雞蛋白1個

剁細的郫縣豆瓣35克

泡椒50克

泡薑末30克

大蒜瓣50克

大蔥25克

薑末15克

蒜末20克

調味料：

川鹽2克（約1/2小匙）

雞精15克（約1大匙1小匙）

白糖3克（約1/2小匙）

醪糟汁5毫升（約1小匙）

胡椒粉少許（約1/4小匙）

料酒20毫升（約1大匙1小匙）

陳醋10毫升（約2小匙）

花椒粉10克（約1大匙）

香油20毫升（約2大匙）

沙拉油50毫升（約1/4杯）

鮮高湯750毫升（約3杯）

番薯粉水15克（約1大匙）

製法：

❶ 花鰱魚處理後，去腮、內臟，治淨，連骨帶肉斬成粗條狀，用川鹽、料酒拌勻碼味，拌入35克的番薯粉以同時上漿，碼味約3分鐘。

❷ 將黃豆芽洗淨，鋪於盤中墊底備用。

❸ 取炒鍋並加入沙拉油至6分滿，以中旺火燒至四成熱，將碼好味的鰱魚肉塊下入油鍋中，用手勺輕推滑散定型後出鍋瀝油，待用。

❹ 將油鍋中的油倒出另作他用，炒鍋洗淨擦乾後上爐開旺火，放入50毫升沙拉油燒至四成熱後，下剁細的郫縣豆瓣、泡椒末、泡薑末、大蒜瓣、大蔥、薑末、蒜末炒香之後，摻入鮮高湯以中旺火燒沸。

❺ 轉小火保持湯汁微沸，下入步驟3滑過油的鰱魚肉塊推勻，燒5分鐘，用糊辣椒油、雞精、白糖、醪糟汁、胡椒粉、陳醋、香油調味，接著用番薯粉水收汁亮油後，出鍋盛入墊有黃豆芽的盤中，點綴香蔥花、花椒粉即成。

料理訣竅：

❶ 選用番薯粉做此道菜肴，其成菜口感會比使用太白粉更滋潤、粑糯、滑口。

❷ 掌握好糊辣辣椒油的煉製，使用其他類型的辣椒油就無法突出乾辣椒特有的糊辣香，若用紅油醬香味太濃無法突出鰱魚的鮮味。

❸ 花椒粉宜出鍋前調入，過早入鍋的話高溫會將芳香成分揮發，同時將部分成分轉換成苦味就破壞了鰱魚肉的甜美風味。

熗鍋河鯉魚

外酥裏嫩，麻辣鮮香爽口

熗鍋魚的傳統作法是把魚先炸得外表酥香而脆後，再入到加了煳辣油的湯鍋中燒至收汁亮油成菜，但這種做法有不足之處，主要在於酥脆的外表碰到調味湯汁，酥香度會降低而變得不足。此菜品中的「炸」要取得口感上的酥脆與味道上的鮮香，而「燒」是要使魚肉入味。可將做法改為先燒入味後再炸製成菜，不僅烹飪過程變簡單，而且當魚炸的酥香而脆後，不會接觸到水份，成菜的味道與口感是更加香濃、有層次。

原料：

長江鯉魚1尾（約重650克）

紅湯鹵汁1鍋

刀口辣椒末 75克

花椒粉5克（約1又1/2小匙）

酥花生碎50克

香蔥花35克

白芝麻20克

薑10克

蔥15克

調味料：

川鹽3克（約1/2小匙）

雞精20克（約2大匙）

料酒20毫升（約1大匙1小匙）

胡椒粉少許（約1/4小匙）

香油25毫升（約1大匙2小匙）

老油50毫升（約1/4杯）

沙拉油2千毫升（約8又1/3杯）

（約耗30毫升）

製法：

❶ 將長江鯉魚處理、去鱗、治淨後，刨一字形花刀，用薑片、蔥片、川鹽、料酒、胡椒粉碼味約5分鐘待用。

❷ 紅湯鹵汁入鍋燒開後改小火保持微沸，下碼好味的鯉魚燒約6分鐘至熟透，撈出瀝水並擦乾水分，避免油炸時產生油爆。

❸ 炒鍋中加入2千毫升的沙拉油以旺火燒至六成熱時，從鍋邊將燒好擦乾的河鯉魚慢慢下入油鍋，炸約2分鐘至外表酥脆，出鍋瀝去油份、裝盤。

❹ 將盤中炸好的魚身上，從頭至尾均勻撒上花椒粉、刀口辣椒、白芝麻、酥花生碎、香蔥花，再舀約3大匙的紅湯鹵汁，均勻淋上作為調味之用。

❺ 將油鍋中的油倒出，另作他用，炒鍋洗淨、擦乾後上爐開中旺火，再將老油、香油倒入，燒至四成熱，均勻澆在魚身上所撒滿的香料調料上，熗出濃濃的香味即成。

料理訣竅：

❶ 控制好鯉魚入鍋燒的時間、火候的大小，以剛熟透、魚肉不碎爛為宜。

❷ 掌握炸魚時的油溫，應以六成熱的高溫速炸成菜，低油溫魚肉易爛而不成型、外表不酥脆。

❸ 對於老油澆在刀口辣椒上的溫度應確實掌握，過高易焦糊，使得色澤發黑、帶焦味；油溫過低，嗆不出刀口辣椒的香氣，辣而不香，口感就會變膩，且原本應該是香而溫和的辣會變成燥辣。

■位於瀘州的沱江、長江匯流口河岸風情。長江岸邊上盡是平緩沙灘、是瀘州人喝茶、休閒的最愛，沱江以岩岸為主，是休閒釣魚的好去處。江提上的散步路段樹木茂密，形成一綠色隧道。

酸菜山椒白甲

外酥裏嫩，麻辣鮮香爽口

　　此菜是在重慶酸菜魚的基礎上，添加時下流行的湖南黃燈籠辣椒醬，成菜色澤金黃，再加上重用泡野山椒，使得酸辣味突出。

　　重慶酸菜魚可說是重慶江湖菜的代表，帶出了重慶江湖菜喜用泡菜的一大特色。關於酸菜魚的來由，說法有多種，其一是重慶漁夫打魚、賣魚後，將品相不好的與江邊人家換泡酸菜，自個兒再就著剩下的魚與酸菜一同煮了吃，結果香味四溢，吃成了名菜。另一說法是源自江津的鄒魚食店，其打著酸菜鯽魚湯為招牌菜，獲得食客好評，精益求精下，竟使吃酸菜魚成為一種流行。

【河鮮采風】

　　重慶朝天門現在是長江上游搭遊輪進入三峽旅遊的起點。在以前公路交通與航空交通不發達的時代，朝天門也可說是四川的出入門戶，因此其客貨運的重要性極高。現則是成為觀光與通勤的交通碼頭，商業運輸則是移往長江南岸的魯家沱及往下游走的涪陵區。因為早期的客貨運對勞力的需求，使得朝天門碼頭也成為麻辣火鍋的發源地之一，現在雖已無繁忙的貨運景象，但位於江上的炫麗河鮮餐廳卻是值得前往賞江景、嘗河鮮。

原料：

長江白甲一尾（約重750克）

泡酸菜100克

泡野山椒50克

燈籠辣椒醬35克

泡椒節35克

香蔥花20克

雞蛋白1個

太白粉50克

調味料：

川鹽2克（約1/2小匙）

雞精15克（約1大匙1小匙）

山椒水25毫升（約1大匙2小匙）

化雞油75毫升（約1/3杯）

鮮高湯1千毫升（約4杯）

製法：

❶ 將長江白甲處理治淨後，取下魚肉，將魚頭、魚骨斬成件。

❷ 魚肉片成厚約0.15公分的大片狀用川鹽、雞蛋白拌勻碼味，拌入50克太白粉同時上漿，碼味約3分鐘待用。

❸ 將泡酸菜的柄處切成片，葉子另作其他用處、泡野山椒切成小節，備用。

❹ 取炒鍋開旺火，放入50毫升化雞油燒至四成熱後，下泡酸菜片、泡野山椒節、燈籠辣椒醬炒香，下魚頭、魚骨煸炒後摻入鮮高湯以旺火燒沸。

❺ 燒沸約3分鐘後轉小火，用川鹽、雞精、山椒水調味，小火熬煮約5分鐘，將湯料撈出墊於盤底。

❻ 再將碼好味的魚片下入鍋中，小火汆煮至斷生，撈出蓋在湯料上面，再灌入湯汁。

❼ 用25毫升化雞油將泡椒節炒香後，將油與泡椒節一起淋在魚片上，點綴香蔥花即成菜。

料理訣竅：

❶ 魚片的刀工處理要均勻，以方便控制汆煮的熟度。

❷ 魚頭、魚骨先入鍋熬製的目的是讓魚的鮮甜味盡可能的融入湯中，使成菜的湯更鮮美。

❸ 酸菜、野山椒應爆香出自然的酸香味後，再摻入高湯。

❹ 此道菜肴是湯與菜兼併的菜品，所以配料的量相對應該多些，湯不宜過多。

川式沸騰魚

紅裏透白,麻辣鮮香,成菜霸氣

　　沸騰魚是川菜中一道經典魚肴,源於自貢的水煮牛肉。取其味濃、味厚之特點,集大麻大辣於一體,但除去濃稠、厚重的湯汁,只留香氣、味道厚實,卻清澈見底的沸騰油湯!這裡透過大量、高溫的特製熱油,激得那紅紅的乾辣椒、花椒在盛器裡不停地沸騰、翻滾,展現魚片細嫩爽口、辣而不燥、香辣味濃郁的川味風韻。

製法：

❶ 將草魚處理、去鱗、治淨後，取下魚肉，將魚骨、魚頭斬塊分開置放。

❷ 草魚肉片成大薄片，用川鹽1/2小匙、料酒、雞蛋白拌勻碼味，並拌入50克太白粉同時上漿，碼味約3分鐘備用。

❸ 炒鍋中加入鮮高湯以旺火燒沸，用川鹽1/4小匙、雞粉1大匙調味，下黃豆芽、魚骨、魚頭等配料煮至斷生撈出放入湯盤中墊底。

❹ 把碼好味，生的魚片擺放於湯盤中的配料上，灌入步驟3的湯汁後，撒入川鹽1/4小匙、雞粉2小匙、香油，均勻鋪上乾辣椒、乾花椒、白芝麻、香蔥花。

❺ 取乾淨炒鍋下特製沸騰魚專用油，用旺火燒至六成熱，起鍋，沖入鋪滿乾辣椒、乾花椒、魚片等的湯盤中即成菜。食用前再撈盡乾辣椒和乾花椒以方便食用。

料理訣竅：

❶ 熬製特製沸騰魚專用油的配方比例、方法，決定此菜的出品風格。

❷ 魚片應漂水沖淨，再碼味，這樣成菜後魚肉才顯得白嫩。

❸ 掌握特製沸騰魚專用油的溫度，要達到六成熱以上。油溫低了將無法逼出乾辣椒、乾花椒、白芝麻、香蔥花的香氣，影響成菜的效果與風味；若油溫太過低，無法使草魚肉片熟透，會產生衛生問題無法食用。油溫也不能一昧的高，太高了，會將花椒、辣椒炸糊而產生焦味，魚片也會過熟，影響口感。

原料：

草魚1尾（約重750克）
黃豆芽200克
乾花椒25克
乾辣椒100克
雞蛋白1個
太白粉50克
特製沸騰魚專用油200毫升（約1杯）
香蔥花20克
白芝麻20克。

調味料：

川鹽5克（約1小匙）
雞粉20克（約1大匙2小匙）
料酒15毫升（約1大匙）
香油25毫升（約1大匙2小匙）
鮮高湯750毫升（約3杯）

■重用辣椒與花椒是川菜的最大特色，其批發市場之大令人難以想像，漫步其中，迎面而來的是濃濃的花椒香、辣椒香與各式香料所混合成的特殊香氣，而這味道就是成都味，就是川味。

川味河鮮家常味

鍋貼魚片

色澤鵝黃亮眼，細嫩酥香

　　鍋貼的技法是把幾種原料相互黏在一起，入鍋以小火煎的形式成菜。煎時需不停晃動炒鍋，使菜色表面酥香黃亮，內部細嫩鮮香。川式傳統鍋貼河鮮菜式有「鍋貼魚餅」、「鍋貼烏魚」、「鍋貼魚片」等。其中鍋貼魚餅製法較為不同，是用魚糝摻水及澱粉做成麵糊，再與豬肥標肉片及火腿片攤貼在一起，小火煎烙而成。這裡在傳統「鍋貼魚片」的烹飪手法中融合「鍋貼烏魚」搭配糖醋味生菜絲的方式，使菜品在魚鮮、脂香之餘可以解膩又清爽。

原料：

草魚1尾（約重900克）
豬肥膘肉300克
冬筍150克
火腿末75克
雞蛋白2個
太白粉50克
糖醋味生菜絲1碟

調味料：

川鹽2克（約1/2小匙）
雞精10克（約1大匙）
料酒15毫升（約1大匙）
香油20毫升（約1大匙1小匙）
沙拉油50毫升（約1/4杯）

製法：

❶ 將草魚處理治淨去除魚的骨、頭、皮後取其淨肉，將淨魚肉片成長方形（約長寬厚約6×4×0.3公分）的薄片備用。

❷ 豬肥膘肉用沸水煮熟後，撈起。放至完全冷卻再切成與片好的魚片同樣大小的片狀。

❸ 冬筍切成小於魚片一半大小的筍片，待用。雞蛋白與太白粉調製成雞蛋白糊，待用。

❹ 將片好的熟豬肥膘肉片平鋪於砧板上，刨幾個花刀，再均勻抹上雞蛋白糊。

❺ 在熟豬肥膘肉片的右邊黏上一片冬筍片，左邊黏上火腿末；在黏上的冬筍片、火腿末上，再抹上一層雞蛋白糊，最後鋪黏上魚片成生坯。依續完成所有生坯。

❻ 炒鍋中放入50毫升沙拉油，以旺火燒炙炒鍋並使油達七成熱，讓油均勻附著於鍋面後，轉小火將油倒出，鍋中留些餘油。

❼ 依序將生坯的熟豬肥膘肉片的那一面朝下貼放入鍋，先將肉片表皮煎至鵝黃色。

❽ 接著在鍋中淋入20毫升香油，再翻面煎有魚片的那一面，以小火煎至熟透後出鍋瀝油。依序煎熟後，起鍋裝盤，搭配糖醋生菜味碟出菜即可。

料理訣竅：

❶ 刀工處理大小，厚薄一致，是保持菜肴成型美觀的重點。

❷ 生坯入鍋貼時，應先旺火炙鍋，炙好鍋後鍋中留油要少，鍋貼時火力不宜過大，以中小火為原則是確保菜品色澤鵝黃亮眼最關鍵的一步。

❸ 生坯入鍋後不能用鍋鏟或手勺翻動，應利用不停的晃鍋，使生坯不致黏鍋產生焦味。

■成都市中心的大慈寺自古就有「震旦第一叢林」的美譽，唐宋（西元618～1279年）時期以寺區涵蓋九十六院、閣、殿、塔、廳堂、廊房共有八千五百二十四間而傲視神州。雖然現在已無當初的宏大規模，但其莊嚴肅穆的環境依舊令人感動。也一直是成都市民的祈福、安心之處。

酸湯魚鰾

入口軟糯，風味獨特

　　一條魚只有一到二個魚鰾，多數川菜館無法累積足夠的魚鰾數量，而很少單獨成菜。然而在魚莊或是專賣河鮮的酒樓裡每天賣的魚多，魚鰾積累起來，數量多了就會覺得棄之可惜，於是開發魚鰾單獨做菜。在確定了魚鰾製熟後的口感是軟滑糯口而鮮之後，經過反覆嘗試，再找出適合它的調料、味型與烹飪方式，以成就這道風味獨特的「酸湯魚鰾」。

原料：

鮮河鯰魚鰾400克

黃瓜片100克

湯粉條100克

野山椒50克

燈籠辣椒醬30克（約2大匙）

紅小米辣椒圈25克

香蔥花15克

泡酸菜50克

薑末10克

蒜末15克

調味料：

川鹽1克（約1/4小匙）

雞精15克（約1大匙1小匙）

山椒水20毫升（約1大匙1小匙）

白醋25毫升（約1大匙2小匙）

香油25毫升（約1大匙2小匙）

沙拉油75毫升（約1/3杯）

鮮高湯500毫升（約2杯）

製法：

❶ 將鮮魚鰾去除血絲，治淨備用。

❷ 泡酸菜切去葉子的部份，將泡酸菜葉另作他用。柄的部份改刀片成片，待用。

❸ 將湯粉條放入熱水中發，約發30分鐘至透。

❹ 將發好的湯粉條和黃瓜片下入旺火燒沸的開水鍋中汆燙，約5秒至斷生，撈起瀝乾後墊底，待用。

❺ 取炒鍋開中火，放入50毫升沙拉油燒至四成熱後，下野山椒、燈籠辣椒醬、薑末、蒜末炒香，摻入鮮高湯以中旺火燒沸，轉中火熬約10分鐘後撈盡料渣。

❻ 下入鮮魚鰾略加拌炒後，摻入步驟5的湯汁，用川鹽、雞精、山椒水調味，倒入壓力鍋中，確實蓋好壓力鍋的蓋子，以中火加壓快煮約3分鐘，再調入白醋、香油出鍋倒在湯缽中。

❼ 取一乾淨炒鍋開旺火將25毫升沙拉油燒至六成熱，下入紅小米辣椒圈爆香後，淋在湯缽中的魚鰾上，撒上香蔥花即成。

料理訣竅：

❶ 必須確實做好鮮魚鰾的初加工處理，否則會有腥異味。

❷ 壓力鍋加壓快煮的時間不宜過長，不然成菜會不成形，若無壓力鍋，則於鍋中以中小火煮約20分鐘。

❸ 料炒好後應多熬製一段時間，這樣酸辣味會更加濃厚。

蔥酥魚條

色澤金黃，蔥香味濃

這是一道傳統涼菜中的炸收菜式。此菜要求成菜色澤黃亮、魚肉酥香細嫩、蔥香味濃厚的特點，魚條炸要炸至金黃需要高溫，要外酥就要適當增加炸的時間，要細嫩炸的時間就不能過長。在所有火候的條件看似矛盾的情形下，要捉住達成要求的那一瞬間！蔥香的萃取也要靠火候的掌控。相對之下，此菜的美味關鍵在炸，收的步驟只要確實收乾湯汁水分即可。

製法：

❶ 將草魚處理治淨後，去除魚頭和魚骨取下魚肉片，並去皮只取淨肉，魚頭和魚骨另作他用。

❷ 淨肉斬成大一字條，用川鹽、料酒、薑片、蔥節碼拌均勻後置於一旁靜置入味，約碼味15分鐘備用。

❸ 取一炒鍋放入沙拉油1000毫升用大火燒至六成熱後，下碼好味的魚條炸約5分鐘，至外表酥黃，即可撈起，出鍋瀝乾油份。

❹ 用乾淨的炒鍋，開中火，灌入蔥油，下蔥節略炒後加薑片，再下入泡椒節炒香，並摻入鮮高湯燒沸。

❺ 放入炸好的魚條之後轉小火，用川鹽、雞精、糖色、料酒、香油調味，燒至湯汁收乾，明亮油潤即成。

料理訣竅：

❶ 掌握酥炸的油溫在六成熱，但炸製的時間還是要根據魚條的大小，油溫的高、低，火候的大、小來決定。

❷ 摻入鮮高湯的多少根據魚條實際的量為准，原則上將炒鍋中的魚條稍整平，倒入鮮高湯以剛淹過魚條為宜；過少的話燒的時間會不足，魚條不易燒軟，過多的話燒的時間過久，魚條易燒得軟爛。

❸ 湯汁應以小火慢燒，令其自然收汁亮油，忌用太白粉勾芡收汁。用太白粉勾芡收汁，成菜會糊糊的又不入味，口感味道都不佳。

原料：

草魚1條（約重800克）

大蔥節100克

泡辣椒節35克

薑片15克

調味料：

川鹽3克（約1/2小匙）

雞精15克（約1大匙1小匙）

糖色10克（約2小匙）

料酒20毫升（約1大匙1小匙）

香油20毫升（約1大匙1小匙）

蔥油20克（約1大匙1小匙）

沙拉油1000毫升（約4杯）

（約耗25毫升）

鮮高湯300毫升（約1又1/4杯）

雙味酥魚排

外酥內嫩，風味由己

　　這道菜借鑒了西式烹飪中的酥炸技法，魚肉片經醃味、掛糊、拍上麵包粉炸製成菜，從上世紀90年代流行至今。麵包粉經過油炸後的酥、脆、香，是傳統中式菜肴中所少有的。成菜外酥裡嫩的口感加上了麵包粉特有的奶油脆香味，隱約透出異國風味，但容易膩口，四川廚師就在味碟上做調整，以椒鹽刺激味蕾，突顯酥香感；使用酸甜清爽的糖醋生菜味碟來去油解膩，更讓人回味。

原料：

草魚1尾（約重800克）

麵包粉200克

雞蛋2個

太白粉50克

薑15克

蔥20克

椒鹽味碟 1小碟

糖醋生菜味碟1小碟

調味料：

川鹽2克（約1/2小匙）

雞精10克（約1大匙）

沙拉油1000毫升（約4杯）（約耗50毫升）

製法：

❶ 將薑切片，蔥切節備用。太白粉放入深盤中加入雞蛋拌勻即成全蛋太白粉糊備用。麵包粉倒入平盤中備用。

❷ 將草魚處理治淨後，取下魚肉去除魚皮只用淨魚肉。將淨魚肉片成厚0.4cm的大片狀，用川鹽、雞精、料酒、薑片、蔥節碼拌均勻後置於一旁靜置入味，約碼味3分鐘待用。

❸ 將碼好味的魚片上的料渣去除乾淨，沾均全蛋太白粉糊，再放入麵包粉中裹均麵包粉，逐一沾裹完即成魚排的生坯。

❹ 炒鍋中加入七分滿的沙拉油，以中火燒至四成熱，下魚排生坯入油鍋，炸至外酥內熟後出鍋瀝乾油。

❺ 裝盤時將魚排改刀，切成適當的塊狀裝盤，配以椒鹽味碟和糖醋生菜味碟即成。

料理訣竅：

❶ 掌握全蛋太白粉糊的調製濃度，過稠魚排的糊較厚，影響口感，可適量加點水調整。過稀的全蛋太白粉糊黏不上麵包粉，影響成菜形狀，可適量加點太白粉調整。

❷ 炸魚排的油溫不宜過高，容易炸至焦煳，成菜色澤會發黑。

味碟製法：

❶ **椒鹽味碟**

　川鹽1克、雞粉2克、花椒粉0.2克、胡椒粉0.1克調和拌勻即成。

❷ **糖醋生菜味碟**

　高麗菜（蓮花白）切細絲100克、川鹽1克、白糖35克（約2大匙1小匙）、白醋15毫升（約1大匙）、香油10（約2小匙）調和拌勻即成。

【河鮮采風】

　雅安滎經縣的砂鍋雅魚，料理與調味方式極為單純，只用了大蔥、薑片與清水，卻是至鮮無比。看似簡單，其中卻蘊含了雅安千年雅魚文化的菁華。因為調入了千百年的滎經砂鍋工藝、雅魚與女媧補天的千年神話，形成雅安三雅之一的雅魚傳奇。

紙包金華魚

外酥裡香,口味清淡

金華火腿最早的起源紀錄在南宋,源於浙江的金華和義烏地區,且必以稱之為「兩頭烏」的豬隻製作,醃製的鹹豬腿芳香濃郁、鹹鮮適口。曾進貢給宋高宗,因肉色火紅,自此被稱為「金華火腿」,歷經數百年的味蕾考驗,至今已是馳名中外。川菜發揮廣納各地精華以為己用的特點,取金華火腿的多層次濃郁芳香襯出江團的鮮甜,搭配脆口、清鮮的蔬菜,即使是入油鍋炸製成菜,仍保持清爽又富於口感變化,回味鮮美,外酥裡清香。

原料:

江團1尾(取淨魚肉約300克)

威化紙20張

金華火腿絲50克

胡蘿蔔絲75克

青筍絲75克、麵包粉150克

雞蛋清2個、太白粉35克

薑10克、蔥15克

調味料:

川鹽1克(約1/4小匙)

料酒15毫升(約1大匙)

香油10毫升(約2小匙)

沙拉油1000毫升(約4杯)

(約耗50毫升)

製法:

1. 取一湯鍋,加水至7分滿後旺火煮沸,轉中火分別將金華火腿絲、胡蘿蔔絲、青筍絲入沸水汆燙約至斷生,撈起後瀝乾水份放涼備用。

2. 將江團處理治淨,去除魚頭和魚骨取下魚肉並去皮,只取淨肉。麵包粉倒入平盤中備用。

3. 將淨魚肉切成絲,放入攪拌盆中用川鹽、料酒、香油碼拌均勻後置於一旁靜置,同時加入太白粉碼拌上漿,碼味約2分鐘。

4. 再加入放涼的金華火腿絲、胡蘿蔔絲、青筍絲攪拌成帶黏性的餡料。威化紙平鋪,放上魚肉餡包裹成長方形,接著沾均雞蛋清,裹上一層麵包粉後就成為紙包魚生坯。

5. 取炒鍋開中火,放入七分滿的沙拉油燒至三成熱後,下入紙包魚的生坯入油鍋炸至熟透金黃、外酥內嫩,撈出鍋瀝油裝盤即成。

料理訣竅:

1. 金華火腿絲需先汆燙,除了要燙熟外,更重要是汆燙以去除多餘的鹽份,否則成菜的鹹味會過重。

2. 油溫不宜過高,控制在三至四成的油溫以免炸得焦糊,而影響成菜的色澤、香氣與口感。

■重慶人民大禮堂建於1951年，於1954年完工，現為重慶市的代表性建築也是中國最宏偉的禮堂建築之一，曾被評為「亞洲二十世紀十大經典建築」。建築名師梁思成指出重慶人民大禮堂為「二十世紀五十年代中國古典建築劃時代的典型作品」。1987年，英國皇家建築學會和倫敦大學編寫的《世界建築史》中，首次收錄了中國1949年後的43項工程，其中重慶市人民大禮堂位列第二位。

川味河鮮家常味

豆豉鯽魚

豆豉味濃郁，冷熱均可食用

　　以豆豉入魚肴是重慶永川名菜，以清香為主，不帶辣，略帶回甜，腴而不肥，入口滋潤。永川豆豉魚分三種風味，有「豆豉鯽魚」、「豆豉酥魚」、「豆豉瓦塊魚」。豆豉鯽魚：用油略炸再燒，以鮮、嫩見長。豆豉酥魚：先炸後蒸，之後再炸，使鯽魚的刺、肉皆酥。豆豉瓦塊魚：用大魚切塊後烹飪，講究刀工，魚塊勻稱，重點是炸乾點以突顯乾香味。這裡結合蔥酥鯽魚的調味與烹飪方式，用泡辣椒增加微微的酸辣味，再把鯽魚炸的稍乾後加豆豉慢燒收汁而成，口感鮮嫩多了點酥。一般作為涼菜，食用前加熱風味則更佳。

原料：

鯽魚4條（約重500克）

永川豆豉300克

泡辣椒末25克

薑15克

大蔥20克

調味料：

川鹽1克（約1/4小匙）

雞精15克（約1大匙1小匙）

白糖2克（約1/2小匙）

香油15毫升（約1大匙）

料酒20毫升（約1大匙1小匙）

沙拉油1000毫升（約4杯）（約耗25毫升）

鮮高湯200毫升（約4/5杯）

製法：

❶ 將鯽魚處理，去鱗治淨，刨一字花刀，用川鹽、料酒、薑片、蔥節碼拌均勻後置於一旁靜置入味，約碼味15分鐘。

❷ 取一炒鍋放入沙拉油1000毫升用大火燒至六成熱後，清去鯽魚上碼味的料渣，擦乾水分再下油鍋炸至外表金黃酥脆、魚肉熟透，撈出鍋瀝乾油份，待用。

❸ 將油炸的油倒出另作他用，炒鍋洗淨擦乾，放入20毫升沙拉油，開旺火後下入泡椒末炒香，接著再下永川豆豉炒香後，摻入鮮鮮高湯以中大火燒沸。

❹ 接著轉小火再下入炸好的鯽魚，加入雞精、白糖、香油調味，慢燒至汁乾亮油，出鍋裝盤即成。

料理訣竅：

❶ 鯽魚入油鍋炸時，要儘量避免相互黏連，確保成菜美觀。若是有黏連的魚，則待其炸至定型、酥脆後，輕輕攪動也會自然分開，但成菜外觀會受影響。

❷ 此菜強調豆豉的香氣，務必炒香才能展現特色風味，製作時可以將炒香的豆豉一半用來入鍋炸收，另一半用來出菜裝盤時加入，突出豆豉味。

❸ 炸收豆豉鯽魚時應慢火燒，讓其自然收汁亮油，切記，不要用太白粉勾芡收汁。勾芡收汁會造成鯽魚入味不足，口感軟綿，失去炸酥鯽魚所要的酥脆感與酥香味。

【川味龍門陣】

　　四川的傳統小吃「絞絞糖」是用麥芽糖調味後製成的，是許多成都人的兒時回憶。以前物資不發達，難得吃到零食，偶爾有販子挑著籮筐，沿路叫賣「絞絞糖」，常惹得每個孩子口水都快滴下來，好不容易向父母要了零錢，只見那販子拿著兩根竹棒，將麥芽糖絞在竹棒上，絞阿絞的，等待的過程總是漫長，總覺得絞不完似的。現在在市區已經難得見到，要到市郊古鎮才有機會回味一下兒時的甜蜜記憶。

魚香酥小魚

入口酥脆化渣，口味酸甜，佐酒尤佳

　　小河鏢魚在成都稱為「貓貓魚」或是「貓兒魚」，早期成都魚產豐富，大魚多是帶回家精細烹飪，小魚多拿來餵貓，因此才有「貓貓魚」或是「貓兒魚」的別名。但好嘗鮮的四川人將其酥炸成菜，發現真是酥香味美，自此貓貓魚就上了餐桌。這裡使用川菜中特有魚香味提味增鮮，魚香味也是少數可同時應用於冷熱菜式的味型。炸酥的小魚兒浸泡入冷菜用的魚香味汁，已無水分的小魚吸飽魚香味汁，吃起來酥香化渣，回味酸甜，適合下酒。

【川味龍門陣】

　　雖說四川人好享逸，但發奮起來卻是什麼也擋不住。一輛腳踏車，掛得上去的就能載著到處賣；而推車就像變型金剛，除了擺著賣以外，用火、用水的也都能順應功能需求變成各式各樣的形式，也就是煎、煮、炒、炸、烤樣樣行。當然還有最基本的，一根扁擔、二個籮筐，挑得走的就賣得動。那副拼勁還真令人欽佩！

製法：

1. 將小河鏢魚處理治淨後，用川鹽、料酒、薑片、蔥節碼拌均勻，靜置一旁入味，約碼味15分鐘。

2. 取炒鍋倒入沙拉油2000毫升至約七分滿，開大火燒至六成熱後，將碼好味的小河鏢魚入油鍋炸至酥脆出鍋瀝油待用。

3. 倒出油鍋中的油，鍋底留約500毫升沙拉油，開中火燒至四成熱後，先下泡椒末、泡薑末、薑末、蒜末、大蔥節炒香，並炒至顏色油亮、飽滿後下白糖、陳醋調味出鍋，舀入湯鍋中靜置，泡6小時即成魚香味汁泡椒油。

4. 撈盡魚香味汁泡椒油中的料渣，將步驟2炸至酥脆的小河鏢魚放入油汁中，泡上3小時，出菜時撈出裝盤即成。

料理訣竅：

1. 此菜的小河鏢魚不能選用過大的魚，以每條約15克重為宜，以避免魚太大炸不酥及魚大小不一造成酥透程度不一的現象。

2. 炒魚香味汁的泡椒油時，切記，不要摻入鮮高湯或任何有水份的調料，水分會使已炸至酥脆的魚反軟、不酥脆，甚至發綿。所以最後加入陳醋的量要警慎控制，陳醋的量應確保味汁有足夠的酸味又能在靜置冷卻的過程中將水分揮發掉。對於油的用量原則上應多，若製好的泡椒油的量無法淹過魚，酥魚就無法入味一致。

3. 泡酥魚時，只取魚香味汁的泡椒油，且必須去盡料渣，成菜才顯得清爽、入口無渣。

原料：

小河鏢魚200克
薑末15克
蒜末25克
大蔥節20克
泡薑末25克
泡椒末50克
薑片10克
香蔥花10克

調味料：

川鹽2克（約1/2小匙）
雞精10克（約1大匙）
料酒25毫升（約1大匙2小匙）
白糖35克（約2大匙1小匙）
陳醋40毫升（約2大匙2小匙）
香油20毫升（約1大匙1小匙）
沙拉油2000毫升（約8又1/4杯）
（約耗100毫升）

嫩薑燒魚

嫩薑味濃，鮮辣清香適口

　　嫩薑辛辣開胃又解腥增鮮，不像老薑的嗆，直接吃美味，在四川最有名的是樂山的犍為縣嫩薑，質地細嫩無渣，微辛微辣帶甘甜。在川南的自貢地區喜歡用嫩薑與小米辣椒搭配做菜，辛辣加鮮辣是十足開味。這裡以嫩薑來烹魚可充分展現魚鮮的鮮甜，加上小米辣椒的刺激鮮辣味，讓平凡的味道變得繽紛。

製法：

❶ 將青波魚處理治淨後，取下魚肉，將魚頭及魚骨斬成大件。

❷ 將魚肉片成厚約3mm的魚片，用川鹽、雞蛋清、太白粉、料酒碼拌均勻靜置入味，約碼味3分鐘。

❸ 取炒鍋放入50毫升的沙拉油，旺火燒至四成熱，轉中火後下新鮮青花椒、泡椒末、泡薑末、薑末、蒜末炒香，並且炒至原料顏色油亮、飽滿後，摻入鮮高湯以大火燒沸再轉小火。

❹ 接著下入魚骨、魚頭入鍋煮透後，用川鹽、雞精、香油調味再下碼好味的魚片，青、紅小米辣椒圈、一半的嫩薑絲小火慢燒至熟。

❺ 起鍋前再下另一半的薑絲，略拌後出鍋盛入墊有黃瓜條的湯碗中，再撒上香蔥花即成。

料理訣竅：

❶ 嫩薑絲應分2次下鍋，先下一半燒出嫩薑味，並使整體的湯汁味道相融合；臨出鍋時再下另一半的嫩薑絲，以帶出嫩薑特有的清鮮味。

❷ 成菜的湯料不宜過多，泡椒、泡薑應炒香再摻入鮮高湯，成菜湯汁的香氣、味道才會豐富。

原料：

青波1尾（約重600克）

嫩薑絲150克

泡椒末50克

泡薑末25克

薑末10克

蒜末20克

新鮮青花椒25克

雞蛋清1個

太白粉35克

黃瓜條50克

青小米辣椒圈25克

紅小米辣椒圈25克

香蔥花20克

調味料：

川鹽1克（約1/4小匙）

雞精15克（約1大匙1小匙）

香油20毫升（約1大匙1小匙）

料酒20毫升（約1大匙1小匙）

鮮高湯500毫升（約2杯）

沙拉油50毫升（約1/4杯）

【川味龍門陣】

　　寬窄巷子的老茶舖子，雖然已經不在，但那令人回味的飛刀藝人、深藏不露的茶舖子老闆始終印象深刻，是茶好喝嗎？好像不是，是老闆、茶客與那個時空及文化的積累的綜合呈現。坐下來，不分親疏，擺上一回，你我的隔閡就不見了！這就是成都人的茶文化，喝口茶、凡事好說！

竹春芽

麵疙瘩燒泥鰍

菜與麵點的搭配，吃法新穎，家常味厚

　　這是一道地地道道的四川江湖菜，將麵糰搓製成與泥鰍一樣的長條麵疙瘩，再與泥鰍同燒，成菜家常味濃，滑嫩爽口，麵疙瘩滑，泥鰍也滑，一入口才知道吃的是那一種，巧妙的為食用過程增添樂趣。四川江湖菜在川菜中是創新的代表，相對於所謂館派的菜品，做起菜來豪氣十足、勇於突破，是流行於市井民間的鄉土菜、家常菜，少了一大堆的條條框框，只要對味了就是好菜，因此也成了川菜廚師在研究創新烹飪的重要參考與源頭。

■成都望江樓、九眼橋一帶的錦江邊上，有著舒適的河岸步道，漫步其間，伴著薄霧細雨，也伴著詩意。

原料：

去骨泥鰍300克

麵粉200克

雞蛋1個

十三香少許

郫縣豆瓣末35克

泡椒末40克

泡薑末25克

薑末10克

蒜末15克

薑片10克

蔥節15克

芹菜節20克

香蔥花10克

調味料：

川鹽3克（約1/2小匙）

雞精10克（約1大匙）

胡椒粉少許（約1/4小匙）

白糖2克（約1/2小匙）

料酒20毫升（約1大匙1小匙）

香油15毫升（約1大匙）

老油50克（約3大匙1小匙）

水50毫升（約3大匙1小匙）

製法：

❶ 麵粉加雞蛋、川鹽1克、水50毫升和均揉成帶筋性的麵團，靜置約15分鐘醒麵（專業術語：餳麵）。

❷ 將去骨泥鰍洗淨，用薑片、蔥節、料酒、川鹽1克碼拌均勻後靜置入味，約碼味5分鐘。

❸ 取湯鍋加入清水至七分滿，燒沸後轉中火，將碼好味的泥鰍入沸水鍋中汆燙一下，約10秒即可。出鍋瀝水待用。

❹ 將醒好的麵團搓製成長條形像泥鰍狀，入沸水鍋中煮熟撈出備用。

❺ 炒鍋中放入50毫升的油，用中火燒至四成熱，下郫縣豆瓣末、泡椒末、泡薑末、薑末、蒜末、十三香炒香並炒至原料顏色油亮、飽滿。

❻ 之後摻入鮮鮮高湯以旺火燒沸，熬約5分鐘後瀝淨料渣轉小火，下泥鰍和麵疙瘩，加入川鹽1克、雞精、白糖、胡椒粉、香油調味，煮至熟透、入味，盛入墊有芹菜節的湯缽內，撒上香蔥花即成。

料理訣竅：

❶ 麵疙瘩的生坯大小製作一致，麵團須揉搓至筋性出來，麵團才上勁，成菜口感才不會發綿。

❷ 泥鰍去骨的刀工技巧要求較高，可於購買時請魚販代為去骨。此菜選擇泥鰍去骨後烹製，是要使食用的口感更加細嫩、入味，也與麵疙瘩的口感可以相呼應。

❸ 湯料製作後撈盡料渣可讓成菜食用時更方便，也與泥鰍及麵疙瘩的滑嫩感呼應，而感到成菜的精緻與細膩，讓食用過程帶來趣味，也使人體會到廚師考慮食用者感受的用心，而使菜品層次提高。

【川味基本工】餳面：

餳麵又稱醒麵，是指將和勻揉搓好的麵團，靜置一段時間後，使麵粉團因揉搓後所產生的筋性穩定，有助於加工的便利性與口感的優化。

石鍋三角峰

色澤碧綠，細嫩清香，味濃爽口

在2000年前後，四川各地的川菜館中，將色澤紅豔的紅小米辣椒捧上了天。借用孔子的語氣：無紅小米辣，不食。這兩年卻是青小米辣椒的鮮綠令人眼睛一亮。青小米辣椒與紅小米辣椒除了顏色不一樣外，風味上也十分不同，紅是成熟的火辣鮮香，青是嫩青的甜辣靚香。因此用青辣椒做菜，不僅鮮辣味十足，而且色澤碧綠。這道石鍋三角峰，利用大量新鮮青花椒、青海椒、藿香葉成菜，一眼望去青翠碧綠，「鮮」味從味覺延伸至視覺。而燒熱的石鍋有著良好的保溫效果，使得成菜的清新、鮮香風味可以持續較長時間。

製法：

❶ 將三角峰處理後去除魚鰓、內臟，洗淨待用。青二金條辣椒切節，待用。

❷ 炒鍋開中火燒，下入化雞油燒至四成熱，放入薑片、蒜片爆香，再下泡野山椒節、燈籠辣椒醬炒香，之後摻入鮮高湯旺火燒沸後，轉文火熬15分鐘。

❸ 湯汁熬好後，撈去料渣，加入川鹽、料酒、雞精、山椒水、藤椒油調味。下三角峰後轉中小火，燒至微沸即出鍋，倒入石鍋內。

❹ 炒鍋洗淨後，旺火燒乾，倒入50毫升沙拉油燒至四成熱轉中火，下新鮮花椒、青二金條節辣椒炒香，淋蓋在石鍋中的三角峰魚料上。

❺ 將裝了三角峰魚料的石鍋上爐以中火燒沸後離火，撒上藿香葉即可上桌。

料理訣竅：

❶ 湯料在炒製、熬煮完成後須去淨料渣，使成菜淨爽，也可避免三角峰細嫩的口感因料渣而被破壞。

❷ 此菜品因採用具有儲存熱能的石鍋，所以三角峰入石鍋後不宜久煮，易將肉煮爛。一般而言煮至七成熟為宜，因石鍋會散發出大量的餘熱將魚煮至熟透，所以石鍋中的魚及湯料煮沸後即可起鍋，魚在這時就約莫是七成熟。

❸ 花椒、青二金條辣椒在炒製時應盡可能在短時間內使其斷生並炒出鮮香氣，以保持其碧綠的本色，取其鮮香味以襯托三角峰的鮮、嫩。

原料：

三角峰500克

新鮮花椒75克

青二金條辣椒75克

薑片15克

蒜片20克

泡野山椒節30克

燈籠椒醬25克

藿香葉20克

調味料：

川鹽2克（約1/2小匙）

料酒15毫升（約1大匙）

雞精15克（約1大匙1小匙）

山椒水20毫升（約1大匙1小匙）

藤椒油25毫升（約1大匙2小匙）

化雞油35毫升（約2大匙1小匙）

沙拉油50毫升（約1/4杯）

折耳根魚片

色澤紅亮，製法簡單，吃法新穎

折耳根的正式名字為「魚腥草」，以每年的春季上市的最嫩，口感、風味俱佳，食之具有開胃健脾，促進消化的功效。四川以外的地方多使用折耳根的根莖部，川人則多愛嫩莖連同嫩葉一起食用，最有名的菜當屬涼拌折耳根，原是農家菜，酸甜中帶著一股辛香氣，當然有人說是腥羶氣。現在進了酒樓，是川人的最愛。這裡把它與魚片結合，改用紅油味汁調味，取其原始辛香氣的味道，將魚的鮮穿上高山野溪的自然氣息，口感滑脆、酸香帶辣，是最富春、夏氣息的魚肴。

原料：

江團1尾（取肉300克）

折耳根250克

薑片15克

蔥節20克

太白粉35克

雞蛋清1個

香蔥花10克

白熟芝麻5克

調味料：

川鹽2克（約1/2小匙）

醬油2毫升（約1/2小匙）

陳醋5毫升（約1小匙）

白糖3克（約1/2小匙）

雞精15克（約4小匙）

料酒20毫升（約1大匙1小匙）

香油20毫升（約1大匙1小匙）

紅油50毫升（約3大匙1小匙）

製法：

❶ 將江團除去內臟及腮後洗淨，再用熱水燙洗魚皮外表的黏液。

❷ 將魚肉取下，魚頭、魚骨切成大件後另作它用。

❸ 魚肉片成約3mm厚的魚片，再用刀背拍打成大片狀後用川鹽1/4小匙、太白粉、雞蛋清碼拌均勻後靜置入味，約碼味3分鐘，備用。

❹ 折耳根檢選後洗乾淨，墊於盤底待用。

❺ 炒鍋中加入750毫升的清水，用川鹽1/4小匙、雞精2小匙、料酒調味後旺火燒沸。

❻ 轉小火，下入碼好味的魚片小火煮至斷生熟透，撈起出鍋後瀝水，晾冷後鋪蓋在折耳根上待用。

❼ 取川鹽、醬油、陳醋、白糖、雞精2小匙、香油、紅油拌勻，調製成紅油味汁淋在魚片上，撒上白芝麻、香蔥花即成。

料理訣竅：

❶ 折耳根可以選葉和根一起的，這樣菜肴的口感豐富分量也較足。

❷ 掌握紅油味型的調製，突出應有的入口微辣、回味微甜的風味。

【川味龍門陣】

茶－是四川人的生命，因為喝茶已不只是物質上的喝茶，四川人早就將喝茶提升到精神層面，是精神上的食糧。因此四川人愛用蓋碗杯喝茶，省去了繁瑣的功夫茶儀式，可以在茶鋪子裡更專注於精神層面的對話，又不至於口乾舌燥。一個人時，有茶水的陪伴，生命也不覺得索然無味，那股清香是足以與深層的那個你對話。虛虛實實，再擺個龍門陣，人生夫復何求！

川味河鮮家常味

水煮金絲魚

麻辣味濃，細嫩鮮香

　　水煮牛肉是川南小河幫菜中一道具有代表性的傳統菜，源自川南鹽都自貢，南宋時就有此菜，由鹽井工人所創。此菜借鑒了水煮牛肉的做法，將麻、辣、鮮、香、燙的特色套在魚片的細嫩鮮美上，魚肉入口燙、嫩、滑，隨後麻辣鮮香一塊上來，味道濃厚。

原料：

金絲魚500克

黃豆芽50克

蒜苗段35克

香芹段35克

刀口辣椒末50克

郫縣豆瓣30克

泡椒末20克

泡薑末20克

薑末15克

蒜末20克

香蔥花15克

太白粉水50克（約1/4杯）

調味料：

川鹽1克（約1/4小匙）

雞精15克（約1大匙1小匙）

白糖2克（約1/2小匙）

香油20毫升（約1大匙1小匙）

沙拉油75毫升（約1/3杯）

鮮高湯500毫升（約2杯）

製法：

❶ 將金絲魚處理治淨後待用。

❷ 黃豆芽、蒜苗段、香芹段入炒鍋，以旺火炒至斷生後，墊於盤底待用。

❸ 炒鍋加入35克沙拉油，大火燒至四成熱後下郫縣豆瓣末　炒至香，再下入泡椒末、泡薑末、薑末、蒜末繼續炒香至顏色油亮、飽滿。

❹ 接著摻入鮮鮮高湯以中大火燒沸，用川鹽、雞精、料酒、白糖調味後轉小火下金絲魚，燒約5分鐘至入味、熟透。

❺ 起鍋前用太白粉水收汁後裝盤，接著將刀口辣椒末、香蔥花、香油均勻撒上。

❻ 再取乾淨炒鍋，加入40克的沙拉油，旺火燒至五成熱後，澆於已裝盤之成菜上的刀口辣椒末、香蔥花即成。

料理訣竅：

❶ 下金絲魚後應小火慢燒，因金絲魚的肉質極為細嫩，沸湯滾煮就足以將魚肉滾散，所以煮時務必以小火慢煮，熟透程度以魚肉恰能脫骨為宜。而此一燒煮技巧與原則也適用於其他肉質細嫩的魚種。

❷ 掌握最後澆上之熱油的溫度和用量，油溫過高、過多，成菜中的辣椒、蔥花及部份調料易焦糊變色，使成菜帶苦味又帶油膩感；油溫過低或過少，將激不出辣椒、蔥花的香氣，也易有油膩感。

【川味龍門陣】

　　李庄古鎮，有1460多年的歷史在二次大戰時，因戰爭的動亂而聞名全世界，在當時李庄這個不足3000人的小鎮擠進了國立同濟大學、中央研究院、中央博物院、中國營造學社、金陵大學、文科研究所等十幾所高等學府、研究單位遷駐，其中包括梁思成、林徽音、傅斯年、李濟、童作賓、梁思永、童第周等大批學者、研究人員和學生共一萬一千多人全聚集在李庄。因為學術機構的進駐，全世界各地只要想與進駐李庄的機構或人員接洽，只要在郵件上寫上「中國李庄」的大名就可順利寄達四川李庄這個獨特的小鎮。

荷葉粉蒸魚

荷葉清香，椒麻味濃厚

此道河鮮菜以宜賓的黃沙魚為主原料，借鑒「川式粉蒸肉」的調味與「荷葉蒸肉」的做法，用荷葉卷裹食材再下去蒸，食之清香，入口炻糯，回味麻香。在川菜中粉蒸類型的菜品又稱為火工菜，因為有些菜品，如「川式粉蒸肉」要蒸到炻就要2～3小時，耗時極長。雖然魚鮮的蒸製時間不需這麼長，但也要20分鐘上下，相較於一般魚肴算是耗時的。

製法：

❶ 將黃沙魚處理治淨後，取下淨肉後切成2×2×2公分的魚丁。

❷ 將魚丁放入攪拌盆中，加入蒸肉米粉、火腿丁、花椒粉、香蔥花、薑末，用川鹽、糖色、料酒、雞精、香油、豆瓣老油調味後拌勻待用。

❸ 取鮮荷葉入沸水鍋中燙一下後，切成12×12公分後平鋪於平盤上，取適量魚丁碼拌好的包起，卷裹成5×3×2cm的小長方塊成生坯待用。

❹ 將荷葉魚丁卷的生坯入蒸籠旺火蒸20分鐘，取出裝盤即成。

料理訣竅：

❶ 鮮荷葉改刀切成小塊，須入沸水鍋中燙一下，讓其回軟，生坯才容易包卷整齊。

❷ 荷葉魚的生坯則須大小整齊、均勻，成菜才能美觀。

❸ 荷葉魚的魚丁調味時不要太重，因蒸製後魚丁容易脫水，會使得成菜的味過大、過重，影響口感與味道層次。

原料：

黃沙魚1尾（約重800克）

鮮荷葉1張

五香蒸肉米粉200克

火腿丁25克

花椒粉2克

香蔥花10克

薑末10克

調味料：

川鹽2克（約1/2小匙）

雞精15克（約1大匙1小匙）

糖色10克（約2小匙）

料酒10毫升（約2小匙）

香油20毫升（約1大匙1小匙）

豆瓣老油75毫升（約1/3杯）

【川味龍門陣】

　　文殊坊以川西的街道院落建築為主體，展現老成都人文歷史的特色，再加上一牆之隔的文殊院的禪文化，可完整體驗四川文化。文殊坊部份包含成都會館和成都廟街兩大部分。成都會館為清末時期的木質建築，通過修建以進行保護。成都廟街與成都會館一街之隔，成都廟街主要以休閒與體驗旅遊為主。

錫紙鹹菜魚

家常鮮辣味濃郁，香氣撲鼻

　　此魚肴利用錫箔紙將燒好的魚連湯帶汁包裹整齊，放燒燙的鐵板上，錫箔紙裡的湯汁轉變為蒸汽，整個錫箔紙包就會鼓脹，形似一顆氣球，所以許多饕客都戲稱此菜為「氣球魚」。魚肉入味且滑口，劃開錫紙，一股濃濃魚香爆發開來，直撲口鼻。

原料：

武昌魚1尾（約重600克）

冬菜尖50克

五花肉丁75克

青美人辣椒圈50克

紅小米辣椒節35克

泡薑丁30克

大蒜丁30克

香蔥花15克

豆豉20克

薑片15克

大蔥20克

調味料：

川鹽2克（約1/2小匙）

白糖2克（約1/2小匙）

香油20毫升（約1大匙1小匙）

料酒20毫升（約1大匙1小匙）

雞精15克（約1大匙1小匙）

老油50毫升（約3大匙1小匙）

鮮高湯100毫升（約1/2杯）

沙拉油2000毫升（約8又1/3杯）

（約耗50毫升）

器具：

鐵板盤含隔熱盤一組

錫箔紙一張（約30×75cm）

製法：

❶ 將武昌魚處理、去鱗、治淨後，在魚身兩側刨一字花刀，用川鹽、料酒、薑片、蔥節碼拌均勻後靜置入味，約碼味3分鐘待用。

❷ 在炒鍋中加入沙拉油2000毫升，以旺火燒至六成熱後，將碼好味的武昌魚下入油鍋炸至外皮轉硬、緊皮定型後即可撈起、出鍋瀝油待用。

❸ 另起爐火，以旺火將鐵板盤燒至熱燙，待用。

❹ 將油鍋中的油倒出另作他用，續在炒鍋中下入老油50克，中火燒至四成熱，下五花肉丁、泡薑丁、大蒜丁後，改用小火爆香。

❺ 接著加入冬菜尖、青美人椒圈、紅小米辣椒節、豆豉炒香摻入鮮高湯燒沸。

❻ 下入炸好緊皮的武昌魚，加入白糖、香油、雞精、料酒調味，轉小火慢燒至湯汁收乾、魚肉熟透。

❼ 出鍋後盛入對折的錫箔紙內包紮好，放在燒得熱燙的鐵板內上桌，食用時用小刀剖開錫箔紙即可。

料理訣竅：

❶ 武昌魚可以略炸久一點、老一點，烹調完成後的口感會更乾香。

❷ 此菜調味應略為偏淡，因在密閉的錫箔紙袋中，熱燙鐵板對湯汁的持續加熱會轉為蒸汽使得錫箔紙袋中的壓力增加，而產生類似壓力鍋的烹煮效果，會使魚肉更加入味。

❸ 注意錫箔紙要包紮整齊、牢固，以免受熱的蒸氣外泄影響菜品的形狀和風味。

【川味龍門陣】

　　川菜的一個最大特色就是源自民間，菜品的影響是由下而上，也就是大眾菜、家常菜品影響小餐館的流行，小餐館的流行帶動高檔餐館的菜品創新，與其他菜系的那種由上而下的演變全然不同，也因此川菜常被稱之為滲透力最強的菜系！在味型之餘，親和力也是川菜菜品是最巨大的特色，可以是大宴，也可以是隨意的小菜，就因為它是經過無數的家庭與餐飲市場的琢磨後才能成為川菜的正式代表。

香辣炽泥鰍

麻辣味濃，入口酥香化渣

　　香辣炽泥鰍的成菜近似於火鍋，湯、油都多，吃法也相近，但其麻辣中帶著鮮、香、嫩、滑的特殊風味，在蓉城的餐飲市場行成一股潮流，很多人還以此作主打菜品開起特色餐館。說起這「香辣炽泥鰍」應該是改良自兩道江胡菜，也可說是融合兩者之長，一是來自宜賓的鮮辣「川南風味泥鰍」，一是源自成都東門，口感炽軟香麻「炽泥鰍」

製法：

❶ 將泥鰍去頭、內臟治淨。

❷ 壓力鍋中放入紅湯大火燒沸，轉中火，下入治淨的泥鰍，加入川鹽、料酒、雞精調好味，蓋上壓力鍋蓋，以中火壓煮約3分鐘後撈出泥鰍，瀝盡水分。

❸ 將青、紅美人辣椒去籽後切成長3公分、寬1公分的條，備用。

❹ 炒鍋中加入2000毫升的沙拉油，以旺火燒至七成熱，將煮熟的泥鰍均勻裹上乾的太白粉投入油鍋內，定型後轉中火，將油溫控制在四成熱，炸至酥脆，出鍋瀝油。

❺ 將油鍋中的熱油倒出另作他用，再下入老油，中火燒至四成熱，放入乾花椒、乾辣椒節和青、紅美人椒節煸香。

❻ 接著調入香辣醬炒勻後下入炸酥的泥鰍，加入雞精、香油調好味，放入酥花生、熟白芝麻、芹菜節翻勻出鍋裝盤，點綴香菜即成。

料理訣竅：

❶ 泥鰍應只去頭、內臟其脊骨不用去除，才能保持形態完美。

❷ 用壓力鍋煮泥鰍應保持成形完整而不爛，入口脫骨。若無壓力鍋可取炒鍋用小火煮，但時間需較久，約需25分鐘才能達到相當的口感。

❸ 炸製後的泥鰍不宜在鍋內翻炒過久，否則會碎不成形。

原料：

泥鰍300克
青美人辣椒50克
紅美人辣椒50克
乾花椒3克
乾辣椒節25克
酥花生10克
熟白芝麻2克
芹菜節15克
香菜5克
太白粉50克
香辣醬25克
紅湯750毫升

調味料：

川鹽2克（約1/2小匙）
料酒20毫升（約1大匙1小匙）
雞精15克（約1大匙1小匙）
老油75克（約5大匙）
香油20毫升（約1大匙1小匙）
沙拉油2000毫升（約8又1/3杯）
（約耗40毫升）

■位於蜀南竹海的農家、水田，因地處川南，多山多丘陵，所以多是以梯田的形式耕作。

牙籤鰻魚

風味獨特，酥香爽口

　　這道菜品將鰻魚丁用竹簽串起來，大夥用手取食，撩起最原始「吃」的愉悅感，所以提供「食用樂趣」就成了這道菜在味覺之外最想要帶給食客的創意點。　　以此法成菜既方便食用又能符合西式派對、宴會對菜品要能小份量又能隨手取食的要求。此菜入口酥香、孜然芳香味撲鼻、五彩斑斕，令人垂涎。

原料：

青鱔魚（鰻魚）1尾
（約重500克）
大青甜椒50克
大紅甜椒50克
洋蔥25克
刀口辣椒末35克
孜然粉25克
香蔥花20克
雞蛋1個
太白粉50克
白芝麻15克

調味料：

川鹽2克（約1/2小匙）
料酒15毫升（約1大匙）
香油20毫升（約1大匙1小匙）
沙拉油2000毫升（約8又1/3杯）
白糖2克（約1/2小匙）
雞精10克（約1大匙）

製法：

❶ 將青鱔魚處理治淨後，斬成約2cm的方丁。用川鹽、料酒加上雞蛋液碼拌均勻，並加入太白粉碼拌上漿後靜置入味，約碼味5分鐘。

❷ 大青椒、大紅椒、洋蔥治淨後分別切成細粒待用。

❸ 將碼好味的魚丁，用牙籤每2小塊穿成一小串。

❹ 取炒鍋開旺火，放入2000毫升沙拉油燒至五成熱後，下牙籤魚丁入鍋炸至上色，轉小火，油溫控制在三成熱，繼續浸炸至酥脆，撈起瀝油。

❺ 將炒鍋中炸魚丁的油倒出，但留少許油在鍋底下入青、紅椒、洋蔥粒、刀口辣椒末、孜然粉以中火炒香。

❻ 接著用川鹽、雞精、白糖、香油調好味後，下入炸好的牙籤魚和均、翻勻，撒上香蔥花、白芝麻即成。

料理訣竅：

❶ 魚丁刀工的大小應均勻一致，成菜美觀，也易於控制油炸的時間。

❷ 蛋糊不宜掛得太重，薄薄的黏上一層即可。蛋糊太厚會影響酥脆口感。

❸ 油鍋的溫度不宜過高，長時間炸製，否則將影響色澤和口感。酥炸的過程一般是先高油溫急炸上色後，轉小火降油溫浸炸至酥透。

❹ 刀口辣椒不宜在鍋內久炒，以免顏色發黑而影響成菜的色澤搭配，並喪失刀口辣椒的特有風味。味道過大、過重，將影響口感與味道層次。

【川味龍門陣】

　　成都的商業區春熙路，有一個「錦華館」的名字，但她不是會館，也不是高級場所，而是一條巷子，因為巷口的華麗與高挑，使得許多不知情的人總是對她有著美麗的遐想。「錦華館巷」建於1914年，全長100多公尺，連接春熙路北段與正科甲巷，以中西合壁的建築特色為人所注目。其金色穹隆頂的過街在燈光照射下充滿異國風味！街上還有建於1910年的「基督教青年會所」、太平天國翼王石達開死事紀念碑。這條短短的街巷早期是蜀繡與刺線交易地，街名為取繁華似錦之意為名。

太安魚

色澤紅亮，麻辣鮮香，味濃味重

　　太安是重慶潼南縣的一座古鎮，是老成渝公路的交通要道，此鎮以鯿魚名聞天下，外表偏青黑且特別鮮美，曾經成為貢魚，太安也因善於烹製魚肴而創製了「太安鯿魚」，以麻辣風味見長、味道濃厚。後來因交通發達，鯿魚產量不足而改用鰱魚、草魚作主料，風味不減，依舊保有麻、辣、燙，細、嫩、鮮的特色。這裡乾紅辣椒改為糍粑辣椒，使麻辣風味更鮮明，口感更細緻。

原料：

草魚1尾（約重800克）
糍粑辣椒75克
郫縣豆瓣末35克
花椒粉5克
薑末15克
蒜末20克
芹菜末20克
香蔥花15克
乾花椒3克
乾辣椒節10克
太白粉100克
雞蛋1個

調味料：

川鹽3克（約1/2小匙）
料酒15毫升（約1大匙）
雞精15克（約1大匙1小匙）
白糖3克（約1/2小匙）
香油10毫升（約2小匙）
菜籽油2000毫升（約8又1/3杯）
鮮高湯600毫升（約2又1/2杯）

製法：

❶ 將草魚處理治淨後剁成塊，用川鹽、料酒、雞蛋碼拌均勻，同時加入太白粉碼拌上漿後靜置入味，約碼味3分鐘待用。

❷ 取炒鍋倒入菜籽油2000毫升至約七分滿，用旺火燒至五成熱後，下碼好入味的魚塊，炸熟後撈出瀝油。

❸ 將炒鍋中炸魚塊的油倒出，留少許油在鍋底燒至四成熱，下糍粑辣椒炒至顏色油亮、飽滿，至香氣竄出。

❹ 接著下入郫縣豆瓣末、薑末、蒜末、乾花椒、乾辣椒節繼續炒香。

❺ 最後摻入鮮高湯用川鹽、雞精、白糖調味後，旺火燒沸。

❻ 再轉小火，下入炸好的魚塊慢爆約5分鐘，調入花椒面、香油用太白粉收汁出鍋裝盤，撒上一層芹菜末和香蔥花即成。

料理訣竅：

❶ 製作糍粑辣椒時，不要製得過細，入鍋後火力要控制好，以小火為原則，確實炒香，摻湯後，湯色應紅亮有光澤。

❷ 成菜風味需體現料下得重而有層次且麻辣風味突出。但記得料下得重並不等於是鹹味重。

❸ 燒魚時應以小火慢慢的爆，火力大湯汁易渾濁，喪失成菜在「色」的表現特點。

尖椒鮮魚

魚肉細嫩鮮美，鮮辣味厚重

　　川南自貢一帶對鮮辣味有獨特偏好，對小米椒的使用是又猛又重，有些在地風味菜肴是川南以外都難接受的，入口就是鮮辣味直衝，麻、香只起調味與增加層次的作用。就川菜而言，川西偏好麻、辣、香的和諧，以成都為代表；川東是重麻、重味，以重慶為代表。此菜是以小米辣的鮮辣和泡薑的辛辣味相搭配，充分展現川南風情，減少小米辣的用量，呈現的風味依舊濃郁而獨特。

製法：

❶ 將花鰱魚處理洗淨，在魚身兩側剞一字花刀。

❷ 將紅湯鍋旺火燒沸後，把處理好的花鰱魚下入湯鍋內，轉小火。

❸ 接著用川鹽、雞精調味，小火慢燒至熟透。將魚撈起並瀝去湯汁後裝盤。

❹ 取炒鍋下入沙拉油，以中火燒至四成熱，放泡薑絲、泡辣椒末炒香。

❺ 摻入鮮高湯燒沸後，用川鹽、雞精、白糖、陳醋、香油調味，再下青、紅小米辣椒圈、香蔥花推均，用太白粉水收汁後澆在魚上即成。

料理訣竅：

❶ 魚肉在剞花刀時應深淺、大小一致，以便於烹製時間的掌握。

❷ 燒魚用的紅湯的鹹味應調重些，下魚之後火力宜小，燒的時間才足夠，以確保魚肉入味、成形完整、魚肉也將更細嫩。

❸ 控制泡薑絲、泡辣椒的含鹽量，此菜同時要突出薑的鮮味，若泡薑絲、泡辣椒其含鹽量過高時可將泡薑絲的量減少，並用嫩薑絲補足所需的量。不過泡薑風味會變得較淡。

原料：

花鰱魚1尾（約重750克）

泡薑絲50克

青小米辣椒圈25克

紅小米辣椒圈50克

泡辣椒末25克

香蔥花20克

太白粉水50克（約1/4杯）

調味料：

川鹽2克（約1/2小匙）

雞精15克（約1大匙1小匙）

白糖3克（約1/2小匙）

陳醋15克

香油20毫升（約1大匙1小匙）

沙拉油50毫升（約1/4杯）

鮮高湯125毫升（約1/2杯）

紅湯1鍋（約5000毫升）

157

川式瓦片魚

麻辣味飄香，簡單易做

　　川菜的根是在平民百姓的家中小廚房，其他菜系中那種仕官豪紳的氣息不容易在川菜中看到，換個方式說：川菜是一個最具家鄉味的菜系，有媽媽的味道。川式瓦片魚的就是一個鮮明的例子，有一次臨時在農家用餐，鄉間的調料簡單，農家熱情的買來一條魚，就著簡單的調料，結合簡單的烹飪工藝，做了一道麻辣味的家常魚肴，帶著飄逸的香氣，有如鄉間縷縷清風，令人回味再三。

原料：

花鰱魚1尾（約重800克）
乾花椒50克
乾辣椒節150克
薑末20克
蒜末25克
雞蛋1個
紅苕粉50克
香菜節20克
大蔥節25克

調味料：

川鹽3克（約1/2小匙）
香油20毫升（約1大匙1小匙）
白糖3克（約1/2小匙）
陳醋5毫升（約1小匙）
雞精20克（約1大匙2小匙）
菜籽油100毫升（約1/2杯）
料酒20毫升（約1大匙1小匙）
鮮高湯600毫升（約2又1/2杯）
菜籽油2000毫升（約8又1/3杯）

製法：

❶ 將花鰱魚處理治淨後，將魚肉剁成條狀，用川鹽、料酒、雞蛋、碼拌均勻，同時拌入紅苕粉以達到上漿的效果，靜置入味，碼味約3分鐘。

❷ 炒鍋中倒入菜籽油2000毫升至約七分滿，以旺火燒至五成熱，下入碼好味的魚條炸至定型後，轉小火，保持在三成油溫，繼續炸至酥透，出鍋瀝油備用。

❸ 將油從炒鍋倒出另作他用後並洗淨炒鍋，上爐用中火將炒鍋燒熱放入50ml菜籽油燒至四成熱後，先下一半的薑末、蒜末、大蔥節爆香，再下一半的乾花椒、乾辣椒節炒香出味。

❹ 香辛料炒香後，摻入鮮高湯以旺火燒沸，用川鹽、白糖、雞精、陳醋調味，轉小火熬煮約5分鐘，瀝淨料渣。

❺ 下入炸酥的魚條，以小火燒約3分鐘至入味，即可出鍋盛盤。

❻ 再取炒鍋開中火，放入50ml菜籽油燒至四成熱後，放入另一半的乾花椒、乾辣椒節、薑末、蒜末爆香，淋入瓦片魚上面即成。

料理訣竅：

❶ 乾花椒、乾辣椒分兩次入鍋炒香，可以使味更濃、層次更分明。

❷ 熬湯汁的料渣在熬出味後，必須全數撈淨，以方便食用，並使成菜清爽，引人食欲。

❸ 此菜下料必須要重，否則成菜風味不濃，層次也不鮮明。

■成都的腳踏車數量是出了名的多，上下班時間馬路上放眼望去盡是腳踏車長流，或許是位於川西平原，一馬平川，腳踏車騎來不費力吧！

大千乾燒魚

色澤紅亮，入口乾香家常味濃

　　著名的藝術家張大千先生是四川內江人，也是一位美食家。他不但愛吃而且擅烹，留下許多膾炙人口的好菜，如家常味的「大千蟹肉」、「大千雞塊」，鹹鮮味的「大千圓子湯」等。而「大千乾燒魚」更是知名，特色在於色澤紅亮、醇香味濃、香辣鮮嫩。原作法是以泡辣椒取得酸香味再以醪糟汁中和辣味，這裡改用沒有辣味的碎米芽菜取代，更添醇醇香氣。

原料：

河鯉魚600克

豬五花肉150克

碎米芽菜25克

薑末10克

蒜末10克

郫縣豆瓣25克

青豆10克

胡蘿蔔10克

香蔥花10克

香油20毫升（約1大匙1小匙）

薑片蔥節25克

調味料：

川鹽3克（約1/2小匙）

雞精10克（約1大匙）

料酒15毫升（約1大匙）

白糖3克（約1/2小匙）

陳醋10毫升（約2小匙）

沙拉油50毫升（約1/4杯）

鮮高湯750毫升（約3杯）

沙拉油2000毫升（約8又1/3杯）

製法：

❶ 將河鯉魚處理洗淨後剞一字形花刀，用薑片、蔥節、川鹽、料酒碼拌均勻後靜置入味，碼味約3分鐘。

❷ 炒鍋倒入沙拉油2000毫升至約七分滿，旺火燒至六成熱，下入碼好味的河鯉魚至油鍋中炸至定型後，轉小火浸炸到外皮酥脆後出鍋。

❸ 五花肉切成小丁；郫縣豆瓣切成末。

❹ 將炒鍋中的炸油倒出留作它用，炒鍋洗淨，旺火燒熱後，下入沙拉油50毫升及五花肉丁，將五花肉丁炒香。

❺ 續加郫縣豆瓣末、碎米芽菜、薑末、蒜末煵香。

❻ 摻入鮮高湯，以中火燒沸後轉小火，用川鹽、雞精、料酒、白糖、陳醋調味，接著下青豆、胡蘿蔔丁略燒。

❼ 最後下炸得酥透的河鯉魚，小火慢燒至熟透入味，湯汁自然收乾時加入蔥花出鍋即成。

料理訣竅：

❶ 魚要炸乾一點，慢燒成菜後魚肉才能吸飽湯汁、確實入味又能保有酥香味。

❷ 此菜收汁時要將湯汁慢燒至水份自然散盡收乾，湯汁濃稠亮油，不能用太白粉水收汁，否則魚肉入不了味，成菜的味道就會魚歸魚，汁歸汁。

❸ 燒魚時火力要小，這樣燒的魚才入味、香氣足又能保持魚形完整。但要不停的晃鍋以免糊焦巴鍋，影響菜肴風味。

【河鮮采風】

　　一代大師張大千的食譜手稿（圖Ⓐ），收藏於成都郫縣的川菜博物館，該博物館完整收藏川菜文物資料，同時將博物館營造出南方的翠綠詩意，加上可體驗的互動演示餐廳，營造一個完整的眼、耳、鼻、舌、身五感川菜體驗。

五香魚丁

吃法新穎，做工細膩，口味分明

　　將魚肉切成丁狀再炸收是四川十分常用的烹調方式，常見的有「家常魚丁」、「翡翠魚丁」、「荔枝魚丁」等。因魚鮮的炸收菜含水量極少，可以擺放較長時間而不失軟酥鮮香，早期沒有冰箱，炸收有儲存上的優勢。但現代卻因炸收程序較費時、費工，一般家庭反而少做，多半要在酒樓才能回味。這裡我們在「五香魚丁」的五香鹹鮮味上搭配的是西式香酥薯條，入口乾香滋糯回甜，色澤黃亮。

原料：

草魚肉200克

薯條75克

薑片20克

蔥節20克

調味料：

川鹽2克（約1/2小匙）

料酒15毫升（約1大匙）

雞精15克（約1大匙1小匙）

白糖3克（約1/2小匙）

五香粉5克（約2小匙）

花椒粉1克（約1/2小匙）

調味花椒鹽2克（約1/2小匙）

香油20毫升（約1大匙1小匙）

沙拉油75毫升（約1/3杯）

鮮高湯500毫升（約2杯）

製法：

❶ 將草魚肉切成丁（約2×2×2cm），放入盆中。

❷ 把薑片、蔥節、料酒、五香粉加入盆中與魚肉丁碼拌均勻後靜置入味，約碼味15分鐘，待用。

❸ 炒鍋倒入沙拉油至七分滿，以旺火將油鍋燒至五成熱，下入薯條炸上色後，轉小火以三成油溫續炸至酥，起鍋瀝油，拌入調味花椒鹽，備用。

❹ 再將油鍋燒至六成熱，將碼好味的魚肉丁下入油鍋中炸至定型、上色後，轉小火，使油溫降低至約三成熱，繼續炸至外酥內嫩後瀝油出鍋，備用。

❺ 將油鍋中的油倒出留作它用，炒鍋洗淨摻入鮮高湯、薑片、蔥節，中火燒沸後，下炸好的魚丁，再用川鹽、雞精、五香粉、白糖調味。

❻ 將食材推勻後，用小火慢燒輕拌至汁水收乾即可，起鍋前淋下香油。搭配步驟3的酥脆薯條盛盤即成。

料理訣竅：

❶ 魚肉的刀工應使魚丁大小均勻，成菜才能展現精緻感。

❷ 採慢燒自然收汁亮油，可使成菜的魚丁入口乾香、回味。

❸ 掌握好入鍋的油溫高低，魚丁和薯條要高油溫炸上色後低油溫浸炸至酥，這樣成菜的酥香味與口感才能兼顧，也不易炸焦。

乾煸鱔絲

麻辣干香,佐酒佳品

利用川菜獨有而具地方特色的烹調技法「乾煸」,將鱔絲煸至脆酥而軟,因為鱔魚外層有一層黏膜經過煸炒後會結成薄薄的脆硬殼,而這口感只有在成菜後短短幾分鐘內存在,這也說明了中國人喜愛趁熱吃的偏好,因為一道美食的最佳狀態通常是在剛出鍋爐的瞬間。在這道菜中您會嘗到乾煸菜的最大特色—入口乾香,同時麻辣味濃厚、回味持久。

製法:

1. 將鱔魚處理後去除鱔魚骨及其內臟,並洗淨切成絲。
2. 將鱔魚絲用川鹽1/4小匙、料酒碼拌均勻後靜置入味,約碼味3分鐘。
3. 起油鍋,即在炒鍋中倒入沙拉油2000毫升至約七分滿,用旺火將油燒至五成熱。
4. 接著下入鱔魚絲炸約2分鐘,至鱔魚絲微乾、外皮帶脆,隨即撈起出鍋瀝油。
5. 將油鍋中的油倒出留作他用,但留少許油約50毫升在鍋底,以小火燒至三成熱,下入乾辣椒絲、薑絲略煸後,再下鱔魚絲煸香。
6. 加入川鹽1/4小匙、雞精、料酒、白糖翻勻,再下香油、陳醋吊出酸香味,最後加入花椒粉、辣椒粉、蔥絲翻勻炒香即可出鍋。

料理訣竅:

1. 鱔魚絲不要切的過細,炸時也不要炸到全乾。不然會變成乾硬,除嚼不動外還會扎口、頂嘴。
2. 因食材都切成絲狀,所以煸時火力要小,否則容易焦掉。

原料:

鱔魚250克
乾辣椒絲10克
薑絲15克
蔥絲15克
芹菜絲20克
郫縣豆瓣末30克

調味料:

川鹽2克(約1/2小匙)
雞精15克(約1大匙1小匙)
料酒20毫升(約1大匙1小匙)
香油15毫升(約1大匙)
白糖3克(約1/2小匙)
陳醋5毫升(約1小匙)
花椒粉5克(約1大匙)
辣椒粉20克(約2大匙)
沙拉油2000毫升(約8杯)

水豆豉燒黃辣丁

入口嫩滑、家常味濃

　　水豆豉是四川蜀鄉農家戶戶都會做的一種鹹菜，用黃豆與鹽、剁椒、辣椒粉、花椒粉等食材一起煮製後發酵而成。最早使用水豆豉當調料的是成都南門一帶的餐館，現在已是川菜中獨特的調味品之一。一開始多用在涼拌菜，取其鹹鮮微辣的豆香風味，此味廣為大眾所接受後，熱菜也開始加入這一股風味別具的潮流，現已成為帶有鮮明的鄉土氣息的新一派典範味型。

原料：

黃辣丁400克

水豆豉100克

醃菜50克

泡辣椒末50克

薑末15克

蒜末15克

太白粉水50克（約3大匙）

綠花椰菜50克

香蔥花15克

調味料：

川鹽2克（約1/2小匙）

雞精15克（約1大匙1小匙）

白糖2克（約1/2小匙）

料酒15毫升（約1大匙）

香油15毫升（約1大匙）

陳醋5毫升（約1小匙）

鮮高湯500毫升（約2杯）

沙拉油50毫升（約1/4杯）

製法：

❶ 黃辣丁去腮、內臟洗淨備用。醃菜切末，備用。

❷ 綠花椰菜切成小塊狀，用燒沸的水煮熟備用。

❸ 炒鍋用中火燒熱，下沙拉油燒至四成熱，放入泡辣椒末、薑末、蒜末、醃菜、水豆豉炒香。

❹ 於炒香的調料中摻入鮮高湯以中火燒沸，用川鹽、料酒、雞精、白糖、陳醋、香油調味。

❺ 轉小火後再放入黃辣丁，慢燒約5分鐘至熟透入味後，用太白粉水勾芡收汁裝盤，撒入香蔥花，搭配上燙好的綠花椰菜即成。

料理訣竅：

❶ 黃辣丁背鰭上的刺帶微毒，處理時應先將刺剪去，避免刺傷。

❷ 燒黃辣丁時應小火慢燒，一來確保燒的時間足以入味，二來避免黃辣丁的肉被滾散不成形。

■洛帶古鎮是具有濃厚客家移民特色的古鎮，豆豉的製作是一大特色，常見的有乾豆豉與罐裝的水豆豉。

糖醋脆皮魚

色澤紅亮、糖醋味濃，外酥內嫩

　　糖醋味的菜品南北都有，主要在於各地醋的釀製原料與方法不同，而形成不同的地方風味。在四川，此菜要呈現入口甜酸味濃郁、薑蔥蒜風味俱全，這裡除了運用醋以外更添加了西式的番茄醬，增添清新的果酸味，又能增色，成菜口感外皮酥脆，魚肉細嫩芳香，酸甜宜人。

製法：

❶ 將草魚處理、去鱗、洗淨後，剞牡丹花刀，用薑片、蔥節、川鹽、料酒碼拌均勻後靜置入味，約碼味5分鐘。

❷ 將雞蛋打入盆中，加入太白粉調成全蛋糊備用。

❸ 炒鍋倒入沙拉油2500毫升至約七分滿，用旺火燒熱，同時將碼好味的草魚放入全蛋糊中，抓住魚尾，以拖拉的方式使全蛋糊均勻裹在魚的每個角落，確實拖勻。

❹ 當油鍋燒至六成熱時，將拖勻全蛋糊的草魚提在油鍋上澆淋熱油，使蛋糊定型，再下入油鍋炸，轉小火，以四成油溫浸炸至熟。

❺ 接著再轉中火，待油溫升高後，將草魚炸至外表酥脆、呈美味的金黃色即可出鍋，瀝乾油後裝盤。

❻ 將炒鍋中的油倒出留作它用，但在鍋中留下約50ml的油，用中火燒至四成熱，下番茄醬炒香並炒至顏色油亮、飽滿。

❼ 再摻入150毫升清水、白糖，待湯汁燒沸、糖溶後，再下大紅浙醋調味，最後用太白粉水收汁亮油，澆淋在炸好的草魚上即成。

原料：

草魚1尾（約重650克）
雞蛋2個
太白粉150克
薑片20克
蔥節20克

調味料：

川鹽2克（約1/2小匙）
料酒20毫升（約1大匙1小匙）
番茄醬75克（約1/3杯）
白糖125克（約1/2杯）
大紅浙醋100毫升（約2/5杯）
清水150毫升（約2/3杯）
太白粉水50克（約3大匙）
沙拉油2500毫升（約10杯）

料理訣竅：

❶ 草魚的個頭不宜太大，油量也應多些，否則下鍋不好炸，也易焦鍋。

❷ 炸時應抓住魚尾，使草魚的尾上頭下，但先不入鍋，用手勺或湯勺舀熱油澆淋在魚身上，使魚身的蛋糊受熱定型然後再下鍋浸炸至熟，以確保蛋糊不會沾黏鍋底，產生巴鍋的情形而破壞魚形。

❸ 番茄醬一定要炒到紅亮，成菜色澤才漂亮。

❹ 製作糖醋味的菜品時，糖、醋用量的基本比例是1比1，也就是幾毫升的醋就搭配幾克的糖，才能彰顯濃郁而調和的糖醋味與層次。

【川味龍門陣】

　　畫糖人在早期成都一帶是稱之為「糖餅」，是一種工藝糖
類點心，一般都會在畫糖的鐵板旁設一轉盤，其上畫有各式圖
案，有簡單的也有複雜的造型，透過轉盤再為畫糖增添參與的
趣味性。

菊花全魚

酥香爽口，回味悠長

　　此菜延續傳統川菜，糖醋味型之「菊花魚」的處理工藝和味道，但在成菜擺盤上以全魚呈現，調味上因使用陳醋所以味汁的色澤沒那麼紅亮，可是入口後，伴著外酥裡裡嫩的的口感，與以陳釀醋營造的「酸香味」，顯得風味更為醇厚而回味悠長。菊花魚造型討喜，因此主要菜系都有類似菜品，其中徽菜、蘇菜是蒸製而成，魯菜、閩菜的製法則與川式極為相似。

製法：

❶ 將草魚處理、去鱗、洗淨後，去除魚骨，取下兩側魚肉及完整的魚頭和魚尾。

❷ 將魚肉切成6×6cm的魚塊，在魚塊的肉面剞十字花刀，用川鹽、料酒碼拌均勻後靜置入味，約碼味5分鐘。

❸ 炒鍋中放入七分滿的沙拉油約2000毫升，以旺火燒至六成熱時，先將魚頭均勻拍上乾太白粉後入油鍋，再將魚尾和花刀魚塊均勻拍上乾太白粉後入油鍋，炸至定型、上色。

❹ 接著轉小火，以四成油溫繼續炸至外酥內嫩時出鍋裝盤。

❺ 將炒鍋中的炸油倒出留做它用，洗淨後用中火將炒鍋燒乾，再下沙拉油75毫升以中火燒至四成熱。

❻ 放入薑末、蒜末炒香，再摻入清水100毫升燒沸。

❼ 調入川鹽、料酒、雞精、白糖、陳醋、香油，拌勻後，用太白粉水勾芡收汁下香蔥花略拌，出鍋澆在魚上即成。

料理訣竅：

❶ 魚基本上選大一點的，魚塊夠大，炸出的花瓣成形才美觀。魚小了，花瓣翻不開，成形不佳。

❷ 炸魚時油溫要高，先炸定型，使魚皮因受熱緊縮，花瓣絲才能如扇子狀展開。再轉小火慢炸，成菜後才酥。

原料：

草魚1尾（約重800克）

太白粉300克

薑末20克

蒜末25克

香蔥花25克

調味料：

川鹽3克（約1/2小匙）

料酒15毫升（約1大匙）

雞精10克（約1大匙）

白糖50克、陳醋45克

香油15毫升（約1大匙）

沙拉油75毫升（約1/3杯）

沙拉油2000毫升（約8又1/3杯）

清水100毫升（約2/5杯）

【川味龍門陣】

在四川地區，每到接近過年的時候，到處都可以見到製作好的香腸、醬肉、臘肉、風乾肉半成品晾在窗戶或壩子上或自製的木架上風乾，人們也都沈浸在過節的歡樂氣氛中。在這其中就屬臘肉最能放，於早期還在燒材火的時代，將臘肉掛在灶邊，經年煙燻火烤的，放上個二、三年都沒問題，甚至是愈陳愈香，這時臘肉就變成了老臘肉，雖不適合直接吃，但拿來熬湯卻有如金華火腿般的效果，甚至在其複雜的香氣與特殊風味中可以嘗到時間的精華。

麻辣酥泥鰍

麻辣酥香，入口化渣

　　四川水資源豐富，泥鰍的分布廣又普遍，因此鄉間農家一直將泥鰍當作是家常食材。在泥鰍盛產的季節，太多了常吃不完，於是就炸酥以後調入厚重的調料作為一種保存方式，既可冷吃，也可以熱食。這裡我們一樣將食材炸至酥香後，拌炒上麻辣味而成菜，但在味道上調輕，不像傳統作法下那麼重，使成菜風味細緻又不失鄉間田園風情。

原料：

泥鰍500克

薑片25克

蔥節30克

調味料：

川鹽3克（約1/2小匙）

料酒20毫升（約1大匙1小匙）

雞精15克（約1大匙1小匙）

白糖3克（約1/2小匙）

醪糟汁10毫升（約2小匙）

香油20毫升（約1大匙 1小匙）

紅油75毫升（約1/3杯）

辣椒粉50克（約5大匙）

花椒粉10克（約2大匙）

白芝麻20克（約2大匙）

沙拉油2500毫升（約10杯）

製法：

❶ 將泥鰍去其頭、內臟，處理洗淨後置於盆中。

❷ 治淨的泥鰍加入川鹽1/4小匙、薑片、蔥節、料酒10毫升碼拌均勻後靜置入味，約碼味8分鐘。

❸ 炒鍋中放入沙拉油2500毫升至約七分滿，旺火燒至六成熱，將碼好味的泥鰍下入油鍋中炸至定型後，轉小火，以四成油溫續炸至酥脆，出鍋瀝油。

❹ 將鍋中炸完泥鰍的油留下約50ml的油，其他倒出留作它用，以小火燒到四成熱後，下辣椒粉 、花椒粉炒香，加入炸酥的泥鰍略拌。

❺ 再下川鹽1/4小匙、料酒10毫升、雞精、白糖、醪糟汁、香油、紅油調味翻均，收乾湯汁，撒入白芝麻即成。

料理訣竅：

❶ 泥鰍處理後務必先用調料碼拌入味，否則最後的翻炒時間短加上水分少，不易入味。

❷ 炸泥鰍要達到酥透的口感，炸至的油溫要先高後低，先定型、上色後再慢慢浸炸至整條泥鰍酥脆出鍋。

❸ 炒粉狀香料時原則上火力都要小，以此菜而言就能避免辣椒粉和花椒粉焦鍋變味。

■雅安上里古鎮優閒的田園風光裡天真的孩童。

家常 川味河鮮家常味

豆花魚片

麻辣鮮香濃郁，細嫩滑爽口

　　細嫩、滑口的豆花配上細嫩的魚片，讓魚的鮮甜
風味在內酯豆花的豆香襯托下，顯得清新，有了嫩、
滑的對比，魚片的口感變得豐富而有層次，搭配麻辣
味型酥脆的餡料，整體風味不只豐富，更是細膩，使
得各種味可以在你的唇齒間滑移、回味。

172

製法：

1. 將魚處理洗淨後，取下魚肉。將魚肉片成薄片。

2. 將魚肉片放入盆中，用川鹽、料酒、雞蛋清碼拌均勻並加入太白粉碼拌上漿後靜置入味，約碼味3分鐘。

3. 將嫩豆腐改刀切成約2cm見方的丁狀，備用。

4. 取炒鍋開旺火，放入25毫升沙拉油燒至四成熱後，下郫縣豆瓣末、火鍋底料、薑末、蒜末炒香，摻入鮮高湯以旺火燒沸後，濾淨料渣。

5. 湯汁以小火保持微沸，加入步驟3的嫩豆腐丁燒透、入味，先出鍋墊於盤底。

6. 接著下魚片，並用川鹽、雞精、料酒、白糖調味推勻。

7. 最後下陳醋、香油調味，再用太白粉勾芡收汁後蓋在豆花上。

8. 於盤中的魚片上撒入花椒粉、辣椒粉後，取乾淨的炒鍋中下入25毫升的沙拉油，以旺火燒至五成熱，再將熱油澆在花椒粉、辣椒粉上。

9. 最後加入油酥黃豆、大頭菜粒、饊子、香蔥花即成。

料理訣竅：

1. 魚片刀工應厚薄均勻，碼味上漿時太白粉的量可斟酌增減，上漿要足夠但不宜過厚，以免細嫩滑爽的口感變調。

2. 掌握好最後澆淋的沙拉油之油溫不要過高，以免將辣椒、花椒炸的焦糊、變味。

■目前四川地區的農村，依舊是維持著傳統，將豐收後的部份稻米及玉米晾乾、風乾，以作為下一季的育苗種子，特別是在屋前掛滿金黃玉米，一片澄亮的金黃色也象徵著年年豐收的好兆頭。

原料：

草魚1尾（約重600克）
嫩豆腐（內酯豆花）1盒
雞蛋清1個
油酥黃豆30克
大頭菜粒20克
饊子35克
香蔥花10克
辣椒粉40克
花椒粉3克
郫縣豆瓣末35克
火鍋底料25克
薑末15克
蒜末20克
太白粉35克

調味料：

川鹽2克（約1/2小匙）
雞精15克（約1大匙1小匙）
料酒20毫升（約1大匙1小匙）
白糖3克（約1/2小匙）
陳醋15克（約1大匙）
香油20毫升（約1大匙 1 小匙）
沙拉油50毫升（約1/4杯）

米涼粉燒魚

細嫩滑燙，家常味濃

　　米涼粉是將米泡軟後，磨製成米漿，煮沸後以石灰水做凝固劑，凝結而成。米涼粉是農民的最愛，吃上一碗，涼爽止渴又止飢，因此成為熱門的小吃，在酒樓中常當作開胃涼菜。話說在一次過節串門中，大擺龍門陣之際，一個不注意將米涼粉當成豆腐倒在燒魚的鍋中，及時調整味道後上桌，沒想到好友們極為讚賞說：從不知道米涼粉做成熱菜這麼好吃。後來創出這道「米涼粉燒魚」，又涼又燒，讓人覺得充滿驚喜又趣味十足。

原料：

河鯰魚肉300克

米涼粉200克

郫縣豆瓣末35克

泡辣椒末25克

薑末20克

蒜末25克

辣椒粉35克

香蔥花15克

香芹末15克

雞蛋清1個

調味料：

川鹽2克（約1/2小匙）

雞精15克（約1大匙1小匙）

料酒20毫升（約1大匙1小匙）

白糖2克（約1/2小匙）

陳醋10毫升（約2小匙）

香油20毫升（約1大匙 1 小匙）

太白粉35克（約3大匙）

沙拉油50毫升（約1/4杯）

沙拉油2000毫升（約8杯）

太白粉水30克（約2大匙）

製法：

1. 將魚肉切成2cm見方的方丁，用川鹽、雞蛋清、料酒、碼拌均勻並加入太白粉碼拌上漿後靜置入味，約碼味3分鐘。

2. 取炒鍋倒入沙拉油2000毫升至約六分滿，開中火燒到四成熱，將碼好味的魚丁下入油鍋中滑油約2分鐘至斷生，備用。

3. 米涼粉切成2cm見方的丁，入煮沸的鹽水鍋中汆燙備用。

4. 將滑魚丁的油倒出留作它用，鍋中下入50毫升沙拉油以中火燒至四成熱，下郫縣豆瓣末、泡辣椒末 、薑末、蒜末、辣椒粉炒香，並將原料炒至顏色油亮、飽滿。

5. 接著摻入鮮高湯以中旺火燒沸後轉小火，加入魚丁、米涼粉，用川鹽、雞精、料酒、白糖、陳醋、香油調味。

6. 最後下香蔥花、香芹末並用太白粉水勾芡收汁即成。

料理訣竅：

1. 主輔料的刀工成形不宜太大，以確保成菜的嫩度和烹製時間。

2. 米涼粉需要先經過鹽水汆燙，既可縮短烹調時間也更能入味。鹽水鍋一般的比例為1000毫升的水加3克的鹽。

【川味龍門陣】

洛帶最出名的就是涼粉，一個涼粉可以調出十來種不同的風味。雖都是酸、甜、苦、辣、鹹、麻、香的組合，但在調料的組合比例控制下，您可以嘗到酸中帶辣、辣中帶酸、先麻後辣、先辣後麻、先甜後辣、先辣後甜、先麻再辣後回甜、先甜後麻再回辣、甜香中帶微辣等，實在不可思議。

鮮溜魚片

色澤搭配分明，鹹鮮細嫩可口

　　這是一道講究刀工、火候及油溫的傳統菜式，因為烏魚肉特別細嫩，所以選擇以「鮮溜」，又稱滑溜的技法，確保細嫩質地不被破壞。而為保持魚的細嫩感，在取淨肉時應謹慎，避免有魚刺留在魚肉中；片魚片時應一氣呵成，避免魚肉纖維的拉扯，最後滑油時因油量不大所以油溫控制就成了關鍵，確實掌控上述技巧，就可以烹飪出色澤潔白細嫩而滑爽的完美「鮮溜魚片」。

原料：

烏魚1尾（約重600克）
冬筍片25克
番茄1個
香菇片15克
菜心10克
雞蛋清1個
太白粉50克
薑蔥汁15克

調味料：

川鹽3克（約1/2小匙）
雞精15克（約1大匙1小匙）
料酒20毫升（約1大匙1小匙）
化豬油40克（約3大匙）
蔥油15毫升（約1大匙）
鮮高湯300毫升（約1又1/4杯）
太白粉水30克（約2大匙）

製法：

❶ 將烏魚處理、治淨，去除魚皮、魚骨後取下淨肉片，將淨肉片成3mm厚的魚片，再以肉槌將魚片打成薄片。

❷ 將薄魚片加入薑蔥汁、川鹽1/4小匙、料酒、雞蛋清碼拌均勻並加入太白粉碼拌上漿，靜置入味，約碼味3分鐘。

❸ 取炒鍋加入清水至五分滿，旺火燒沸後，將冬筍片、香菇片、菜心入沸水鍋中汆燙約10秒至斷生，撈起後瀝去水分，備用。

❹ 在乾淨炒鍋中放入化豬油，用中火燒至三成熱，下入碼好味的薄魚片滑散後出鍋瀝油。

❺ 將炒鍋洗淨，倒入鮮高湯，用旺火燒沸，以川鹽1/4小匙、雞精調味後，加入步驟3、4的魚片、冬筍片、香菇片、菜心、番茄推勻，用太白粉水勾芡、收汁亮油即成。

料理訣竅：

❶ 魚片的刀工厚薄要均勻，上漿不宜過重，會使太白粉滑滑、粉粉的口感蓋掉魚片應有的鮮嫩感。

❷ 滑油時的油溫控制相對於炸的程序是較低的，一般多以三成油溫來滑散食材，使其斷生並對食材的鮮嫩口感與原味作最大的保留，若油溫過高將會使肉質容易變老、發綿。

【川味龍門陣】

在四川包子都做得相對的小，主要取其麵皮與內餡的入口比例。而使用的蒸籠大小所蒸的數量約莫一人吃剛好，也可以確保每一籠都是熱騰騰的，最美味的。對有些地方來說，四川包子的只算是小包子，但對四川人而言美味才是重要！

泡椒燒老虎魚

泡椒家常味濃，回味悠長

　　川菜中的泡椒品種繁多，有泡野山椒、二金條紅泡辣椒、子彈頭泡辣椒、墨西哥泡辣椒等等。此菜選用呈雞心狀、外形討喜、辣味足、色澤紅亮的子彈頭泡辣椒，入口微辣，酸香濃郁、色澤紅亮。這道菜源自於90年代末風靡全國的泡椒墨魚仔、泡椒牛蛙等菜品，在其家常味厚，脆嫩鮮美的風味基礎上創新，用子彈頭泡辣椒替代二金條泡辣椒，加進泡椒油。加上嫩而鮮，俗稱老虎魚的高原鰍，成為家常味濃，細嫩鮮美，再三回味的新菜品。

原料：

老虎魚600克

西洋芹50克

子彈頭泡辣椒75克

泡薑末25克

薑末15克

蒜末20克

太白粉水50毫升（約3大匙1小匙）

調味料：

川鹽2克（約1/2小匙）

雞精20克（約1大匙2小匙）

醪糟汁20毫升（約1大匙1小匙）

白糖3克（約1/2小匙）

胡椒粉少許（約1/4小匙）

香油15毫升（約1大匙）

泡椒油75毫升（約1/3杯）

鮮高湯500毫升（約2杯）

製法：

❶ 將老虎魚去內臟，處理治淨後，待用。

❷ 西洋芹去筋後，切成菱形塊。

❸ 炒鍋放入泡椒油75毫升，開旺火燒至三成熱，下子彈頭泡辣椒、
泡薑末、薑末、蒜末炒香後摻鮮高湯燒沸。

❹ 轉小火保持湯汁微沸，下老虎魚燒約3分鐘，再加入西芹燒至斷
生。

❺ 用川鹽、雞精、醪糟汁、白糖、胡椒粉、香油調味，接著緩緩下
入太白粉水收汁亮油，出鍋裝盤即成。

料理訣竅：

❶ 掌握泡椒油的熬製方法，泡椒老油的好與壞，直接影響泡椒菜肴
的品質。

❷ 下魚後燒製的時間在熟透入味的前提下，盡可能縮短燒製時間，
魚才能成形完整。

【河鮮采風】

四川傳統泡辣椒是選取色澤鮮艷，肉質厚實的二金條辣椒連同井鹽、花椒、上等白糖和白酒下去泡製，最重要的是要放入數尾鮮活的鯽魚一起泡，用一個洗淨又夠重的卵石壓住，避免鯽魚在罐子裡亂蹦，蹦死的鯽魚會讓鹽水產生腐臭味，泡出來的辣椒也就壞了。泡得好的辣椒帶有魚香的酸脆風味，因此四川人又將泡辣椒稱之為「魚辣子」。

松鼠桂魚

色澤紅亮，外酥內軟，甜酸味濃厚

　　松鼠桂魚是蘇菁菜的傳統菜式，源自蘇州松鶴樓，傳說在乾隆下江南時初嘗此美味，大為驚豔，並在之後下江南時，多次指名品嘗，自此名聞天下。因其成菜外形極似松鼠，加上湯汁淋在炸得酥香的魚上會發出「滋、滋、滋」的聲音而得名。松鼠桂魚到了四川，依舊穿上色澤紅亮的外衣，入口甜酸，但不似蘇菁菜甜味明顯，魚肉拍上乾太白粉以取代麵糊，使魚肉外更酥裡更嫩。

製法：

1. 將桂魚處理後去腮，再從口部取出內臟後治淨。取下魚頭，接著從背脊處下刀取出脊骨、魚刺。
2. 在帶著魚尾兩側的魚肉上剞十字花刀，用川鹽、料酒、薑蔥汁碼味3分鐘備用。
3. 碼味碼好後在魚頭、剞了花刀的魚肉上拍均乾太白粉，待用。
4. 炒鍋中下入沙拉油2500毫升至約七分滿，旺火燒至五成熱，下魚頭炸至定型後，轉中火以四成油溫浸炸至酥香、熟透，撈出裝盤。
5. 再開旺火將油燒至五成熱，下魚肉炸至定型後，轉中小火以三成油溫浸炸至酥香、熟透，出鍋瀝淨油裝盤。
6. 將炒鍋中炸魚的油倒出留做它用並淨炒鍋，再下沙拉油50毫升以中火燒至四成熱，下入番茄醬炒香且顏色紅亮後摻入清水75毫升，放白糖以中火熬化。
7. 最後下大紅浙醋調味，再用太白粉水勾芡亮油出鍋。澆在魚身上即成菜。

料理訣竅：

1. 處理魚的時候，應從魚嘴口處取內臟，一般是用鉗子或筷子一雙從魚嘴穿入到腹部底，轉攪後即可將內臟取出來。依此法可保持魚腹完整不破裂。方便特殊刀工處理，且造型美觀。
2. 掌握刀工的粗細均勻，深淺一致，是保持成菜美觀的關鍵。魚尾應和魚身相連，不宜斷開，也是方便炸製成型的重要條件。
3. 嚴格控制油溫，先高油溫炸至定型後轉小火浸炸至熟。是保持外酥內嫩的關鍵。

原料：

桂魚1尾約重800克
乾太白粉100克

調味料：

川鹽2克（約1/2小匙）
料酒10毫升（約2小匙）
薑蔥汁15克（約1大匙）
番茄醬75克（約5大匙）
白糖50克（約3大匙1小匙）
大紅浙醋35毫升（約2大匙1小匙）
沙拉油2500毫升（約10杯）
沙拉油50毫升（約3大匙1小匙）
清水75毫升（約1/3杯）
太白粉水50克（約1/4杯）

【川味龍門陣】

　　陝西會館建於清康熙二年，現位於熱鬧的陝西街蓉城飯店內。原本是暫居四川的陝西人作為祭祀先賢、聚會議事營商、提供借宿的地方。嘉慶二年整修過一次。現存的形式與規模乃光緒十一年由陝籍四川布政司提議，由成都33家陝人商號集資重建。整個建築凝重端莊，古樸而有氣勢，其主體建築為重簷歇山頂式。會館門匾「陝西會館」四個字，為于右任所書。

　　現在主建築部份改作為畫廊，以往作為住宿用的幾棟建築，風韻十足，現成為西方人最喜愛的渡假住宿地點，在前廊有設茶館，因為被蓉城飯店所包圍，置身其中，鬧中取靜，恍若隔世。

川南名城－自貢

歷史沿革

今日自貢行政區劃是由古時的榮州與江陽部分產鹽區組成。自貢稱謂源於自流井和貢井兩地名稱的合稱。東漢章帝時期，自貢地區已有井鹽生產。周武帝劃出江陽縣(今瀘州)西北部，以富世鹽井為中心，設置絡原郡，又因江陽縣大公井盛產井鹽而設公井鎮（即今貢井）。唐武德公井鎮升為公井縣，現在的自流井地區為當時的唐公井縣所轄。

明代時井鹽的生產就有相當的規模，分別在富順縣、公井鎮設鹽課司。井鹽生產於清代咸豐、同治年間發展到鼎盛時期。西元1835年左右，在大墳堡地區開鑿桑海井，深1001.42米，是世界上第一口超千米的深井。西元1892年，楊家沖地區首次發現岩鹽，灌水推汲。本世紀初採用蒸汽機汲鹵，自流井地區鹽業繁榮興旺。清雍正八年，富順縣、榮縣分別在自流井和貢井設分縣，派駐縣丞管理鹽務。1937年抗日戰爭爆發後，兩湖、西南、西北7省、區的食鹽均需自貢鹽場供應。1939年正式成立自貢市，直屬省政府管轄。1978年榮縣劃歸自貢市，1983年3月，富順縣劃歸自貢市，形成現在全市四區兩縣格局，市人民政府在市中心自流井。

資源與文化休閒

自貢市的植物資源中，栽培作物有糧食作物、經濟作物和其他作物三大類、798個品種（系）。糧食作物主要栽培稻、麥、玉米、番薯、豆類。經濟主要栽培茶樹、甘蔗、油、麻、菜、棉、藥、桑等。有產量居全省第二位的油茶9萬餘畝，有珍貴的松木、紅豆木等資源。

全市可供養魚的水面89.48萬畝，魚類資源品種64類，人工水面飼養鯉、鯽、

鰱、鱘、草魚等品種，地方珍貴品種有紅鯉、鏡鯉、岩鯉、團頭魴、白甲、青鱔、白鱔和中華倒刺鲃又名青竹鯉、竹柏鯉、紅臉青竹等。

自貢是國家級歷史文化名城，有獨特的文物資源，如自貢鹽業歷史博物館地處市中心區，館址西秦會館是國家級重點文物保護單位。西秦會館設計精巧，結構複雜，為四川建築藝術珍品，始建于清乾隆元年，歷時16年竣工，是當時陝籍鹽商合資修建的同鄉會館。館內樓臺殿閣，有眾多木雕、石雕、泥塑、彩繪。自貢鹽業歷史博物館陳列的「井鹽生產技術發展史」，再現了2000多年來四川井鹽生產技術的演進和變革。展出的鑽井、治井、打撈工具及現代化采鹵自動化、製鹽真空化的情景，是千年鹽都的縮影。自貢鹽業歷史博物館在國際博協第13屆年會上，被列為中國有代表性的7個專業博物館之一。

其次是自貢恐龍博物館，自貢市自1915年以來先後發現恐龍化石點70多處。70年代初，大山鋪發現恐龍化石群窟，擁有動物化石數以萬計。1986年開放的自貢恐龍博物館就建造在大山鋪恐龍化石現場。展出大小不等、形態各異的恐龍及共生動物骨架，有身長20公尺草食性峨眉龍，還有目前世界上發現時代最早的原始性劍龍。自貢恐龍博物館是世界上三大恐龍博物館之一（另兩個在美國和加拿大）。

文化資源方面有自貢燈會，唐宋以來自貢民間就有新年賞燈習俗，清代發展為各種燈會、燈節。1964年起自貢市政府舉辦1949年後的首屆燈會，把傳統工藝與現代程式控制技術相結合，有民間趣味性，中外民間傳說、文學典故皆以大型燈組展現。

另一方面自貢在清代以來就是川劇「資陽河」流派的一條重要支脈，因鹽業發達而帶來川劇的繁榮，曾造就了以「川劇大王」張德成為代表的一批著名川劇表演藝術家。特別是劇作家魏明倫以「一年一戲、一戲一招」蜚聲中外。10多年來，自貢川劇團創作演出了《易膽大》、《四姑娘》、《巴山秀才》、《歲歲重陽》、《潘金蓮》、《夕陽祈山》、《柳青娘》、《中國公主杜蘭朵》等優秀劇碼。

川味河鮮饗宴

川味河鮮饗宴

FreshWater Fish and Foods in Sichuan Cuisine

A journey of Chinese Cuisine for food lovers

粗糧魚

色澤碧綠,清香味美

　　現代有太多精緻飲食,美食除創意外,營養的豐富性再度被重視。而此菜就在這樣的前提下,將魚透過碼味、蒸製以確保魚肉的鮮、嫩、甜及基本底味,舖上炒香、口感甜糯的綜合粗糧,淋上味道鮮爽的青辣椒醬汁,將粗糧的清新與鯉魚的鮮美相融和,而成了一道結合傳統健康食材的時尚創意的新菜品。

製法：

❶ 河鯉魚處理好並洗淨後，切去魚頭並從魚的背部取掉脊骨，在空的背部向腹部雕相連的花刀，呈一字條狀（長4~6公分、寬1.5公分的魚條）。

❷ 將切好的魚肉放入鍋盆中用老薑末、料酒、川鹽1/2匙碼味備用。

❸ 紅甜椒、青甜椒切成0.5公分大小的顆粒狀，蕎麥麵條用約80℃的開水漲發約30分鐘至透，備用。

❹ 把蕎麥麵條置於盤中墊底，將碼好味的魚擺放其上，入蒸籠大火蒸約6分鐘。

❺ 青辣椒去蒂、籽並切塊後，放入果汁機，加進美極鮮、香醋、香油絞成茸汁後再調入川鹽1/4匙，接著倒入湯鍋中用旺火加熱並略拌，約1~2分鐘至將滾沸時關火，即成調味醬汁待用。

❻ 另取炒鍋上火爐開旺火，放入沙拉油50毫升燒至六成熱後下入鮮玉米粒、新鮮青豆、紅甜椒粒、青甜椒粒炒香後用川鹽1/4匙、雞精調味，加入酥花生仁攪勻後即盛起備用。

❼ 取出步驟4蒸好的魚並澆上步驟5的青辣椒茸醬汁，再淋上步驟6炒香的粗糧在魚身上，點綴香蔥花即成。

料理訣竅：

❶ 河鯉魚身的魚肉刨花刀的大小應均勻，否則影響成型美觀。同時不利於烹調時間的控制。亦即花刀太大，蒸的時間過長，容易將魚肉蒸老；花刀小了，容易把魚蒸爛；而花刀大小不均勻時，魚的熟度及嫩度不好掌握。

❷ 對於鮮魚入蒸籠的蒸製時間應該嚴格控制，中途不能關火、缺水、斷氣，否則魚的鮮甜味會流失；另外就是蒸得過久肉質易老，將使得成菜的肉質口感發綿，沒了鮮嫩感，過短的話，魚肉未能熟透，將不利於健康。

❸ 掌握魚肉加川鹽、料酒的醃製，務必使魚肉有足夠的底味，但須注意青辣椒茸汁鹹味的鹹度，應該與魚肉底味的鹹度互相調補，避免成菜整體過鹹或過淡。

❹ 青辣椒茸汁應絞細，呈無顆粒的泥狀，否則會影響成菜色澤與魚肉的口感。

【川味基本工】碼味

烹調前用調料（川鹽、料酒、胡椒粉、薑片、蔥節等）以醃漬方式或混和拌入的方式調味，以使調料的味道可確實附著或滲入食材，形成基本味。

■四川多樣豐富的蔬果，是料理者與饕客的天堂

原料：

河鯉魚1尾〔約重600克〕
蕎麥麵條75克
鮮玉米粒（或罐頭玉米粒）50克
酥花生仁35克
新鮮青豆 50克
紅甜椒 50 克
青甜椒 50 克
青辣椒30克
香蔥花25克
老薑末20克

調味料：

川鹽5克（約1小匙）
雞精 10克（約1大匙）
美極鮮5克（約1/2大匙）
香醋 15毫升（約1大匙）
料酒 50毫升（約3大匙1小匙）
香油25毫升（約5小匙）
沙拉油50毫升（約3大匙1小匙）

香椿酸辣魚

酸辣清香開胃，色澤潔白細嫩

　　香椿芽總在初春之際冒出鮮香來，常見的菜色有香椿煎蛋、椿芽拌蠶豆等，卻少有人將其與鮮美的河魚相搭配。香椿芽的香氣會竄味，因此適量運用是關鍵，此菜採用涼拌的方式，將製熟的鮮嫩烏魚片淋上酸辣味汁後，即刻上桌，就能在魚片的鮮味被蓋住前，得以被品嘗，使此菜有春天的清鮮與河鮮的鮮、嫩、甜，加上酸辣味，口感、味道層次豐富，足以使味蕾甦醒。

製法：

❶ 將處理、洗淨的烏魚去除魚骨、鰭翅及魚皮，取其淨魚肉後洗淨。

❷ 將魚肉片成薄片，再用川鹽、雞蛋白、料酒碼味均勻，同時拌入太白粉以同時上漿，靜置約3分鐘使其入味，待用。

❸ 鍋中放入750毫升的水以旺火燒沸，下泡野山椒、紅小米辣椒、川鹽、雞精、陳醋、豉油、美極鮮、山椒水後轉中火熬煮8分鐘，瀝去料渣後即成酸辣味汁。

❹ 取一湯鍋加入約6分滿的水，以旺火燒沸，接著將香椿芽入沸水鍋中汆燙約3~5秒後，撈起並瀝去水分，墊於盤底備用。

❺ 另取一鍋中放入1公升的清水用旺火燒沸，下川鹽、料酒、山椒水調味轉小火，將魚片逐一入鍋汆至斷生。出鍋裝入墊有香椿芽的盤中。

❻ 淋入酸辣味汁即成。可點綴香蔥花，紅小米辣圈成菜。

料理訣竅：

❶ 魚片應厚薄均勻，大小一致，上漿不宜過重，否則影響成菜的口感，無法展現魚片的細嫩。

❷ 香椿芽隨取隨用，熟後不宜久放，否則香椿芽的氣味就會不夠濃。

❸ 掌握酸辣味汁的熬製程序、比例後即可事先烹製較多的量，在烹飪時就可隨取隨用。

原料：

烏魚1尾（約重800克，只取用淨魚肉約250克）

香椿芽150克

紅小米辣椒 35克

泡野山椒 20克

香蔥花5克

調味料：

川鹽2克（約1/2小匙）

雞精15克（約1大匙1小匙）

陳醋 50毫升（約1/4杯）

豉油20毫升（約1大匙1小匙）

美極鮮 15克（約1大匙1小匙）

山椒水15毫升（約1大匙）

雞蛋白1個

料酒20毫升（約1大匙1小匙）

太白粉35克（約1/4杯）

【川味基本工】上漿：

指在食材外表裹上一層帶水分的澱粉，常用的有麵粉、太白粉、地瓜粉與玉米粉。上漿時若食材本身水分較足，可直接拌入乾的澱粉，利用食材的水分濕潤澱粉成麵糊。除此之外，應先將澱粉對好適當的水量，調好麵糊再將食材放入沾裹均勻，確實上漿。

■在傳統市場中常有農民遠從市郊，將當天清晨摘採的新鮮蔬菜放到籮筐中，再帶上一把秤，就挑著到城裡賣，這也是四川人愛上傳統市場買菜的原因。

豉椒蒸青波

豉椒味濃厚，肉質細嫩鮮美

豆豉是川菜中的重要調味料，以黃豆為原料，先蒸煮再發酵，具有回甘而獨特的醬香味，廣為各式烹飪、菜品所運用，可炒、可燒、可蒸等。這裡選用來自重慶西部的永川豆豉，青波魚肉質鮮美、細嫩，搭配永川豆豉的獨特清香與回甜的美味進行蒸製，異香撲鼻，可將青波魚的鮮、甜做完美呈現與詮釋，而永川豆豉入口化渣的口感更可確保成菜後魚肉細嫩的口感。

原料：

青波1尾（約重600克）

永川豆豉 150克

青、紅小米辣椒圈個50克

郫縣豆瓣末25克

香蔥花20克

生老薑片15克

大蔥25克

調味料：

川鹽2克（約1/2小匙）

雞精15克（約1大匙1小匙）

料酒20克（約1大匙1小匙）

胡椒粉少許（約1/4小匙）

白糖3克（約1/2小匙）

香油15克（約1大匙）

沙拉油50克（約1/2杯）

製法：

❶ 將魚去鱗、腮、內臟處理治淨後，從腹腔內背脊骨的兩側剖刀，用生老薑片、大蔥、川鹽、料酒、胡椒粉碼味約3分鐘，入味後置於盤上備用。

❷ 取炒鍋下50克油以旺火燒至四成熱，下永川豆豉、郫縣豆瓣、青紅小米辣圈爆香，調入雞精、白糖、香油後淋在碼好味的魚上，入蒸籠旺火蒸8分鐘，取出後去掉部分料渣。

❸ 將蒸熟的青波魚撒上香蔥花成菜。

料理訣竅：

❶ 應在青波魚身肉質較厚的位置刨花刀，以便烹調入味、熟透，縮短烹調時間。

❷ 豆豉和郫縣豆瓣（剁細）應炒至酥香，這樣烹製後才能完全展現豆豉和郫縣豆瓣的濃香味。

❸ 掌握將魚送入蒸籠的蒸製時間，過久肉質發柴（口感乾硬的意思）而綿老失去柔嫩感，過短魚肉無法熟透、不利於健康。

❹ 去掉部分的蒸魚料渣，可讓成菜菜型更清爽，也方便食用。

【川味龍門陣】

　　永川豆豉誕生於明末的兵荒馬亂中。明崇禎十七年，重慶西部永川縣城北面跳石河一帶開小飯館的崔氏，蒸黃豆過年，黃豆才剛蒸熟，農民軍張獻忠的軍隊將從跳石河路過，崔氏因流言說軍隊四處掠奪，慌忙中將蒸熟的黃豆倒於牆角柴草中逃難。過幾天部隊走後，崔氏一回到家，就聞到柴草中飄來撲鼻香氣，撥開一看，香氣是由長毛黴的黃豆傳出。於是就將黃豆洗去毛黴，拌鹽巴吃，味道還不錯。後來將剩下的用罈子儲藏起來，結果毛黴黃豆的顏色變得深黑油亮，其味更香。於是就拿來做菜，過往的食客都讚不絕口。從此，「崔豆豉」名聲遠揚。跳石河，也又被人稱為豆豉河。

肥腸燒胭脂

色澤紅亮，麻、辣、鮮、香、爽突出，川味濃厚

　　此菜借鑒「水煮牛肉」烹飪技法與調味，將主材料換成了胭脂魚與鹵肥腸合烹成菜，成菜入口除了有麻、辣、香的基本特點外，還多了鮮味及口感上滑、嫩的特點。鮮味是鮮魚才有的特點，也是此菜品在傳統中創新的一個關鍵，可是魚的鮮嫩口感在麻、辣、香的濃烈口味中卻顯得欲振乏力，營造不出層次，因此加了鹵肥腸，借用鹵肥腸的滑口、彈牙彌補只用魚鮮口感上的不足。

原料：

胭脂魚1尾（約重600克）

滷肥腸100克

青筍片75克

剁細郫縣豆瓣35克

泡椒末30克

薑末15克

蒜末20克

刀口辣椒末 25克

花椒粉5克

香蔥花25克

調味料：

川鹽3克（約1/2小匙）

雞精15克（約1大匙1小匙）

胡椒粉少許（約1/4小匙）

白糖3克（約1/2小匙）

料酒20毫升（約1大匙1小匙）

雞蛋白1個

太白粉35克（約1/4杯）

香油35毫升（約1小匙）

鮮高湯800毫升（約3又1/4杯）

沙拉油75毫升（約1/3杯）

製法：

❶ 將胭脂魚處理治淨，取下魚肉。頭、骨剁成塊，用川鹽1克，料酒、雞蛋白拌勻碼味，同時拌入太白粉35克以達到上漿的效果，碼味約3分鐘備用。

❷ 青筍片用川鹽2克碼味後墊於湯碗底部待用。

❸ 取炒鍋開旺火，放入35克油燒至四成熱後，下剁細的郫縣豆瓣，泡椒末、泡薑末、薑蒜末炒香，摻入鮮高湯以旺火燒沸，瀝去料渣轉小火，先下魚骨、頭、滷肥腸(切成滾刀塊)燒3分鐘後，再下魚片。

❹ 利用燒魚的時間，另取一鍋下入40克的沙拉油、香油35克，以旺火燒至五成熱待用。

❺ 燒好的魚出鍋前用雞精、白糖、料酒、胡椒粉調味，盛入裝有青筍片的湯碗內，撒上花椒粉，刀口辣椒，香蔥花。淋上步驟4的熱油，激出花椒粉、刀口辣椒、香蔥花的香氣即成菜。

料理訣竅：

❶ 掌握好刀口辣椒的製作方式與味道。這道菜肴是水煮系列的典範，刀口辣椒起著辣味濃厚、風味地道的主導因素。

❷ 掌握好最後一道工序，淋熱油的溫度應在五成熱，過低時激不出花椒粉、刀口辣椒、香蔥花香味，過高易使花椒粉，刀口辣椒焦糊，影響香氣、口感和色澤。

❸ 燒製時，魚肉與魚的頭、骨不能同時入鍋，這樣魚肉片的老嫩不易控制。

【川味龍門陣】

　　西秦會館位於自貢市區內，清乾隆元年（西元1736年）由陝西的鹽商合資興建，至道光七至九年（西元1827～1829年）進行了一次大規模的擴建。因為該會館主祀武聖關帝君，所以當地人又稱其為武聖宮。

　　從整座會館的各種建築形式與雕刻裝飾不難想像當時陝西鹽商富甲一方的豪奢，現在的西秦會館已改為自貢井鹽博物館。

灌湯桂魚

成菜清淡素雅，老少皆宜

　　以土雞高湯的鮮烘托桂魚的美，成菜湯鮮味美、魚肉細嫩，加上飄兒白添加清鮮味、番茄的微酸抑製雞高湯所帶來的厚重感，使得此湯菜清鮮、爽口不膩，葷素的適當搭配更使此菜品營養豐富。此菜的上菜方式也與眾不同，採當桌灌湯的方式。上桌前將湯與魚片分開盛裝，上桌後再將滾燙黃亮的土雞湯徐徐灌入魚片中，頓時熱氣騰騰，可增加就餐時的熱烈氣氛。

製法：

① 將桂魚處理後去麟、去盡內臟治淨，將魚肉取下，魚頭、魚骨放一邊。

② 將魚肉片成厚約0.1cm的大薄片，用川鹽、料酒、胡椒粉、雞蛋白拌勻碼味，同時拌入太白粉以達到上漿的效果，碼味約3分鐘待用。

③ 炒鍋中加入清水至5成滿，旺火燒沸，飄兒白清洗整理後入鍋汆透備用。

④ 番茄汆燙數秒至外皮繃開後撈出並撥去外皮，切成荷葉片狀備用。

⑤ 炒鍋加入雞湯500克旺火燒沸，先用一半的川鹽、雞精、雞汁調入味。轉中小火，先下魚頭、魚骨煮至斷生撈出墊於盛器底層備用。

⑥ 再放魚片入以小火保持微沸的雞湯中，滑至斷生撈出鋪蓋在步驟3的上面，點綴飄兒白、番茄片後，另取清雞湯500克燒沸，用餘下的另一半川鹽、雞精、雞汁調味，再加入胡椒粉、化雞油略煮後灌入魚肉中即成。

料理訣竅：

① 此道菜用的湯料，一定要選用農家放養的老土母雞，配以山泉水清燉而成，湯色黃亮，口味鮮美。

② 魚肉的刀工處理應薄而大，且均勻，才能透過湯滑的短時加熱間烹調而保有滑嫩口感，又能入味。

③ 湯味應以清淡為主，切忌過鹹、過濃而壓抑了菜品的鮮味。

原料：

桂魚1尾（約重600克）
飄兒白（清江菜）75克
土雞高湯1000毫升
雞蛋白1個
番茄1/2個

調味料：

川鹽3克（約1/2小匙）
雞精20克（約1大匙2小匙）
雞汁15克（約1大匙）
化雞油50毫升（約3大匙）
料酒25毫升（約1大匙2小匙）
胡椒粉少許（約1/4小匙）
雞高湯500毫升（約2杯）
清土雞高湯500毫升（約2杯）
太白粉50克（約1/3杯）

【河鮮采風】

　　宜賓位處三江會流處，因三江的環境特色不同，因此河鮮種類特別豐富，通常漁船回來時都是滿載而歸，而且是各式各樣的魚種，從水密子、白甲到江團等不下幾十種。

韭香缽缽魚

成菜碧綠，魚肉潔白而細嫩，鮮辣清香

內江市舊稱漢安，地處川中偏南的沱江邊，當地人喜食魚且善烹魚，尤其喜歡用小米辣椒和韭菜與魚同烹，並用鄉土氣息較濃的土陶缽作為盛器，成菜粗獷大氣，魚肉鮮香細嫩。而此菜就是由此演變而來。內江又別稱甜城，是蔗糖主要產地。而此菜肴的重點就在鄉土風味中，帶出內江的甜城風情。這裡不用糖，而是利用少量的乙基麥芽酚帶出悠長的甜香，似有若無，體現甜城美味的風情。

原料：

青波魚1尾（約重600克）

小韭菜末75克

青小米辣椒圈50克

紅小米辣椒圈 50克

雞蛋白1個

乙基麥芽酚3克（約1/2小匙）

調味料：

川鹽5克（約1小匙）

雞精20克（約1大匙2小匙）

雞粉10克（約1大匙）

雞汁5克（約1小匙）

山椒水20毫升（約1大匙1小匙）

蔥油50毫升（約2大匙2小匙）

清水750毫升（約3杯）

太白粉35克（約1/4杯）

製法：

① 將青波魚去腮、鱗、內臟處理治淨後，剔去魚頭、魚骨只取魚肉。亦可請魚販代為處裡。

② 魚肉片成厚約0.15cm大片，用川鹽、太白粉、雞蛋白拌勻碼味，同時拌入太白粉以達到上漿的效果，碼味約3分鐘待用。

③ 炒鍋中放入750毫升的水用旺火燒沸，下青、紅小米辣椒圈、乙基麥芽酚1/4小匙、山椒水熬出味後，瀝去料渣。

④ 爐火轉小火保持湯汁微沸，先下魚頭、魚骨煮約3~5分鐘至斷生，再放魚片煮至熟透，用川鹽、雞精、雞粉、雞汁、乙基麥芽酚1/4小匙調味後出鍋盛入湯缽內，撒上小韭菜末，點綴紅小米椒圈。

⑤ 再取一炒鍋旺火燒熱後轉中火，下入蔥油燒至四成熱，將燒熱的蔥油澆於小韭菜末、紅小米椒圈上即成。

料理訣竅：

① 魚片的處理應厚薄均勻，上漿的粉不宜過厚，太厚會蓋掉魚肉本身的鮮味。

② 烹飪時避免過度加熱小米椒與小韭菜，才能突出小米椒的鮮辣味，小韭菜的清香。

③ 煮魚的湯汁應寬些（水量多些的意思），火力不宜太大，以免過度沸騰而把魚肉沖碎。

川菜基本功：

乙基麥芽酚是一種帶有芬芳甜香氣的白色結晶狀粉末，具有焦糖甜味，十分易於溶解在水中，但是容易和鐵起化學作用而生成鉻合物，故溶液不宜長期與鐵器接觸，應保存在玻璃或塑膠容器中。

川味河鮮饗宴

泡豇豆燒黃辣丁

色澤紅亮，泡菜家常味濃

　　豇豆易於栽種，愛做泡菜的四川人就取綠豇豆泡製，脆爽外帶酸香十分開胃。四川江湖菜中，擅用泡菜烹製佳肴，代表菜如酸菜魚、泡椒牛蛙等。這道菜重用泡豇豆與黃辣丁同燒，最特別的地方就是品嘗黃辣丁的鮮嫩之餘，忽然一個脆爽口感與濃濃的酸香蹦出來，那種口感與味道的趣味是會令人著迷的。

【川味龍門陣】

　　豇豆常見的有兩種，一是拿來做泡菜的綠豇豆，質地硬脆；一是拿來炒製成菜的長豇豆，質地鬆軟。在香港常將長豇豆切段，來與牛肉絲或豬肉絲一起炒，而這樣的菜式又被戲稱為「亂棒打死牛魔王」或「亂棒打死豬八戒」。

原料：

黃辣丁500克
泡豇豆100克
泡椒末50克
泡薑末 25克
薑末 25克
藿香葉碎30克
香蔥花15克

調味料：

川鹽2克（約1/2小匙）
雞精15克（約1大匙1小匙）
白糖30克（約2大匙）
陳醋40毫升（約2大匙2小匙）
胡椒粉少許（約1/4小匙）
料酒20毫升（約1大匙1小匙）
香油20毫升（約1大匙1小匙）
太白粉水50克（約1/4杯）
沙拉油50毫升（約1/4杯）
高湯800毫升（約3又1/3杯）

製法：

① 將黃辣丁處理治淨備用。

② 取炒鍋開中火，放50毫升的沙拉油燒至四成熱後，下泡豇豆、泡椒末、泡薑末、薑末、蒜末炒香，之後摻入鮮高湯以旺火燒沸。

③ 轉小火再下黃辣丁慢燒約5分鐘，用川鹽、雞精、白糖、陳醋、胡椒粉、料酒、香油調味後，先把黃辣丁揀出擺盤。

④ 接著用太白粉水將湯汁勾芡、收汁，起鍋前放入藿香葉碎、香蔥花推均，舀出澆在魚上即成。

料理訣竅：

① 泡豇豆的用量比泡椒大，主要突出天然的乳酸味，以襯托出黃辣丁肉質的鮮甜特色。

② 黃辣丁入鍋燒製的時間不宜過長，剛好熟透為佳，燒製得過久會使魚肉脫骨分離，容易散而不成形。

鄉村燒䲁殼

家常味重，細嫩爽口，烹法簡易操作

　　魚香味型的豆瓣鮮魚在巴蜀大地家喻戶曉，風味鹹鮮微辣，回味甜酸。這道鄉村燒䲁殼，便是在豆瓣鮮魚的做法上演變而來。䲁殼魚肉質細嫩、刺少、無腥味，但出水後肉質會快速變質，故選用此魚更需重視新鮮。為保有䲁殼魚的細膩口感，在燒法上採不先將魚炸過的軟燒法，風味上透過增加帶香氣的原料及調料的比例變化以取得家常味之外更多的香氣和餘韻。

【川味龍門陣】

　　三星堆遺址位於中國四川廣漢城南興鎮鴨子河畔，在成都北邊約40公里處。在1929年為農民所發現。於1997年在三星堆遺址的東北邊成立三星堆博物館。三星堆遺址的發現，推翻了長期以來歷史學界對巴蜀文化的認識，有些地方甚至完全需要重新探討與研究。

原料：

䲁殼魚1尾（約重800克）
剁細郫縣豆瓣35克
泡椒末30克
泡薑末20克
薑末15克、蒜末25克
芹菜末20克
香蔥花35克
薑片15克、蔥段20克

調味料：

川鹽3克（約1/2小匙）
雞精15克（約1大匙1小匙）
白糖35克（約2大匙1小匙）
陳醋45毫升（約3大匙）
料酒20毫升（約1大匙1小匙）
香油20毫升（約1大匙1小匙）
太白粉水50克（約1/4杯）
沙拉油75毫升（約1/3杯）
高湯1000毫升（約4杯）

製法：

❶ 將䲁殼魚處理，去鱗、內臟，治淨後，剞十字花刀，用川鹽、料酒、薑片、蔥段碼拌均勻，靜置約5分鐘，使其入味，待用。

❷ 炒鍋中下入75毫升沙拉油，以旺火燒至六成熱時，下剁細的郫縣豆瓣，泡椒末、泡薑末、薑末、蒜末炒香，摻入鮮高湯以旺火燒沸。

❸ 下入碼好味的䲁殼魚，轉小火慢燒約6分鐘至熟透，用川鹽、雞精、白糖、陳醋、料酒、香油調味後，先將魚撈出裝盤。

❹ 用太白粉水勾芡收汁，出鍋前下芹菜末、香蔥花攪均，舀出淋在魚上即可。

料理訣竅：

❶ 魚剞花刀時不能剞得太深，魚肉容易燒到脫落，使得魚燒熟後不成形。

❷ 魚入鍋後火力過大，燒的時間過久也容易將魚燒爛而不成形，影響美觀。

❸ 此菜在勾芡收汁時，相對於傳統的豆瓣鮮魚要薄一點，不宜太濃，否則影響成菜美觀，太濃時滋汁的味道容易過厚而掩蓋魚的鮮味。

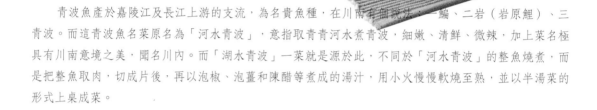

湖水青波

入口微酸微辣，醒酒開胃

　　青波魚產於嘉陵江及長江上游的支流，為名貴魚種，在川南有個說法：一鯿、二岩（岩原鯉）、三青波。而這青波魚名菜原名為「河水青波」，意指取青青河水煮青波，細嫩、清鮮、微辣，加上菜名極具有川南意境之美，聞名川內。而「湖水青波」一菜就是源於此，不同於「河水青波」的整魚燒煮，而是把整魚取肉，切成片後，再以泡椒、泡薑和陳醋等煮成的湯汁，用小火慢慢軟燒至熟，並以半湯菜的形式上桌成菜。

原料：

青波魚1尾（約重600克）

泡椒末40克

泡薑末55克

薑末25克

蒜末15克

香芹節15克

香蔥節20克

太白粉35克

雞蛋白1個

青花椒粉3克

調味料：

川鹽2克（約1/2小匙）

雞精15克（約1大匙1小匙）

胡椒粉少許（約1/4小匙）

料酒20毫升（約1大匙1小匙）

陳醋30毫升（約2大匙）

沙拉油50毫升（約1/4杯）

鮮高湯750毫升（約3杯）

製法：

① 將清波魚處理治淨，取下魚肉，魚頭、魚骨備用。

② 魚肉片成片，用川鹽、料酒、雞蛋白拌勻碼味，並拌入35克太白粉以同時上漿，碼味約3分鐘待用。

③ 取炒鍋開旺火，放入50毫升沙拉油燒至四成熱後，下泡椒末、泡薑末、薑末、蒜末炒香，摻入鮮鮮高湯後轉中火燒沸。

④ 湯汁燒沸後轉小火，先下魚頭、魚骨，再下魚片軟燒5分鐘至剛好斷生、熟透。

⑤ 用川鹽、雞精、胡椒粉、料酒、陳醋調味後下香芹節，香蔥節，花椒粉輕輕攪均即成菜。

料理訣竅：

① 魚片的刀工處理應厚薄、大小均勻，便於烹製、入味。

② 掌握醋的入鍋時間和投入量！過多湯味太酸，影響成菜味道的平衡，過少時未能顯現醋的酸香味。而太早將醋入鍋，醋的香氣與酸味會因加熱過久而揮發，過短的話醋的香氣與酸味無法與其他食材、調料相融合也會使成菜的味道失去平衡。

③ 香芹、香蔥入鍋不宜久煮，久煮的話將會喪失其特有的清香和碧綠色澤。

【川味龍門陣】

　　相傳薛濤不只美麗更是天資聰穎且精通音律，且薛濤也算是發明家，創製薛濤箋的獨特工法傳世。薛濤（西元768年—832年）是誰？他是唐代女詩人也是名妓，因文采顯赫曾被提議擔任「校書」一職，最後因其為女性而否決，但女校書一名卻自此傳開。原籍長安（今陝西西安）人。因為父親薛鄖曾在蜀地作官而移居成都，與當時許多文人，如元稹、白居易、牛僧孺、段文昌、張籍、令狐楚、劉禹錫、張祐有往來，特別是與元稹交情最深。其住處即在現今成都的望江樓公園內，保有薛濤井並設立薛濤紀念館。

番茄燉江鯽

紅、白色澤鮮明，湯鮮魚肉細嫩

在過去，傳統上習慣把鯽魚與蘿蔔絲、豆腐或是酸菜、泡蘿蔔等同燉、同煮，而如今，廚師們愛把鯽魚與鮮番茄一同燉，而且番茄加熱後會生成對健康十分有益的茄紅素。也或許是用番茄燉出的魚湯，其果酸香味有別於泡菜的乳酸香味，帶有一種自然的清新感，與鯽魚的鮮有著新的契合，鮮番茄燒開的湯汁湯色紅亮，調味煮魚，魚肉依然潔白細嫩，在視覺上也是一種饗宴。

製法：

❶ 將大鯽魚處理治淨後，取下魚肉，魚頭、魚骨分別剁成大塊備用。

❷ 鯽魚肉片成厚約0.15公分的片狀，用川鹽、雞蛋白、料酒碼味，同時加入50克太白粉抓拌上漿，碼味約3分鐘待用。

❸ 番茄底部先用刀將皮劃一十字，再用沸水略燙數秒，取出後去皮切成大塊，待用。鮑魚菇、雞腿菇、滑菇入開水鍋汆燙3~5秒，撈出瀝乾待用。

❹ 取炒鍋開中火，放入75毫升化雞油燒至三成熱後，下番茄塊、番茄醬炒香，並炒至顏色油亮、飽滿。

❺ 摻入高湯並下入魚頭、魚骨旺火燒沸後轉小火燒至斷生，再下鮑魚菇、雞腿菇、滑菇和碼好味的魚片。

❻ 用川鹽、雞精、雞粉、白糖、大紅浙醋調味，小火煮至原料熟透入味後出鍋即成。

料理訣竅：

❶ 番茄應先去皮，以免成菜後番茄皮剝離影響成菜的美觀和食用的口感。

❷ 應小火慢慢將番茄塊與番茄醬炒至完全溶解，炒出其特有的果酸香味，是保持湯味鮮美的關鍵。

❸ 熬湯先旺火再小火，以免湯汁強力沸騰把魚肉沖碎而不成形，且能避免湯汁焦鍋影響成菜味道。

原料：

長江大鯽魚（江鯤的俗稱）

1尾（約重600克）

番茄500克

番茄醬100克

太白粉50克

雞蛋白1個

鮑魚菇25克

雞腿菇20克

滑菇15克

調味料：

川鹽2克（約1/2小匙）

雞精15克（約1大匙1小匙）

雞粉10克（約1大匙）

白糖3克（約1/2小匙）

大紅浙醋15毫升（約1大匙）

化雞油75毫升（約1/3杯）

高湯800毫升（約3又1/3杯）

【川味龍門陣】

　　永陵博物館是五代時期前蜀（西元907～925年）皇帝王建的陵墓，在王建執政期間，前蜀國成為當時社會最穩定的國家。王建的棺木置於中室棺床上，棺床的東、西、南三面石壁上刻有樂伎二十四人，分別演奏琵琶、笙、鼓、箏等樂器，是目前中國唯一完整的唐朝宮廷樂隊形象。博物館內也設有茶園，是成都相當知名的品茶勝地。

雙色剁椒魚頭

成菜大氣，剁椒味濃，細嫩芳香

清雍正時期，一位反清文人黃宗憲路經湖南一個小村莊，借住在農家，農家以河魚招待，取魚肉煮湯，而魚頭則是鋪上剁碎的辣椒後同蒸，黃宗憲嘗過之後覺得異常鮮美。回家後，他告訴家廚並加以改良，於是有了今天的「剁椒魚頭」。此菜源於湖南剁椒魚頭，利用湖南式的泡辣椒，結合泡野山椒、小米辣椒的鮮辣味，鋪於魚頭上入籠蒸製，口感細嫩鮮美、味道清香、辣氣十足。

原料：

胖魚頭1個（約重900克）
紅剁辣椒 100克
青醬辣椒100克
泡野山椒水75毫升
青小米辣椒圈75克
紅小米辣椒圈75克
薑20克
大蔥25克
香蔥花25克

調味料：

川鹽5克（約1小匙）
雞精25克（約2大匙）
蠔油50克（約3大匙）
胡椒粉少許（約1/4小匙）
白糖2克（約1/2小匙）
料酒50毫升（約1/4杯）
蔥油50毫升（約1/4杯）
化雞油50毫升（約1/4杯）

■四川地區在辣椒盛產的季節，傳統市場中多半會有專門賣辣椒的人，他們同時也代為大量製作剁辣椒，使用特製的剁刀，一根鐵桿焊上了五把刀以增加效率。

製法：

1. 將胖魚頭去腮治淨剖成兩半，用野山椒水，青、紅小米椒圈、薑片、蔥節、川鹽1/2小匙、雞精1大匙、蠔油、料酒碼味2小時待用。

2. 將紅剁辣椒剁成細末，用一半的化雞油將紅剁辣椒細末入鍋，用中火　乾水氣，調入川鹽1/4小匙、雞精1/2小匙出鍋待用。

3. 將青醬辣椒剁成細末，用另一半的化雞油將青醬辣椒細末入鍋，用中火　乾水氣，調入川鹽1/4小匙、雞精1/2小匙出鍋待用。

4. 將魚頭上的碼味料渣去盡後，將兩個一半的魚頭並排裝盤，把　好的紅剁辣椒末和青醬辣椒末分別鋪滿在魚頭上，一半魚頭鋪紅剁辣椒末，另一半鋪青醬辣椒末。

5. 將鋪好雙色醬椒末的魚頭放入蒸籠，旺火蒸8分鐘後取出，撒上香蔥花、青紅小米辣圈。

6. 取乾淨炒鍋，用中火將蔥油燒至五成熱，再澆在菜品上的即成。

料理訣竅：

1. 魚頭治淨後鹽味應碼重一點，使各種香辛料完全滲透其中，這樣可以去腥增香，成菜的風味更濃郁。

2. 剁椒和醬椒應剁細，先擠乾水分，再入鍋　炒至乾香，這樣蒸出的菜肴的辣椒味會更香一些。

3. 掌握魚頭的蒸製時間，應一氣成菜，蒸的途中不要中斷或降低火力，否則魚肉的細嫩度達不到要求。

像生松果魚

造型美觀，外酥裡嫩

　　這道菜最初多用作為比賽菜，因吃魚不見魚，有魚香無魚形，造型又可隨意變化。也因為製作的彈性大，很快就流行開來，但常見的問題是魚茸的鮮度不足且口感層次單一。這裡只切取鮮魚肉製成魚茸，裹入馬蹄丁增加口感，再沾裹饅頭丁，最後油炸而成，成菜具有外表酥脆、內層細嫩鮮美的特點，因其外形及色澤像似松果而得名。

■改造後的寬窄巷子，在既有的傳統建築結構上融入了現代的建築元素，懷舊中又帶著現代感，漫步其中仍舊有幾家未經改造的茶館。

製法：

❶ 將鯰魚肉洗淨，去除魚骨、鰭翅、魚皮後，加入豬肥膘肉剁細成茸泥狀。

❷ 將魚茸放入攪拌盆中，加川鹽、雞精、雞蛋白、白糖、料酒、太白粉後，充分攪打約8分鐘製成魚糝，待用。

❸ 馬蹄去皮治淨後切小丁，取適量的魚糝包入馬蹄丁，整成圓形後，再於外表裏均饅頭丁即成松果魚的生坯備用。

❹ 將菜心葉切成細絲後，鍋中放入1000毫升的沙拉油，用中火燒至四成熱，下入菜絲炸成蔬菜鬆，撈起瀝乾油後，平鋪於盤中。

❺ 取步驟4的油鍋，用中小火將油溫控制在三成熱，下松果魚的生坯炸至外表金黃、酥脆、熟透，出鍋瀝油，放置在墊有蔬菜鬆的盤上即成。

料理訣竅：

❶ 掌握魚糝的製作流程，是此菜的關鍵工序。

❷ 炸蔬菜鬆的油溫不要高於五成油溫，不然蔬菜鬆不綠。

❸ 炸生坯時的溫度在三成熱，油溫過高時，外層易焦糊而中間的魚肉卻不能熟透，影響口感。

❹ 在炸好出鍋後要多瀝一下油，因饅頭丁較會吸油，可減少油膩感。

原料：

河鯰魚肉200克
豬肥膘肉100克
菜心葉500克
饅頭丁300克
馬蹄50克
雞蛋白1個
太白粉50克
紙杯盅10個

調味料：

川鹽2克（約1/2小匙）
雞精10克（約1大匙）
料酒15克（約1大匙）
白糖2克（約1/2小匙）
沙拉油1000毫升（約4杯）
（約耗50毫升）

麒麟魚

金黃酥脆，佐酒尤佳

　　此菜運用了糖黏技法，是川味甜菜常用烹調技法之一，業內習慣稱此法為「掛霜」，因成菜後裹在外層的糖汁在冷卻後會形成白色糖霜。最常見的甜食「糖黏麻花」就是使用此一烹飪技巧。這裡將食材做了大的創新，以魚鮮裹糖做成甜菜。將魚肉的鮮、嫩、甜裹在甜甜的糖霜中，再均勻地黏上炸酥的玉米片，金黃酥脆，味道令人驚艷！而菜名就因外表像傳說中的祥獸－麒麟身上的鱗甲而得名。

原料：

河鯰魚1尾（取淨肉400克）
營養玉米片500克
薑片15克
蔥節20克

調味料：

川鹽2克（約1/2小匙）
料酒20毫升（約1大匙1小匙）
冰糖150克（約3/4杯）
沙拉油1000毫升（約4杯）
（約耗50毫升）

製法：

① 將鯰魚處理治淨後，去除魚骨、魚頭另做它用，只取魚肉斬成2㎝的方丁，用薑片、蔥節、料酒、川鹽碼味約5分鐘待用。

② 炒鍋倒入1千毫升沙拉油，用旺火燒至五成熱，將玉米片入鍋炸酥，出鍋將油瀝淨，鋪於平盤中，備用。

③ 接著用旺火燒至七成熱，下魚丁炸至外表酥脆，轉小火用三成油溫浸炸魚丁至完全酥透，出鍋瀝油，待用。

④ 洗淨炒鍋開中火燒熱，放入20毫升的油，轉小火下冰糖融化煮至呈深黃色且呈黏稠狀。

⑤ 此時倒入炸酥的魚丁，輕而快的翻攪至冰糖漿均勻裹在魚丁上，出鍋後立即倒在酥玉米片中，迅速裹均酥玉米片即成。

料理訣竅：

① 炸玉米片的油溫應在五成熱，油溫過高易焦糊且色澤發黑，油溫過低不易炸酥且吸油過重。

② 炸魚時先高溫，後低溫浸炸至酥透，不然炸好的成品菜不耐久放易回軟。

③ 掌握熬糖的融化程序，忌諱油加得過多和熬製冰糖時過火，這兩種狀況的存在都會造成玉米片不易均勻的黏在魚肉上。糖熬的不夠，熬嫩了，特有的焦糖香出不來，成菜冷卻後糖就會稀化，玉米片也就自然會脫落。糖熬的過火就焦糊了，不只甜香味沒了，還成了焦苦味無法入口。

酸辣魚皮凍

滋糯爽口，酸辣開胃

　　傳統許多菜品中都可看到以「皮」為主角，主要在於物盡其用，如燒肉皮、烤酥肉皮、皮札絲等，或是略為加工，以便於長期存放的皮肚（台灣稱爆皮、炸豬皮）也是美味，高檔的像是鯊魚皮等。但成菜多半不美，較少上筵席當主角，多為輔料。此菜將魚皮借鑒果凍的做法成涼菜其造型美觀、口感滋糯，可成一方之秀。晶瑩剔透的魚皮凍，光用看的就讓人清爽無比，嘗一口，酸辣開胃，實為一道有創意的精緻魚肴。

製法：

① 將魚皮治淨入鍋汆燙至熟後撈起待用。

② 豬皮治淨，放入湯鍋加入1500毫升的水，用小火熬煮至豬皮膠質溶出化成茸，成為豬皮膠質濃湯。

③ 將豬皮膠質濃湯瀝去料渣，趁濃湯仍熱時，撒入魚膠粉攪拌至融化。

④ 拌勻後，將燙好的魚皮放入後，攪拌一下倒入保鮮盒內，冷卻後即成魚皮凍生坯。

⑤ 將魚皮凍生坯改刀成0.4公分厚的片，整齊擺入深盤中，備用。

⑥ 取酸湯汁用川鹽、雞精、白糖、香油調味後，灌入盤中的魚凍上，點綴紅小米辣椒圈、香蔥花即成。

料理訣竅：

① 熬皮凍時要注意火力的均勻度，避免火力集中於一點致使鍋底焦黏，而燒得焦糊，使得整鍋都充滿焦臭味，勉強成菜，也難以入口。

② 掌握好魚皮凍成型的軟、硬度，對成菜口感有很大關鍵作用，影響的關鍵在於豬皮膠質濃湯的「濃、薄」與魚膠粉的「多、寡」，薄、寡則軟，濃、多則硬。

③ 了解掌握自製酸湯的熬製配方與方法，確實製好酸湯是決定「味」好壞的關鍵基礎。

原料：

草魚皮300克

豬前蹄皮500克

魚膠粉50克

紅小米辣椒圈25克

香蔥花10克

調味料：

川鹽3克（約1/2小匙）

雞精20克（約1大匙2小匙）

白糖3克（約1/2小匙）

香油15毫升（約1大匙）

酸湯50毫升（約1/4杯）

器具：

長型耐熱保鮮盒或樽形一個

（長寬高約30×15×7公分）

魚香魚唇

色澤紅亮，薑蒜蔥味濃郁，回味酸甜，入口細嫩

　　魚唇多指以鱘魚、鰉魚、黃魚等魚類的唇部、鼻部、眼部或整個魚臉部的皮及軟肉乾製而成的食材，在清代被列入水八珍之中，且歷來皆為美食愛好者所認同。乾魚唇在烹飪前須經過漲發的處裡，口感軟糯，風味上多半帶有風乾的鮮腥味，口感上缺乏鮮、甜、嫩的特質。此道菜則選用新鮮魚唇，用花鱸魚包含魚臉的魚唇，以生燒的方法燒製並施以魚香味成菜，相對於乾魚唇也更能嘗出魚的鮮嫩與甜美。

製法：

① 將花鰱魚的淨魚唇洗淨，用川鹽、料酒、薑片蔥花碼拌均勻後置於一旁靜置入味，約碼味3分鐘備用。

② 取炒鍋開大火，放入50毫升沙拉油燒至四成熱後，下泡椒末、泡薑末、薑末、蒜末炒香出色後，摻入鮮鮮高湯以中大火燒沸。

③ 用川鹽、雞精、白糖、陳醋、香油調味後轉小火，下入碼好味的魚唇小火慢燒約五分鐘至入味，下入太白粉水勾芡汁，放香蔥花推均即可出鍋裝盤。

料理訣竅：

① 花鰱魚唇適宜生燒成菜，不宜先油炸後燒，雖然先炸後燒可以縮短製熟與入味的時間，但這樣的成菜魚唇的口感不夠鮮嫩。

② 掌握魚香味的調製比例和魚唇下鍋燒製的時間，是保證成菜口味與形美的關鍵。

原料：

淨花鰱魚唇4副

泡椒末50克

泡薑末35克

薑末15克

蒜末25克

薑片15克

蔥花30克

調味料：

川鹽2克（約1/2小匙）

雞精15克（約1大匙1小匙）

白糖35克（約2大匙1小匙）

料酒20毫升（約1大匙1小匙）

陳醋30毫升（約2大匙）

沙拉油50毫升（約1/4杯）

香油15毫升（約1大匙）

太白粉水35克（約2大匙1小匙）

鮮高湯500毫升（約2杯）

【川味龍門陣】

　　成都川菜博物館位於郫縣的古城鎮，館藏有數千件，是全世界唯一以菜系文化為陳列內容的主題博物館。

　　博物館內分為「典藏館」，以文物、典籍、圖文陳列展示歷史的川菜文化。「品茗休閒館」可以親身體驗了川菜文化中「茶飯相隨、飲食相依」的特點，川菜文化是燕集文化，集宴飲、娛樂、休閒為一體。四川人飲茶形式不拘，春秋之際，曬陽光、喝壩壩茶。盛夏之時在林蔭下飲茶納涼。屋中品茗則四季皆宜。「互動演示館」現場演示川菜的刀功、火候及成菜過程。而其中設有「灶王祠」，體現民間信仰與對廚事的敬重。

川味河鮮饗宴

蕨根粉拌魚鰾

入口滑糯，酸辣適口

蕨菜是一種可以入藥，也可當食物的兩用野生植物。因為蕨菜的根是紫色的，所以做出的粉絲也就成了「紫黑色粉絲」。經過水煮後，外觀烏黑，口感滑嫩彈牙，而本身並無異味。川菜中的涼菜「酸辣蕨根粉」就是將蕨根粉拌上酸辣開胃的湯料。在這裡，我們在滑嫩彈牙、入口清爽、酸香開胃的基礎上，加入滋糯的魚鰾合拌成菜，調入魚鮮的鮮香，讓這道清涼爽口的涼菜帶上了江邊涼風襲來的快意風情。

原料：

新鮮江團魚鰾200克
蕨根粉皮75克
紅小米辣椒50克
香蔥花10克
薑片20克
蔥節30克
酸湯200毫升（約4/5杯）

調味料：

川鹽3克（約1/2小匙）
料酒40毫升（約2大匙2小匙）
紅油40毫升（約2大匙2小匙）
香油10毫升（約2小匙）
鮮高湯500毫升（約2杯）

製法：

❶ 將新鮮江團魚鰾治淨後，用川鹽、料酒25毫升、薑片15克、蔥節20克碼拌均勻後置於一旁靜置入味，約碼味約8分鐘。

❷ 將碼好味的魚鰾入高壓鍋內加入鮮高湯、薑片5克、蔥節10克、料酒1大匙、川鹽1/4小匙，燒沸後加蓋用中火壓煮3分鐘，取出涼冷待用。

❸ 蕨根粉皮泡入熱水中漲發約20分鐘至發透，接著撈起並瀝去水分，待冷卻後鋪墊於盤底，將熟魚鰾擺置於蕨根粉皮上。

❹ 將酸湯用川鹽、香油、紅油、紅小米辣椒圈調味攪均，灌入盛器內，撒上香蔥花即成。

料理訣竅：

❶ 控制好魚鰾放入壓力鍋的烹製時間，時間過短，口感老韌也不入味；過久的話口感軟爛無嚼勁，不脆口。

❷ 蕨根粉皮的漲發應要軟硬適中，但不宜擺放過久，會造成碰到水分的地方軟爛，沒碰到水分的地方乾硬，破壞菜品的整體口感。

❸ 精確控制酸辣味汁的調配比例，確保成菜的風味。

【川味龍門陣】

川菜在「味」上用了很多工夫，但不論是濃、是淡，還是麻或辣，最後都要不膩，也就是「爽」。也因此川菜相對於其他菜系，對生菜的食用有較高的興趣，因生菜本身具備了風味上的鮮爽、口感上的脆爽與作為涼菜的涼爽，食用之後基本上都能保有不膩而清爽的菜色。

213

椒香生氽魚片

麻香味濃厚，入口細嫩清香

　　過去川菜多喜歡用乾的紅花椒調味，取其醇麻、醇香而回味帶成熟的甜香風味，近幾年新鮮青花椒的風味恰好在川菜講求的麻、香味上與用量大的紅花椒有著截然不同的個性，鮮麻、鮮香中帶點野的感覺，回味清鮮、爽香，在川菜中刮起一股青花椒風潮，用來烹製魚肴別具特色！烏魚的河鮮味與新鮮青花椒的鮮麻、鮮香，紅小米辣椒的鮮辣疊加，味道層次複雜卻不混淆，搭配簡單氽燙的鮮嫩魚片，入口滑嫩、香氣四溢。

製法：

① 將烏魚處理後治淨，去除魚頭、魚骨取下魚肉並去皮留淨肉。

② 淨肉片成厚約3mm的魚片，用川鹽、料酒、雞蛋清、太白粉碼拌均勻後置於一旁靜置入味，碼味約3分鐘待用。

③ 苕皮入鍋汆燙數秒，出鍋瀝乾水分鋪墊於盤底。把碼好味的魚片入鍋汆燙約十秒至斷生，撈出鋪蓋在苕皮上面。

④ 將蒸魚豉油加入辣鮮露拌勻，再加川鹽、雞精、鮮高湯調味後淋在魚片上。

⑤ 在炒鍋中放入藤椒油、香油、蔥油用中火燒至五成熱，下新鮮青花椒、紅小米辣椒顆爆香後，將熱油與爆香的輔料一起出鍋淋在魚片上即成。

料理訣竅：

① 此菜魚片的刀工處理要厚薄均勻，以利於汆燙斷生的時間控制並確保成菜的精緻口感。

② 爆香新鮮青花椒的油溫不宜高於六成溫，會使新鮮青花椒色澤焦黑。但過低無法逼出新鮮青花椒特有的清新鮮麻香。

原料：

烏魚1尾（取肉200克）

苕皮（地瓜粉皮）50克

新鮮青花椒20克

紅小米辣椒顆25克

雞蛋清1個

太白粉35克

薑15克

蔥20克

鮮高湯150克

調味料：

川鹽3克（約1/2小匙）

雞精15克（約1大匙1小匙）

料酒20毫升（約1大匙1小匙）

蒸魚豉油15毫升（約1大匙1小匙）

辣鮮露10毫升（約2小匙）

香油10毫升（約2小匙）

藤椒油20毫升（約1大匙1小匙）

蔥油10毫升（約2小匙）

■成都華興街與春熙路只有一路之隔，許多在春熙路逛累的成都人都會走來華興街享用經濟實惠的美食。

川味河鮮饗宴

川式回鍋魚片

色澤紅亮，家常味濃，酥香鮮美

■郫縣豆瓣是川菜之魂，回鍋肉是四川人的第一美味，更是出川人最想念的的家鄉味。

「回鍋肉」享有四川第一菜的美稱，源起於百姓家庭的祭祀，因祭品多是葷食材，只經簡單汆燙製熟而未調味的半成品，於是在祭拜過後將食材回鍋再烹飪、調味食用而得名，也稱之為「會鍋肉」，川西地區還有「熬鍋肉」的叫法，成菜紅綠相襯，肉片厚薄均勻略微捲曲，軟硬適口，豆瓣味濃而鮮香，微辣而回甜。這道回鍋魚片借鑒了回鍋肉的味、形、魂，成菜後色澤紅亮、家常味濃厚。以豆豉提升甘香味，緩和辣味。

製法：

❶ 將草魚處理治淨後，去除魚頭和魚骨取下魚肉片並去皮，只取淨魚肉，魚頭和魚骨另作他用。

❷ 淨魚肉片成厚2mm的魚片，用川鹽、料酒、薑片、蔥節碼拌均勻，同時拌入太白粉、雞蛋以達到上漿的效果，之後靜置一旁碼味約3分鐘。

❸ 取炒鍋開中火，加入沙拉油至七分滿、燒至四成熱後將碼好味的魚片放入油鍋中炸至熟透，起鍋前轉中大火使油溫上升至六成熱，炸至金黃、外酥內嫩，撈起出鍋瀝乾油，待用。

❹ 取乾淨炒鍋加入老油以中火燒至四成熱，下郫縣豆瓣末、永川豆豉炒香，再下魚片、青、紅椒塊、蒜苗節拌炒至斷生，加白糖、雞精調味後翻均即成。

料理訣竅：

❶ 此道菜肴仿川式回鍋肉的技法成菜，因此魚先去骨取淨肉，須去盡魚刺，以便於食用。

❷ 因魚肉易碎，故採用全蛋糊裹住魚片進行炸製，這樣就可確保魚片在拌炒的過程中不會碎裂而不成型。

❸ 炸魚片時應控制好油溫，先低溫浸炸熟透，再用高溫炸酥並使魚片穿上一層美味的金黃色。

❹ 碼味時應味道要調得淡些、輕些，因為之後的烹製過程還要放入屬於重味道的豆豉和郫縣豆瓣等調料，若是碼味時味調得濃了，成菜的味會過重、過鹹。

❺ 青甜椒、紅甜椒、蒜苗入鍋後不宜久烹，應快速拌炒至斷生即可，以免影響菜肴色澤的美感。

原料：

草魚1尾（約重800克）
青甜椒塊25克
紅甜椒塊25克
薑片10克
蔥節15克
蒜苗節15克
雞蛋1個
太白粉50克
永川豆豉20克
郫縣豆瓣末25克

調味料：

川鹽1克（約1/4小匙）
雞精10克（約1大匙）
白糖2克（約1/2小匙）
老油35毫升（約2大匙1小匙）
沙拉油1000毫升（約4杯）
（約耗20毫升）

饗宴 川味河鮮饗宴

原料：

草魚800克1尾
青椒塊70克
紅椒塊70克、洋蔥塊60克
雞蛋清1個、太白粉35克
孜然粉20克、花椒粉3克
辣椒粉15克、香蔥花15克

調味料：

川鹽3克（約1/2小匙）
雞精10克（約1大匙）
白糖2克（約1/2小匙）
料酒10毫升（約2小匙）
香油20毫升（約1大匙1小匙）
老油35毫升（約2大匙1小匙）
沙拉油2000毫升（約8又1/4杯）
（約耗25毫升）

器具：

長竹籤12枝

■錦里曾是西蜀歷史上最古老的商業街道之一，今天的錦里古街以川西古鎮的建築風格為特色，集旅遊購物、休閒娛樂、美食小吃為一體。

孜然串烤魚

風味獨特，紅亮酥香

　　此菜借鑒新疆一帶的街頭燒烤味型和成菜形式，其主味是孜然的風味。在這裡我們把魚片、青椒塊、紅椒塊、洋蔥塊等依序穿在竹籤上成串，然後以油炸代替燒烤將食材炸熟且外皮酥脆香，而使大漠風情的孜然味轉化成帶有四川風味的地方就在以老油將辣椒粉、花椒粉、孜然粉等調料的特色串起來，再裹在魚串上，老油的運用使得此菜品的「味兒」穿上川菜的衣裳。

製法：

❶ 將草魚處理、去鱗治淨後，取下草魚肉去除魚皮只取淨魚肉，魚頭和魚骨另作他用。

❷ 將淨魚肉片成厚約3mm的魚片，用川鹽1/4小匙，料酒、雞蛋清、太白粉碼拌均勻後靜置，約碼味3分鐘。

❸ 取竹籤依魚片、青椒塊、魚片、紅椒塊、魚片、洋蔥塊的順序串上，全部串好待用。

❹ 將炒鍋上爐，開大火，放入2千克沙拉油燒至五成熱後，把魚串一一放入炸至酥脆，呈金黃色後撈出瀝乾油份。

❺ 將炒鍋中的炸油倒出另作他用，炒鍋洗淨用中火燒乾，下入老油燒至三成熱，加入辣椒粉、花椒粉、孜然粉炒香後加入川鹽1/4小匙、雞精、白糖、香油調味拌勻，熄火，放入魚串裹均上味，撒香蔥花裝盤即成。

料理訣竅：

❶ 魚片串竹籤時，應將蔬菜塊與魚片的顏色交叉分開，這樣成菜美觀，葷素搭配適當易於食用與味道的融合。

❷ 碼味應將魚肉碼至徹底入味，以免烹製後魚肉不入味，影響口感與味道的層次。

❸ 炒孜然粉、花椒粉、辣椒粉的油溫不宜過高，以免　焦，影響色澤和風味。

鮮椒熱拌黃沙魚

紅亮細嫩，酸辣鮮香

　　話說某天某酒店生意異常的好，也相對忙亂，在外場服務人員的催促下，灶上一位大廚將本來該做成傳統酸辣味菜式的熱拌黃沙魚，但在調湯汁時，下錯了調料，原本該下泡椒的，結果下了小米辣椒，情急之下這位廚師急中生智，馬上改做鮮椒麻辣味型，但調味做了些修正以適應黃沙魚的風味，就此創出了屬於河鮮鮮辣味型，也在風味完善後成了熱門菜。

製法：

❶ 黃沙魚處理治淨後，將黃沙魚從魚背一破為二半，再斬成一字條狀。

❷ 將魚條放入攪拌盆中，用川鹽、料酒、薑片、大蔥節、雞蛋清、太白粉碼味上漿約3分鐘備用。

❸ 水發地木耳洗淨後，入開水鍋中汆燙一下，撈起瀝乾後鋪於深盤中，待用。

❹ 酸湯倒入炒鍋中燒沸後轉小火，用川鹽、雞精調味再下入魚塊，以小火煮至熟透撈出，鋪蓋在墊有水發地木耳的深盤中待用。

❺ 舀鍋中的150毫升酸湯到碗中，用川鹽、雞精調味後，再調入香油、紅油。

❻ 將調好味的湯汁灌入深盤中，撒入酥花生、紅小米辣椒圈、熟白芝麻、芹菜末、香蔥花即成。

料理訣竅：

❶ 注意斬魚的刀工處理應大小一致，以便烹調。

❷ 對於酸湯及特製紅油的熬製應確實控制好火候與調味，此菜品的主味構成是以酸湯及特製紅油為基礎，若是未能確實熬製出應有的味與層次，那黃沙魚特有的鮮甜與細嫩感也將受影響，而無法起整體菜品味道的融合與彰顯主食材特色的調味目的。

原料：

黃沙魚1尾（約重600克）
水發地木耳100克
酥花生25克
熟白芝麻20克
芹菜末20克
香蔥花15克
薑片15克
大蔥節25克
雞蛋清1個
太白粉35克
紅小米辣椒圈35克

調味料：

川鹽2克（約1/2小匙）
雞精10克（約1大匙）
料酒15毫升（約1大匙）
香油20毫升（約1大匙1小匙）
特製紅油40克（約2大匙2小匙）
酸湯400毫升（約1又2/3杯）

此菜借鑒川菜中粉蒸肉的做法，俗名叫「鮓肉」，因一般農家作此菜時總要在肉底下墊上鮓辣椒，分為五香與麻辣兩種。粉蒸的菜品好壞是看蒸肉粉中的碎米子，應是呈顆粒狀，大小均勻，以川話講就是要「二粗二粗的」。這裡將主料改為魚片，以南瓜丁做配料，成菜色澤黃亮，魚肉的滑嫩與南瓜的甜糯在蒸肉粉的風味中做了恰到好處的融合。

南瓜粉蒸魚

色澤黃亮，入口烒糯鮮香

原料：

河鯰魚1尾（約重400克）

南瓜400克

麻辣（五香）

蒸肉粉1份（約150克）

蔥薑汁15毫升

十三香少許（約1/4小匙）

醪糟汁15毫升

豆腐乳汁5毫升

青豆25克

香蔥花10克

調味料：

川鹽2克（約1/2小匙）

雞精10克（約1大匙）

料酒10毫升（約2小匙）

白糖2克（約1/2小匙）

糖色10克（約2小匙）

香油10毫升（約2小匙）

老油50克（約3大匙1小匙）

製法：

1. 將河鯰魚處理治淨後，取下河鯰魚肉去除魚皮只取淨魚肉，魚頭、魚骨另作他用。

2. 淨魚肉斬成丁狀，置於攪拌盆中，拌入薑蔥汁、蒸肉粉、十三香、醪糟汁、豆腐乳汁、料酒、青豆。

3. 再用川鹽、雞精、白糖、糖色、香油將魚肉丁調味後碼拌均勻靜置入味，約碼味3分鐘，待用。

4. 取南瓜去皮、去籽，切成丁，鋪於小蒸籠底，再將碼好味的魚肉丁連同醃拌料一起鋪於南瓜丁上。

5. 將步驟4的半成品入蒸籠以旺火蒸15分鐘，取出點綴香蔥花擺盤即可。

料理訣竅：

1. 此菜也可直接用南瓜作盛器，通過蔬果雕的技巧作適當地雕塑，就能起美化菜肴的效果。

2. 碼味後的魚肉丁應連同南瓜一塊入籠，將魚肉的味道融入到南瓜裡，不應為了方便控制魚肉丁與南瓜的熟度而犧牲味的融合與層次。

3. 魚肉丁在碼味、調味時應一次調准、入味才行，否則蒸熟後，味若不足或不入味，在味的表現完整性上，是無法補救的。

4. 用南瓜作盛器應注意南瓜肉的厚度，一般控制在2cm左右的厚度，並掌握好入蒸籠蒸製的時間。南瓜肉過厚會發生魚肉丁都蒸老了南瓜還沒熟，南瓜肉過薄會造成南瓜肉軟爛不成型與魚肉丁癱成一堆。所以最理想的是魚肉丁與南瓜應一同熟透，才能確保魚肉的鮮嫩與南瓜的鮮甜。

【川味龍門陣】

糍粑算是大江南北都有的傳統食品，在四川較有名的糍粑就屬成都的「三大炮」、樂山的「紅糖糍粑」、溫州的「豆沙糍粑」。但在街頭也有流動的手工糍粑，既家常又方便好吃。將軟糯的糍粑團分切成適當的大小，撒入炒香的黃豆粉，淋上糖漿，一口咬下，甜滋滋的，還帶點咬勁！

青椒脆臊子魚

鮮辣風味濃厚,入口香嫩

　　在過去做臊子魚,廚師們都是把魚先炸後燒,不過這樣做有一點不足之處,那就是一不小心就會將魚燒焦或糊鍋,而且臊子也不脆了。後來在我們廚房裡經過改進,採用先燒後炸的方法,並輔以青椒調味,改以醬香味濃的醬肉丁炒製臊子,成菜與傳統的臊子魚相比,臊子濃香而脆、魚皮酥而肉嫩,味鮮且帶青小米辣椒的清香。

原料：

青波魚1尾（約重600克）

紅湯滷汁水1鍋（約5千毫升）

五花醬肉丁75克

青小米辣椒顆75克

紅小米辣椒顆20克

薑丁15克

蒜丁20克

香蔥花10克

孜然粉15克

調味料：

川鹽2克（約1/2小匙）

雞精10克（約1大匙）

香油15毫升（約1大匙）

老油35克（約2大匙1小匙）

沙拉油1000毫升（約4杯）

（約耗30毫升）

【控水】

中式烹飪的專用詞，指將入鍋
汆燙或煮熟後的原料，用漏勺
撈出鍋並瀝乾水份的動作。

製法：

❶ 將青波魚處理治淨後，在魚身兩側刨一字形花刀。

❷ 紅湯滷汁水於湯鍋中燒沸後，轉小火將處理好的青波魚下入紅湯滷汁水中以小火慢燒約6分鐘至熟透，撈出控水，瀝淨、晾乾水份。

❸ 炒鍋中倒入沙拉油1000毫升，旺火燒到六成熱後，下入燒熟晾乾的青波魚，炸至外皮黃褐、定型後出鍋瀝乾油，裝盤待用。

❹ 炒鍋中加入老油35克，旺火燒至四成熱時下醬肉丁爆香，再加入青、紅小米辣椒顆、薑、蒜丁炒香。

❺ 最後下入孜然粉，加入川鹽、雞精、香油調味，下香蔥花翻勻即可出鍋蓋在魚上即成。

料理訣竅：

❶ 魚在紅湯滷汁中應小火慢燒至入味、熟透，也能保持魚的形態完整，萬萬不能旺火滾煮，一滾沸魚肉就散不成形。

❷ 掌握魚的入鍋炸製時間、油溫高低、火候的調控，任一動作過頭了魚的肉質就要老了、焦了或發材；不足又展現不出魚皮膠質與油脂。因油炸而產生的酥香味，甚而產生油膩感，也難以和老油炒製的餡料味道相融合、襯托，味道、口感也就沒了層次。

❸ 最後炒製的餡料，因醬肉丁本身就帶鹹味，所以要注意鹽的用量，味不要過大、過於濃厚，因河鮮的本味基本上還是清而鮮，過重、過厚的調味就影響成菜口味，失去河鮮應有的風味。

❹ 此菜重點在香嫩，搭配火源上菜更能藉由熱度的保持而使香氣持續發散。

【川味龍門陣】

　　浣花溪公園是紀念唐朝女英雄浣花夫人。浣花夫人是蜀郡成都人。姓任。唐朝大曆二年（西元767年）時，崔旰繼任劍南西川節度使，並娶了任氏。隔年崔旰上京城，留下其弟崔寬代理鎮蜀，遇上瀘州刺史楊子琳趁機攻打成都，崔旰的夫人任氏英勇出戰，擊潰楊子琳，保全成都。朝廷封任氏為「冀國夫人」。傳說中她居住在浣花溪時，曾為一老僧洗僧衣，當僧衣入水濯洗時，水中立刻呈現出無數的蓮蓮，因此後人就將浣花夫人洗衣處稱為「百花潭」，尊稱崔任氏為「浣花夫人」。

鐵板燒烤魚

孜然家常味濃，乾香可口

重慶市萬州區十分流行烤魚，這股渝派（重慶的簡稱）江湖味的烤魚，將魚在炭火上烤至熟透，外焦裡嫩，再炒一份香氣撲鼻的澆料蓋在魚上，一入口炭香與紅油香、椒麻香、孜然香融為一體，風格獨具，成菜豪爽，江湖特色盡顯。此菜以「炸」代「烤」，以燒紅的鐵板盤代替火紅的炭火，口味上仍以麻辣中交叉著孜然的香氣為主軸，一入口魚肉細嫩鮮美而口味濃厚。

【川味龍門陣】

據傳晚清重慶名廚葉天奇的後人中出了一位女廚。由於葉家的廚藝傳男不傳女，所以只教她一些家常菜。一年春節，父親生病在床，不能上灶，誰知他的女兒竟做出一桌大菜，技驚四座。其中，尤以一道用爐火燒烤後再炒料烹製的烤魚讓父親也讚不絕口。經過時間的演變遂成為萬州的特色烤魚，外焦裡嫩、油香撲鼻。烤魚吃完了，剩下的湯料還可以作為火鍋用料，涮些爽口的青菜。

原料：

草魚1尾（約重800克）
肥腸50克、豆腐乾切條25克
青甜椒塊20克、魔芋25克
紅甜椒塊20克、洋蔥塊25克
薑片15克、蔥節15克
芹菜節15克、乾花椒3克
乾辣椒15克、孜然粉20克
酥花生仁25克、白芝麻15克

調味料：

川鹽3克（約1/2小匙）
雞精15克（約1大匙1小匙）
白糖1克（約1/4小匙）
香油20毫升（約1大匙1小匙）
花椒油20毫升（約1大匙1小匙）
老油75毫升（約1/3杯）
沙拉油2000毫升（約8又1/4杯）
（約耗50毫升）

製法：

1. 將草魚處理治淨後，刨花刀，用川鹽、薑片、蔥節、料酒碼拌均勻後靜置入味，約碼味5分鐘。

2. 魔芋切成長5cm、粗1.5cm的條形，入開水鍋中煮透後，瀝乾備用。

3. 炒鍋中放入沙拉油2000毫升，旺火燒至六成熱，下入碼好味的草魚炸至定型，接著轉小火維持油溫在四成熱，浸炸約2分鐘至外酥內熟，即可撈起瀝乾油。

4. 將鐵盤置於火爐上以旺火燒熱、燒燙，備用。

5. 將油鍋中的油倒出後洗淨，用旺火將炒鍋燒乾後，轉中火再倒入老油燒至五成熱，下肥腸爆香。

6. 接著下乾花椒、辣椒炒香，最後加入孜然粉、豆腐乾條、魔芋條、青、紅甜椒塊、洋蔥塊、芹菜節炒香。

7. 再下酥花生仁、白芝麻炒勻，用川鹽、雞精、白糖、香油、花椒油調味。

8. 先將炸好的魚放於燒燙的鐵盤上，再將步驟5～7完成的炒料鋪蓋在草魚上，再於下方點火後即可上桌。

料理訣竅：

1. 掌握炸酥草魚的油溫應先高後低才能確實炸酥、炸熟又不至於炸至焦糊。

2. 炸魚的過程中切忌巴鍋或過度翻攪而將魚形損壞影響成菜美觀。

3. 炒香的調配料最後只是鋪蓋在炸好的魚上，因此炒調配料的味應調得濃厚些，這樣在食用時和魚肉裡外調合才能有滋有味。

蕎麵醬魚丁

醬香味濃郁，細嫩爽口

　　此菜品在傳統以甜麵醬為主的醬香味型上改良，以叉燒醬、排骨醬替代甜麵醬，成為帶有廣東菜氣息的醬香味，結合細嫩的魚肉和屬於雜糧類的玉米、胡蘿蔔、青豆、馬蹄等，在濃郁醬香中吃出多層次的口感，魚肉嫩滑、玉米香糯、胡蘿蔔脆口、青豆鮮爽、馬蹄清脆。配上與醬香味最合的麵點窩窩頭成菜，淡化醬濃味厚而偏鹹的現象，又能使醬香充份散發。

製法：

❶ 將黃沙魚處理後洗淨，取下兩側魚肉並去皮成為淨魚肉，改刀切成小丁後放入攪拌盆內。

❷ 用川鹽1/4小匙、雞蛋清、碼拌均勻同時加入太白粉碼拌上漿，靜置入味，約碼味3分鐘。

❸ 取炒鍋下入六分滿的清水，旺火燒沸，下入玉米粒、馬蹄丁、胡蘿蔔丁、青豆用沸水氽燙約15秒斷生，待用。

❹ 蕎面窩窩頭上蒸籠蒸熱後擺入盤中圍邊。

❺ 取炒鍋開旺火，放入沙拉油用中火燒至三成熱後，下碼好味的魚丁滑散至斷生。

❻ 接著調入叉燒醬、排骨醬料炒香，再加入玉米粒、胡蘿蔔、青豆、馬蹄炒均。

❼ 最後加入川鹽1/4小匙、雞精、白糖、料酒、香油調味翻炒均勻後，盛入以蕎麵窩窩頭圍邊的盤中即成。

料理訣竅：

❶ 魚丁的大小應均勻一致，掌握入鍋滑炒的油溫、火候和炒製的時間長短，以保持魚肉的細嫩。

❷ 油不能過重，否則油膩感影響成菜應該爽口的風格。成菜亦可搭配香蔥花食用。

原料：

黃沙魚800克

蕎麵窩窩頭10個

玉米粒50克

胡蘿蔔丁25克

青豆15克

馬蹄丁25克

調味料：

川鹽2克（約1/2小匙）

叉燒醬25克（約1大匙2小匙）

排骨醬25克（約1大匙2小匙）

雞精15克（約1大匙1小匙）

白糖2克（約1/2小匙）

香油15毫升（約1大匙）

沙拉油50毫升（約1/4杯）

雞蛋清1個

料酒15毫升（約1大匙）

太白粉50克（約1/4杯）

沖菜拌魚片

綠中帶白，辣嗆而開胃

　　沖菜又叫辣菜，乃巴蜀民間春季常見的開胃小菜，是把青芥菜炒至剛斷生再密封靜置而成。沖菜的魂就在它的「沖」，是讓人直衝腦門，七竅生煙的感覺。沖菜略加調味就可以單獨成菜，也可搭配其他原料成菜。像是與魚片合拌，就發現沖菜的滋潤、鮮、香、脆、沖的特點幾乎是和魚肉的鮮味與滑嫩搭配的天衣無縫，「沖」過之後的回甘讓魚片的滋味變的更悠遠而耐人尋味。

原料：

黃沙魚1尾（取肉約400克）

青芥菜300克

薑片15克

蔥節20克

紅小米辣椒圈30克

調味料：

川鹽2克（約1/2小匙）

雞粉15克（約1大匙1小匙）

芥末油10克（約2小匙）

香油20毫升（約1大匙1小匙）

白醋5克（約1小匙）

製法：

❶ 青芥菜切碎。取炒鍋燒熱後將青芥菜碎入鍋以中火炒至斷生，之後立刻盛入碗中並將碗口密封，燜24小時即成沖菜待用。

❷ 將黃沙魚處理治淨後，取下淨魚肉並片成薄片。用川鹽1/4小匙、薑片、蔥節碼拌均勻後靜置入味，約碼味5分鐘。

❸ 炒鍋加入清水至七分滿，旺火燒沸，轉中火後將碼好味的魚片入沸水鍋中汆燙約20秒至斷生，撈出後放至涼冷待用。

❹ 取沖菜放入攪拌盆中，加入紅小米椒圈、魚片，調入川鹽1/4小匙、雞粉、芥末油、香油、白醋輕拌，調均和勻，裝盤即成

料理訣竅：

❶ 掌握青芥菜入鍋的炒製時間，保持其成菜後脆綠並確保燜製後產生足夠的沖味與嗆辣。炒製時間過短時，沖菜氣味夾生；過長時，成菜變綠褐色，沖味與嗆辣味不足，甚至全無。

❷ 魚片的刀工處理要均勻，入鍋汆燙的時間也要控制得宜，才能保持成菜魚片的口感細嫩。

■青城山因全山林木四季常保青翠，且諸峰環峙，有如城廓一般而得名。要上青城山需登梯千級，沿途曲徑通幽，自古就有「青城天下幽」的美譽。與「劍門之險」、「峨眉之秀」、「夔門之雄」等名勝齊名。

馬蹄木耳燉河鯰

湯色乳白,鹹鮮味美,營養豐富

　　河鯰成菜最有名的就屬「大蒜燒河鯰」,其他還有「軟燒仔鯰」、「醋燒鯰魚」。而以燉法並配以馬蹄、木耳烹成佳肴似不多見。主因是鯰魚有股特殊的味道,若鮮度不夠就會腥,因此做成白味燉菜不只是調味,鮮度的要求更高。所以此菜除了以碼味除腥外,透過先炸後燉將鯰魚皮的膠質轉化為酥香味,加上大火煮,小火燉,成菜湯色乳白、魚肉細嫩、馬蹄和木耳脆爽、湯味鮮美。

製法：

❶ 將大口河鯰魚處理治淨後，取下魚肉並片成3mm厚的魚片，將魚頭、魚骨剁成塊。

❷ 將魚片及魚骨塊用川鹽1/4小匙、薑片、蔥節、料酒、太白粉碼拌均勻並上漿後靜置入味，約碼味3分鐘待用。

❸ 取炒鍋開大火，放入50克化雞油燒至四成熱後，下薑片、蔥節爆香，先放魚頭、魚骨塊略煎後，摻入鮮高湯以大火燒沸。

❹ 接著用川鹽1/4小匙、雞精、胡椒粉調味後先旺火煮約3分鐘再轉小火燉約5分鐘至湯色白而味濃。

❺ 燉好湯底後，下入馬蹄、胡蘿蔔塊、木耳燉至熟透，最後放入魚肉片煮至斷生，出鍋裝盤即成。

料理訣竅：

❶ 燉魚頭、魚骨時為使湯色白而味厚，所以先用旺火煮，將魚頭、魚骨中的膠質、鈣質等可溶出的鮮味成份透過滾沸煮出來，就能使湯色發白濃稠，之後再轉小火燉至味厚味濃。

❷ 對於河鮮燉品的烹製，除調味外，首應保持魚肉的形不爛、完整。菜型完整才能彰顯鮮美特色，引人食慾。

❸ 魚的頭、骨先煎過不只是去腥增香，還能讓魚湯的色更白濃。主要是因蛋白質、膠質等成份經過高溫的熱處理及與油脂的融合轉化後，蛋白質、膠質等成份會更易於溶出且色澤趨白。

原料：

大口河鯰魚1尾（約重750克）

去皮馬蹄300克

胡蘿蔔塊75克

水發地木耳50克

薑片15克

蔥節20克

鮮高湯1000毫升（約4杯）

太白粉35克

調味料：

川鹽2克（約1/2小匙）

雞精15克（約1大匙1小匙）

胡椒粉少許（約1/4小匙）

料酒20毫升（約1大匙1小匙）

化雞油50毫升（約3大匙1小匙）

【川味龍門陣】

　　二王廟位於四川岷江都江堰河段東岸的山麓，主祀修築都江堰水利工程的李冰父子。在東漢（西元25～220年）時，原本是建來紀念蜀王杜宇的「望帝祠」。到南朝齊明帝建武年間（西元494～498年），益州刺史劉季連將望帝祠遷至郫縣，改祀李冰於此，並命名為「崇德廟」。宋開寶五年（西元972年）擴建，增塑李冰之子李二郎神像。清代時正式定名為「二王廟」，並歷經多次重修、改建。目前二王廟被列為中國重點文物保護單位。

果味魚塊

色澤黃亮，果香味濃

　　此菜借鑒了糖醋味「菊花魚」的刀工處理方法，將成菜口味改成了水果甜香味，色澤黃亮、酸甜可口、外酥內嫩，加上炸好後形如花瓣的魚肉可以充分裹上酸甜湯汁，是春夏時節一款廣受喜愛的美味甜菜。製作此菜時，因水果類食材多半受熱後顏色會轉黑，口感也會變得軟爛，因此應先收好芡汁，再放入水果丁，縮短加熱時間，以免影響水果特有的口感與風味。

製法：

❶ 將草魚處理、去鱗、治淨後，取下兩側魚肉，魚的頭、尾留下待用，魚肉去除魚刺、魚皮成淨魚肉。

❷ 淨魚肉刨十字花刀，再改刀，切成約5cm的方塊，用川鹽、料酒、薑片、蔥節碼拌均勻後靜置入味，約碼味5分鐘待用。

❸ 取柳丁、獼猴桃、西瓜、香蕉、鴨梨去皮後，分別改刀切成約1cm的方丁待用。

❹ 取一炒鍋放入沙拉油2000毫升至約七分滿，用大火燒至六成熱轉中火。將魚塊拍去料渣，瀝乾水分後再拍上乾太白粉，放入油鍋炸至定型，轉中火控制在四成油溫，炸約3分鐘，至外酥內嫩，成金黃色，之後撈起瀝油裝盤。

❺ 將油鍋中的油倒出留做它用。炒鍋洗淨倒入清水100毫升用旺火燒沸，轉中火下入濃縮橙汁，用白糖、大紅浙醋調味。

❻ 當再次燒沸時用太白粉水勾芡收汁，下入水果丁快速翻勻後出鍋澆在魚塊上即成。

料理訣竅：

❶ 成菜若要美觀，刀功不可少！魚肉的刀工處理要俐落、大小均勻，水果丁的大小也應一致。

❷ 炸魚塊的油溫和炸製的時間要掌握好，應先以六成油溫炸至定型上色，再以四成油溫浸炸至熟透、酥脆。避免炸得過火或過久，而影響成菜口感。

原料：

草魚1尾（約重800克）

橙汁（濃縮）100毫升

柳丁1個

獼猴桃1個

西瓜50克

香蕉50克

鴨梨（西洋梨）50克

太白粉200克

薑片15克

蔥節20克

調味料：

川鹽2克（約1/2小匙）

白糖75克（約1/3杯）

大紅浙醋50毫升（約3大匙1小匙）

料酒15毫升（約1大匙）

沙拉油2000毫升（約4杯）

清水100毫升（約1/2杯）

太白粉水50毫升（約3大匙）

■穿梭成都大街小巷的水果販子。

231

泡豇豆煸鯽魚

入口酥香，佐酒尤佳

川菜烹調中最具特色的烹調技法是乾燒、乾煸、小煎、小炒，強調一鍋成菜，可家常也可上宴席。此菜採用乾煸的方法，把泡豇豆加熱煸炒至脫水，呈酥軟干香時再與炸酥的鯽魚一起煸炒入味成菜，入口乾香味濃。泡豇豆特殊的乳酸味將鯽魚的鮮味再次凸顯出來，讓成菜不被油炸的酥香氣所掩蓋，進而產生味道上的層次感。

原料：

鯽魚3尾（約重500克）

泡豇豆100克

青美人辣椒25克

紅美人辣椒25克

泡薑片20克、大蒜片15克

薑片15克、大蔥節20克

乾紅花椒2克、乾辣椒節15克

調味料：

川鹽2克（約1/2小匙）

雞精15克（約1大匙1小匙）

香油20毫升（約1大匙1小匙）

料酒20毫升（約1大匙1小匙）

老油50克毫升（約3大匙1小匙）

沙拉油2000毫升

（約8又1/3杯）（約耗50毫升）

製法：

❶ 將鯽魚處理、去鱗、治淨後，將鯽魚對剖兩半，改刀成5×3cm的塊。

❷ 將魚塊置入盆中，用薑片、蔥節、川鹽1/4小匙、料酒碼拌均勻後靜置入味，約碼味5分鐘待用。

❸ 泡豇豆切成約3cm的寸節；青、紅美人辣椒去籽後改刀，切成菱形塊。

❹ 取炒鍋開大火，放入沙拉油2000毫升，燒至六成熱後，下碼好味的魚塊炸至表皮金黃後，轉小火將油溫控制在三成熱，繼續炸至外酥內熟即可出鍋瀝油。

❺ 將油鍋中的油倒出另作他用，然後在炒鍋中下入老油50克，以中火燒至四成熱，下泡薑片、大蒜片、泡豇豆節、乾花椒、乾辣椒節炒香。

❻ 接著放入外酥內熟的魚塊一同乾煸，並用川鹽1/4小匙、料酒、香油、雞精調味，最後放入青、紅美人辣椒塊煸出香味，翻勻出鍋即成。

料理訣竅：

❶ 炸鯽魚塊時務必油溫要高，最少六成熱，高溫急炸上色、定型封住肉汁後轉小火保持油溫在三成熱，浸炸至熟透，才能達到外酥內嫩的口感效果。

❷ 煸泡豇豆和青紅美人椒時需控制好火力不可過大且煸的時間不要過長，否則將損壞食材原本鮮亮的顏色，並使得成菜暗濁、不可口。

【川味龍門陣】

　　龍潭寺歷史悠久。據說三國時期某年仲夏,蜀漢皇帝劉備的兒子劉禪路過這裡,因天氣炎熱,便到水池中沐浴消暑,之後劉禪稱帝,人們就把這池子名為「龍潭」。龍潭右側建有一寺廟,寺廟也因此一起改名,即今日的「龍潭寺」。

酸湯烏魚餃

入口滑嫩鮮美,酸辣舒暢

　　餃子的雛形源自東漢末年,由名醫張機(字仲景)所創的「角子」藥膳,到南北朝時就定型成為美食不再是藥膳。餃子的食用習俗南北大不同,北方是在過年時一定要食用的應節習俗美味,象徵平安、福氣。南方就很單純是美食的一種,有些地方會以米粉皮做餃子。此菜借鑒北方水餃的做法,以魚肉片為皮,韭菜豬肉為餡,加上川式酸湯烹製而成,魚餃透明發亮,吃起來酸辣開胃,入口滑爽。

製法：

❶ 將烏魚處理、去鱗、治淨後，取下兩側魚肉，除去魚皮只取淨魚肉。

❷ 將淨魚肉以一刀斷一刀不斷的方式片成火夾片，逐一片製完成魚肉餃子皮的生坯後待用。

❸ 取豬肉末、小韭菜末、薑末、花椒粉放入攪拌盆中拌勻，加入川鹽、雞精、胡椒粉、料酒調味後繼續攪拌至肉餡帶有黏性即成餡料待用。

❹ 取魚肉餃子皮，中間包入餡料以蛋清封口製成成魚餃，再整個裹勻雞蛋清後黏上一層乾太白粉即成生坯。逐一包好後待用。

❺ 取炒鍋開大火，放入50毫升沙拉油燒至四成熱後，下燈籠辣椒醬、野山椒炒香，摻入雞湯燒沸，滾煮約3分鐘，撈淨湯汁中的料渣。

❻ 轉小火，下魚餃生坯慢煮至熟透，最後放入番茄片、黃瓜片，用雞精、白醋調味後略煮，出鍋即成。

料理訣竅：

❶ 片魚肉火夾片的刀工要求是厚薄必須均勻，薄而不穿孔、破碎，生坯皮的大小應一致，才能確保成菜的精緻感。

❷ 魚餃的餡料味不宜調的過大、過重，因最後煮熟的湯汁裡面還有味可以起輔助與補強之效。

❸ 魚餃包入肉餡的量要適當、均勻，才不至於露餡或餡料不足失去風味。

❹ 煮魚餃時火候要控制好，原則上以小火慢煮較不易砸鍋－煮壞了，不然魚餃會因火旺，湯汁滾沸而沖散、沖爛。

原料：

烏魚1尾（約重800克）
豬前夾肉末100克
小韭菜末75克
薑末15克
花椒粉少許
雞蛋清2個
太白粉50克
番茄片25克
黃瓜片25克
燈籠辣椒醬25克
野山椒末25克

調味料：

川鹽2克（約1/2小匙）
雞精15克（約1大匙1小匙）
料酒20毫升（約1大匙1小匙）
胡椒粉少許（約1/4小匙）
白醋10毫升（約2小匙）克
雞湯500毫升（約2杯）
沙拉油50毫升（約1/4杯）

■一把舒適的竹椅是在竹椅師傅的手中從一根綠竹變出來的！而這百姓的竹椅卻有著帝王般的舒適。

鱔魚燒粉絲

醒酒開胃，酸香純正，入口滑爽

　　川菜中以鱔魚烹製的菜品相當普遍，較著名的有乾香的「乾煸鱔絲」、麻辣味的「峨嵋鱔絲」、泡椒系列的「泡椒鱔片」等。「鱔魚燒粉絲」源自熱門的江胡菜「粉絲鱔魚」，在原本濃厚家常味的基礎上，去掉老油，略增郫縣豆瓣的使用，再加重醋的使用量，使菜品的風味變成家常味與酸辣味複合的味型，入口滑爽開胃，卻不失原創風味。

原料：

去骨鱔魚250克

銀河粉絲1/2袋

郫縣豆瓣末25克

泡椒末35克

泡薑末20克

薑末25克

蒜末25克

香蔥花15克

調味料：

川鹽2克（約1/2小匙）

雞精15克（約1大匙1小匙）

胡椒粉少許（約1/4小匙）

料酒20毫升（約1大匙1小匙）

白糖2克（約1/2小匙）

陳醋30毫升克（約2大匙）

香油20毫升（約1大匙1小匙）

沙拉油75毫升（約1/3杯）

鮮高湯750毫升（約3杯）

【川味龍門陣】

　　成都人民公園原名為少城公園，建於1911年。公園內有梅園、盆景園、蘭草園、海棠園、大型假山等景點。有一人工湖，其上可以泛舟，湖邊建有彷古的茶樓，其中的鶴鳴老茶社是久負盛名。現在的人民公園是蓉城百姓品茶賞景、遊玩休閒，運動養生好去處，身在其中，悠閒的氣氛讓人心情舒暢。

製法：

❶ 將去骨鱔魚肉治淨切成二粗絲待用。粉絲用熱開水漲發約15分鐘至透，瀝水備用。

❷ 取炒鍋開大火，放入50毫升沙拉油燒至四成熱後，下郫縣豆瓣末、泡椒末、泡薑末、薑末、蒜末，轉中火炒香，炒至顏色油亮、飽滿。

❸ 接著摻入鮮高湯750毫升，以旺火燒沸，再轉小火熬約20分鐘。

❹ 將熬好的湯汁瀝去料渣，倒入湯鍋中即得紅湯，待用。

❺ 在炒鍋中放入清水，約為五分滿，大火燒沸後下鱔魚絲汆燙約10秒，出鍋瀝盡水份。

❻ 洗淨炒鍋，下入25毫升沙拉油燒至五成熱，放入鱔魚爆香後，摻入全部紅湯。

❼ 加入川鹽、雞精、料酒、胡椒粉、白糖調味後放入漲發好的粉絲，小火煮約2分鐘至入味後加入陳醋拌勻，再加入香油即可出鍋，撒上香蔥花即成。

料理訣竅：

❶ 鱔絲的刀工處理均勻，熟成時間一致，可以令烹煮時間更易於控制也更能掌握入味的程度。

❷ 掌握紅湯的熬製配方、程式與火候，因紅湯的味是此菜的靈魂。

❸ 粉絲的漲發應軟硬度合適，過於乾容易吸湯料，過軟成菜口感就不佳。

❹ 必須掌握好醋的投放時間和投放量，過早的話醋酸味會因加熱揮發，而在起鍋前一刻加，醋酸味又會太嗆。

鳳梨燴魚丁

入口滑嫩鮮美，回味香甜

近年來健康飲食的風潮漸盛，菜品結合甜香、酸香的水果入菜以取得美味與健康的平衡，也因此創製出了許多創意菜肴，在台灣最有名的就屬酸香帶甜、入口脆爽的「鳳梨蝦球」。這裡附鳳梨外也搭配多種鮮水果丁和魚搭配成菜，色澤分明果味芳香，是夏季的一款清涼爽口佳品。

原料：

黃沙魚1尾（約重800克）

新鮮鳳梨一顆（約重750克）

紅聖女果50克

香瓜50克

雞蛋清1個

太白粉30克

調味料：

川鹽3克（約1/2小匙）

料酒15毫升（約1大匙）

醪糟10克（約2小匙）

雞精10克（約1大匙）

太白粉水30克（約2大匙）

沙拉油2000毫升（約8又1/3小匙）

（約耗40毫升）

■成都的茶文化除了喝茶聊天外，扒耳朵、算命等具特色的服務只在茶樓提供。特別是扒耳朵，那感覺真巴適！

製法：

❶ 將黃沙魚處理治淨後，取下不帶皮的淨魚肉切成1.5cm的魚丁。

❷ 將魚丁放入攪拌盆，用川鹽、料酒、雞蛋清、太白粉碼拌均勻並使其上漿後靜置入味，約碼味3分鐘待用。

❸ 新鮮鳳梨去皮對剖成2半，取一半的鳳梨肉切成1cm的方丁，另一半將鳳梨肉挖空作為盛器待用。香瓜去皮切成1cm的方丁。紅聖女果每粒各切成四等分。

❹ 取炒鍋放入沙拉油2000毫升至約6分滿，用旺火燒至三成熱後，下入碼好味的魚丁滑散，滑約5秒至熟，撈起瀝油。

❺ 將炒鍋中滑魚丁的油倒出，留少許油在鍋底，中火燒至三成熱，再下滑好的魚丁，用雞精、醪糟調味拌炒均勻。

❻ 接著加入聖女果、香瓜、切好的鳳梨丁拌勻，以中火燴至入味，再用太白粉水收薄汁出鍋裝盤即成。

料理訣竅：

❶ 魚丁的蛋糊應上薄一點，過厚會影響成菜口感。

❷ 水果丁不宜下鍋過早，以免烹飪的溫度使水果的鮮味與口感被破壞，影響成菜的風格。

❸ 熟練掌握滑油的溫度、火力，是決定成菜老嫩的關鍵。

軟餅宮保魚丁

入口香辣，回味甜酸，菜點合用

宮保雞丁的起源，說法很多，清末民初的著名作家李劼人在其作品《大波》記載：清光緒年間，受封為太子少保的四川總督丁寶楨，人稱丁宮保，原籍貴州，喜歡吃家鄉人做的 辣子炒雞丁，四川的百姓也喜歡，就將此菜稱為「宮保雞丁」。軟餅宮保魚丁就是借鑒宮保雞丁的味型及做法成菜。再搭配軟餅食用更具特色。入口細嫩酸甜、回味軟糯而酥香。

原料：

江團350克

荷葉軟餅8個

酥花生50克

乾花椒約5粒

乾辣椒節3克

薑片5克

蒜片5克

大蔥顆15克

太白粉50克

調味料：

川鹽2克（約1/2小匙）

料酒10毫升（約2小匙）

醬油1毫升（約1/4小匙）

雞精15克（約1大匙1小匙）

白糖25克（約2大匙）

香油10毫升（約2小匙）

陳醋20毫升（約1大匙1小匙）

沙拉油2000毫升（約8杯）

■成都的名小吃「三大炮」，基本上就是紅糖糍粑，但較為大團，糍粑團整好型後，往鼓面一丟，「碰」的一聲就彈至篩子中，與黃豆粉打滾，相當有趣。因一份三粒糍粑團，就碰、碰、碰三聲，故稱為三大炮。

製法：

❶ 將江團處理後取淨魚肉改刀成1cm的魚丁。

❷ 將魚丁置入攪拌盆，用川鹽1/4小匙、醬油、料酒、太白粉碼拌均勻後靜置入味，約碼味3分鐘備用。

❸ 荷葉軟餅入鍋隔水蒸熱、蒸透，出鍋裝盤待用。

❹ 取一碗將川鹽1/4小匙、料酒、雞精、醬油、白糖、陳醋、香油、太白粉水調和成味汁。

❺ 取炒鍋開旺火，放入沙拉油2000毫升，約六分滿即可，中火燒至四成熱後，下魚丁滑散出鍋。

❻ 將炒鍋中滑魚丁的油倒出，留作他用，但留少許油在鍋底，下薑片、蒜片、乾花椒、乾辣椒、大蔥顆爆香。

❼ 之後放入滑好的魚丁，調入步驟4調好的味汁，待收芡汁後下酥花生翻勻即成。

料理訣竅：

❶ 軟餅現在多是購買現成品使用。若能自行掌握軟餅的製作工藝，成品大小均勻，且能配合成菜的口感，在鬆軟、香甜的部份作微調。

❷ 掌握魚入鍋的油溫和滑炒時間，油溫太高易焦黑滑的時間太長肉質易老。

❸ 熟悉掌握川式荔枝味型的調配比例，以因應部份調料味道濃厚變化所需的調整。

川味河鮮饗宴

臊子船夫鯽魚

造型美觀，魚香味濃

鯽魚是十分家常的河鮮食材，常見的像是家常味的「豆瓣鯽魚」、「豆腐鯽魚」，鹹鮮味的「芙蓉鯽魚」、「乾燒鯽魚」等。而將臊子裝入魚的腹腔內食用，吃法較為獨特，源自舊時的船夫常是一邊幹活一邊吃東西，為了方便而創出的菜品。此菜考究刀工的深淺需一致，油溫高低的掌控，魚入鍋炸至定型的效果。在臊子中加入了泡豇豆粒，為臊子的整體風味帶入酸香味與脆爽口感，成菜外酥裡軟中帶有酸香的脆感。

製法：

❶ 將鯽魚打去鱗、鰓後，從背脊處剖下以去除脊骨和內臟，治淨。

❷ 將魚放入攪拌盆，用川鹽、料酒、薑片、蔥節碼拌均勻靜置入味，約碼味15分鐘待用。

❸ 取炒鍋開旺火，放入沙拉油35毫升燒至五成熱後，下豬肉末轉中火煵乾水氣。

❹ 接著下泡豇豆粒、泡薑粒、泡辣椒末、薑末、蒜末炒香，之後摻入鮮高湯燒沸。

❺ 加入川鹽、雞精、白糖、陳醋、香油調好味後放青、紅美人辣椒丁，再用太白粉收汁，下香蔥花攪勻即成餡料，盛起備用。

❻ 再於乾淨炒鍋中倒入另備的沙拉油2000毫升至約七分滿，以旺火燒至六成熱，把鯽魚整理成船形後入鍋炸至定型，轉小火，油溫控制在四成熱，浸炸至熟，撈起瀝油，出鍋裝盤。

❼ 將步驟3的餡料盛入魚腹內即成。

料理訣竅：

❶ 此菜為使鯽魚保持魚腹完整，因此內臟與脊骨須由背部取出。

❷ 炸魚時應將魚的造型做好，以利於盛裝餡料。炸製時油溫應採先高後低的程序，以落實定型、上色與熟透的要求。

❸ 掌握魚香味的調製比例及方法。可參考第106頁。

原料：

鯽魚3尾（約重500克）

豬肉末75克

泡豇豆粒100克

泡薑粒25克

泡辣椒末50克

青美人辣椒丁25克

紅美人辣椒丁25克

薑末10克

蒜末15克

香蔥花15克

太白粉25克

調味料：

川鹽2克（約1/2小匙）

香油15毫升（約1大匙）

雞精15克（約1大匙1小匙）

老油50毫升（約1/4杯）

白糖30克（約2大匙）

陳醋35毫升（約2大匙1小匙）

料酒15毫升（約1大匙）

沙拉油2000毫升（約8又1/3杯）

沙拉油35毫升（約2大匙1小匙）

鮮高湯100毫升（約1/2杯）

【川味龍門陣】

　　兩千年多來一直在發揮其功能的，如奇蹟般的都江堰是戰國時期的秦國蜀郡太守李冰和他的兒子於西元前約256年至西元前251年之間主持創建。整體分成堰首和川西平原灌溉水網兩大部分，其中的堰首有三大重點工程，包括起分水功能的魚嘴工程，可以溢洪排沙的飛沙堰工程，引導水資源的寶瓶口工程及相關附屬工程與建築。灌溉水網的部份算是都江堰的主要功能，現今成都平原上的大小水道與成都市的府河、南河都是屬於灌溉水網，整體兼有防洪排沙、水運、城市供水等綜合效用。圖為都江堰鯉魚嘴工程。

燒椒魚片

鄉村椒香味濃，清香微辣

　　燒椒是將川菜中以椒香味厚、辣度適口而著名的青二金條辣椒透過材火的燻燒激出二金條辣椒的香與甜，回味辣而舒爽，成品墨綠而味濃，椒香味純正，最著名的菜品就是清爽鮮香的「燒椒皮蛋」。這道「燒椒魚片」就在「燒椒皮蛋」的基礎上加以改進，取掉薑汁、重用紅油，味濃而清香，入口滑嫩、紅、白、綠色澤鮮明，引人食欲。

原料：

黃沙魚300克

雞腿菇200克

青二金條辣椒300克

蒜末10克

雞蛋清1個

太白粉35克

紅油50毫升（約4大匙）

調味料：

川鹽3克（約1/2小匙）

雞精10克（約1大匙）

白糖2克（約1/2小匙）

醬油5毫升（約1小匙）

陳醋5毫升（約1小匙）

香油10毫升（約2小匙）

製法：

❶ 將黃沙魚處理洗淨後，取下兩側魚肉並去皮成淨魚肉。

❷ 將淨魚肉片成厚約3mm的魚片，再以刀背拍打以適當破壞肉質纖維。

❸ 將魚片放入盆中，用川鹽1/4小匙、料酒、雞蛋清、碼拌均勻，並加入太白粉碼拌上漿，靜置入味約3分鐘，待用。

❹ 青二金條辣椒切半去籽，並在適當的地方生起材火。

❺ 先將2/3的青二金條辣椒用材火燒至表皮微焦，去除焦皮，然後剁細成燒椒末，備用。

❻ 餘下的青二金條辣椒切成顆粒狀，備用。

❼ 雞腿菇切成厚約3mm的片，入沸水鍋中汆燙約10秒撈起瀝水後，鋪墊於盤底。

❽ 將碼好味的魚片入沸水鍋中汆燙約15秒至斷生，撈出瀝水，將其蓋在雞腿菇片上。

❾ 取步驟5備好的燒椒末與步驟6的辣椒粒放入攪拌盆中，調入蒜末、川鹽1/4小匙、雞精、白糖、香油、紅油拌均，澆在魚片上即成。

料理訣竅：

❶ 青二金條辣椒上火燒的火源不能用煤氣爐。只能用材火，否則會附著煤氣爐的有毒成份。

❷ 魚片汆燙要注意火候，避免時間過長使得肉質變老，火力也要小避免魚肉被滾得不成形。

【川味龍門陣】

　　榮經棒棒雞製作工藝之精湛特點就在刀工考究，風味獨特。選用當地土雞，煮至熟透而不粑軟，骨紅而不生，充分保有土雞原味。此菜難在刀工，也因刀工而得名，切雞肉時一人掌鋒利快刀將雞肉片至雞骨處，此時另一人用特製的棒棒敲擊刀背以斷骨，切好的雞肉薄如紙片，均勻一致且皮肉不離，片片帶骨。因雞肉薄所以在調入味汁時，易於入味，加上刀工特殊也能最大限度的保有雞肉的特有嚼勁。那與另一道源於樂山漢陽壩的知名「樂山棒棒雞」或稱之為「嘉定棒棒雞」有何不同？最大的不同是使用木棒的目的！樂山棒棒雞是以木棒將雞肉捶松後撕成雞絲再調入味汁，形式不同但最終目的是相同的，就是要易於入味。但雞肉處理方法不同，所以口感是兩種棒棒雞在成菜後最大的不同。

椒汁浸江團

麻香味撲鼻，質嫩色鮮

　　江團的肉質細嫩、肥厚，刺又少，以岷江樂山一帶的江段和嘉陵江口所產的最為人們所喜愛，而被人們稱為「嘉陵美味」。江團屬於無鱗魚，但有一層黏膜作為保護層，帶有異味且顏色黑濁，會影響成菜，因此須利用熱水燙洗，將其去除。此菜品的表現重點在於展現江團的肉質細嫩，並以百靈菇的滑嫩爽口呼應細嫩的魚片，調味時在保持鹹鮮清淡的椒香口味之餘，又能體現小米辣的獨特芳香。

原料：

江團600克
百靈菇150克
新鮮青花椒25克
青小米辣椒25克
紅小米辣椒25克
薑片10克
蔥節15克
雞蛋清1個
太白粉50克

調味料：

川鹽3克（約1/2小匙）
雞精15克（約1大匙1小匙）
料酒15毫升（約1大匙）
辣鮮露汁10毫升（約2小匙）
美極鮮10克（約2小匙）
藤椒油15毫升（約1大匙）
香油10毫升（約2小匙）
蔥油15毫升（約1大匙）
鮮高湯50毫升（約1/4杯）

製法：

❶ 將江團處理洗淨後取下魚肉，將魚肉片成厚約4mm的薄片，放入盆中。

❷ 用薑片、蔥節、川鹽、雞蛋清和魚片碼拌均勻並加入太白粉碼拌上漿，靜置入味，約碼味3分鐘。

❸ 青、紅小米辣椒切圈，百靈菇切成厚約3mm的片，備用。

❹ 取湯鍋加入七分滿的水，旺火燒沸，下入百靈菇片汆燙約15秒斷生，撈起瀝去水份，鋪於盤中墊底。

❺ 再起一七分滿的清水湯鍋以旺火燒沸後，轉小火，將碼好味的魚片下入微沸的湯鍋內汆燙約10秒，斷生後出鍋瀝去水份，鋪蓋在盤中百靈菇片的上面。

❻ 取一湯碗，放入川鹽、雞精、辣鮮露汁、美極鮮、藤椒油、鮮高湯50毫升調好味汁，灌入汆熟的食材中。

❼ 取炒鍋倒入蔥油、香油以中火，燒至四成熱，下新鮮青花椒，青、紅小米辣椒圈炒香後澆淋在魚片上即成。

料理訣竅：

❶ 掌握魚片汆燙的時間和水溫的高低，以保持魚片的嫩度。不能用旺火、滾沸的水汆燙魚片，會破碎不成形。

❷ 控制最後澆油的溫度和用量，油量過多、油溫不足會使成菜入口油膩感重。油溫過高會將食材炸的焦煳，風味盡失。油量少了，無法完全激出青花椒及小米辣椒的香氣，成菜不止香氣不足，也會少了滋潤的口感。

【川味龍門陣】

　　三蘇祠位於眉山市的西南邊紗縠行，始建於元代的延祐三年（西元1316年）以前。為紀念北宋著名文學家且同登「唐宋八大家」之列的蘇洵、蘇軾、蘇轍父子三人，而將他們的故居修建為祭祀祠堂以作為紀念，並以蘇氏父子三人為名，命名為三蘇祠。

中菜中有許多平凡的菜品因刀工而出名，川菜有「蒜泥白肉」至少3×8cm，厚不到1mm的大薄片。蘇菜的「文思豆腐」用一塊豆腐切成15288條，纖細如線的豆腐絲入菜；蘇菜的「揚州煮干絲」，食材全切成如針般的細絲。現在又多一道入口干香酥嫩的「洋芋鬆炒魚絲」，要將洋芋切成像針一般細的絲，以高油溫酥炸得金黃酥鬆，對火候及油溫的掌握又是考驗廚師功夫的關鍵。

洋芋鬆炒魚絲

吃法獨特，入口干香，酥嫩鮮甜

原料：

黃沙魚400克

洋芋（馬鈴薯）400克

香菜梗15克

乾辣椒絲10克

太白粉100克

起士粉35克

調味料：

川鹽3克（約1/2小匙）

雞精15克（約1大匙1小匙）

料酒20毫升（約1大匙1小匙）

香油20毫升（約1大匙1小匙）

沙拉油25毫升（約2大匙）

沙拉油2500毫升（約10杯）

（約耗25毫升）

製法：

❶ 洋芋去皮後切成銀針絲，用流動的水漂盡澱粉質、撈出瀝乾水份，備用。

❷ 黃沙魚去鱗、治淨後取下魚肉，將魚肉切成細肉絲，用川鹽1/4小匙、料酒碼拌均勻靜置入味，約碼味3分鐘。

❸ 炒鍋中倒入沙拉油2500毫升至約七分滿，旺火燒至五成熱，下入瀝乾的洋芋絲炸乾水分至金黃、酥透後出鍋瀝油，擺入盤中圍邊。

❹ 接著在碼好味的魚絲中加入太白粉、起士粉拌均，將炸洋芋絲的油鍋燒至五成熱，下入拌上乾粉的魚絲炸至酥香，出鍋瀝油。

❺ 將炒鍋中的炸油倒出留做它用並洗淨，用中火將炒鍋燒乾，加入沙拉油25毫升燒至三成熱。

❻ 下入乾辣椒絲炒香，再加炸好的魚絲、香菜梗，調入川鹽1/4小匙、雞精、香油翻均出鍋裝入洋芋絲圍邊的盤中即成。

料理訣竅：

❶ 要求洋芋絲、魚絲刀工的處理要長短，粗細均勻。

❷ 控制好油溫及油炸的時間，以免將主料與輔料炸焦，影響成菜口感。

【川味龍門陣】

正宗的樂山翹腳牛肉，形式像火鍋，吃法卻與火鍋大不相同，是一樣樣食材冒好了、燙透了，再放在一個大碗裏吃。且翹腳牛肉的湯風味極佳，雖然每樣食材都是冒好以後加入一樣的湯汁一起吃，但是風味就是會略有不同且味道都十分完善。

火爆魚鰾

入口脆爽，酸辣開胃

　　爆，旺火高油溫急火短炒成菜，可說是中菜烹飪技巧中，上爐火後成菜速度最快的一種，通常都在10秒內，短則不超過5秒，相當考驗廚師的功夫。而魚鰾，俗稱魚肚，通常是以燒的方式成菜，因魚鰾加熱的時間由短到長，口感從脆嫩變老韌再變成炟糯，要得到脆嫩的口感就只有剛好熟透的瞬間才能產生。此菜除了味道入味之外，更要取得脆嫩、脆爽的口感，因此非常講究火候及油溫。

原料：

鮮鯰魚魚鰾300克

西洋芹50克

紅小米辣椒20克

泡野山椒25克

薑片5克

蒜片5克

調味料：

川鹽3克（約1/2小匙）

雞精15克（約1大匙1小匙）

料酒15毫升（約1大匙）

山椒水10毫升（約2小匙）

香油15毫升（約1大匙）

太白粉水35克（約2大匙1小匙）

沙拉油50毫升（約1/4杯）

製法：

❶ 將鯰魚魚鰾撕淨血膜、淘洗乾淨，放入盆中用川鹽、料酒及一半的薑片、蒜片碼拌均勻靜置入味，約碼味5分鐘。

❷ 西洋芹先去筋，再與紅小米辣椒、泡野山椒同樣都切成菱形。

❸ 取炒鍋開旺火，放入50毫升沙拉油燒至六成熱後，加入鮮魚鰾爆炒約8秒，接著下另一半的薑片、蒜片及步驟2切好的野山椒、紅小米辣椒爆香。

❹ 最後加入西洋芹塊，並用川鹽、雞精、料酒、山椒水、香油調味，炒至西洋芹斷生，起鍋前用太白粉水勾芡收汁即成。

料理訣竅：

❶ 爆魚鰾的油溫要高一點，同時火力要大，旺火快炒成菜，確保魚鰾口感爽脆，炒過久魚鰾吃來又老、又韌，不適口。

❷ 掌握投入調料、配料的先後順序，使每種食材展現出應有的風味與口感。

■重慶龍興古鎮因商業化程度較低，漫步其中不論是重點景點或是老街上，那股風情與韻味都是一樣的樸實。

盤龍黃鱔

麻辣味厚，乾香可口，風味獨特

中華民族對「龍」有一種獨特的崇拜，此菜就因鱔魚捲曲成一圈一圈有如「盤龍」而得名。此菜運用小鱔魚的特性，透過溫油慢炸，使其自然成形。在口感上以黃瓜丁的爽脆搭配鱔魚的酥香，可以減低鱔魚因油炸而產生的油膩感，同時也使成菜整體風味趨於和協、麻辣爽口、肉質乾香、回味持久。

■在重慶磁器口古鎮，一個地方可以體驗兩種風情，往古鎮的龍渡口碼頭這一邊是人潮擁擠極為熱鬧景區風情，一片的歡樂笑聲與叫賣聲。往古鎮的另一邊卻是安靜而樸實。

原料：

小鱔魚300克

黃瓜丁50克

青椒丁50克

乾辣椒20克

乾花椒10克

香蔥花10克

孜然粉3克（約1小匙）

刀口辣椒15克（約1大匙1小匙）

調味料：

川鹽2克（約1/2小匙）

香辣醬35克（約2大匙）

大料粉5克（約2小匙）

雞精15克（約1大匙1小匙）

料酒15毫升（約1大匙）

香油20毫升（約1大匙 1 小匙）

老油50毫升（約1/4杯）

沙拉油25毫升（約1大匙2小匙）

製法：

1. 鮮活小鱔魚用清水漂淨後備用。
2. 炒鍋中放入沙拉油至七分滿，旺火燒至三成熱，轉中火，將鮮活小鱔魚直接放入油鍋中慢慢炸。
3. 炸的過程中同時慢慢升溫，炸至鱔魚自然卷屈成圈盤狀，最後以旺火炸至表皮乾脆，出鍋瀝油。
4. 將炸鱔魚的油倒出留作它用，鍋中下入老油以中火燒至四成熱，放入乾辣椒、乾花椒、大料粉、香辣醬炒香。
5. 炒香調料後，下炸好的鱔魚、刀口椒、孜然粉翻炒。
6. 加入川鹽、雞精、料酒、香油調味，最後放入黃瓜丁、青椒丁煸炒至斷生、入味後出鍋裝盤即成。

料理訣竅：

1. 活鱔魚買回後先放在水盆中，加幾滴菜籽油飼養3天，讓其吐淨體內的腥泥後再烹製，可去除土腥味，也便於食用。
2. 掌握炸鱔魚的火候，油溫的高低、時間的長短是決定鱔魚的口感與外形。
3. 調料投放、炒香的先後順序，會影響成菜的風味層次。

鍋盔魚丁

色澤紅亮入口酥香，佐酒下飯皆宜

「鍋盔」傳說是源自唐朝武則天稱帝的時期,軍民趕工建武則天陵寢,無鍋具可煮食,就用鐵做的頭盔烙餅食用,這種餅就被稱之為「鍋盔」。現今四川一帶的「鍋盔」是用麵粉加老麵揉勻發酵,先烙後烤製成,口感綿密、酥香且十分有嚼勁。而此菜就利用白麵鍋盔的綿密口感、香氣與嚼勁,搭配鮮酥魚丁成菜,色澤鮮明,入口酥香細嫩,家常味厚重。

原料:

草魚400克
白麵鍋盔1個
青美人辣椒25克
紅美人辣椒25克
雞蛋1個
太白粉35克
郫縣豆瓣35克

調味料:

川鹽2克(約1/2小匙)
雞精15克(約1大匙1小匙)
料酒20毫升(約1大匙1小匙)
白糖3克(約1/2小匙)
香油15毫升(約1大匙)
沙拉油50毫升(約1/4杯)
沙拉油2000毫升(約8杯)

製法:

1 將草魚處理後取下魚肉,去除魚皮,取淨魚肉切成1.5cm的丁。
2 將魚丁用川鹽1/4小匙、料酒、雞蛋、碼拌均勻並加入太白粉碼拌上漿,靜置入味,約碼味3分鐘。
3 青、紅美人辣椒切成顆狀;鍋盔切成1cm小丁,備用。
4 取炒鍋下入沙拉油2000毫升至約七分滿,以旺火燒至五成熱,將鍋盔小丁下入油鍋中炸至乾香瀝油,備用。
5 保持油溫在五成熱,下入魚丁炸約2分鐘上色後,轉小火,以三成油溫浸炸約3分鐘至外酥內嫩,出鍋瀝油,備用。
6 將油鍋中的油倒出留作它用,炒鍋洗淨、擦乾,下入沙拉油50毫升用中火燒至四成熱後下郫縣豆瓣末炒香。
7 接著放入青、紅美人辣椒顆,炸好的魚丁、鍋盔丁炒香,加入川鹽1/4小匙、雞精、料酒、白糖、香油調味、翻勻即成。

料理訣竅:

1 魚丁炸時應先以高溫油炸上色,之後轉小火慢慢浸炸,確保外酥脆內細嫩的口感。但要注意浸炸時間,雖是轉小火,但太久一樣會炸焦過火。
2 鍋盔不要炸得太酥,否則入口太乾,影響整體口感。

■道教名山「青城山」的靈氣是在呼吸間就能感受到,也因此,許多人在感受靈氣之餘,也不忘點個香祈求眾神將靈氣化為福氣為自己及家人帶來平安。

香辣土龍蝦

麻辣厚重、回味持久

土龍蝦又稱小龍蝦，近十來年成為熱門食材，引爆一場吃小龍蝦的大流行潮。早期在市井川菜小館中炒土龍蝦是一種很常見的菜肴，因麻辣味濃厚、乾香可口，多是宵夜當做配啤酒的下酒菜。加上邊吃、邊剝、邊聊，樂趣十足而備受年輕朋友的喜愛。這裡，我們以風味更佳的香辛料提升麻、辣、香的精緻感。

原料：

小土龍蝦500克
乾辣椒節50克
乾花椒15克
青美人辣椒節50克
火鍋底料50克
薑末20克
蒜末25克
白芝麻20克

調味料：

川鹽2克（約1/2小匙）
料酒20毫升（約1大匙1小匙）
雞精15克（約1大匙1小匙）
白糖3克（約1/2小匙）
香油20毫升（約1大匙1小匙）
老油75克（約1/3杯）
沙拉油2500毫升（約10杯）

製法：

❶ 將小龍蝦剝去頭蓋殼、去除沙線並洗淨、瀝乾水份，待用。

❷ 炒鍋中倒入沙拉油2500毫升至約七分滿，旺火燒至六成熱，將治淨的小龍蝦到入油鍋內炸香後撈起瀝油。

❸ 將油鍋中的油倒出留作它用，洗淨炒鍋後上火燒乾，下入老油以中火燒至五成熱，下火鍋底料、乾辣椒節、乾花椒、薑末、蒜末炒香。

❹ 接著放入青美人辣椒節、炸好的小龍蝦炒至入味。

❺ 最後用川鹽、料酒、雞精、白糖、香油調味，起鍋前加入白芝麻炒香、翻勻即成。

料理訣竅：

❶ 小龍蝦先過油炸熟不只可以縮短烹調時間、減少泥腥味，更能將小龍蝦蝦殼的特有香味炸出來。

❷ 拌炒底料時火力要小以免糊鍋產生焦味影響整體菜品風味，且此菜的底料透過慢炒能使味更濃厚。

■ 在成都，晚上九點、十點才開始營業的宵夜、美食攤子，就著路邊、人行道，不論燒烤或是涼菜，或是小煎、小炒樣樣都有，經濟美味且獨具風情。但成都人給他取了個別名叫「鬼飲食」，幽默而具體的形容這夜裡「人」影幢幢的平民美食。而這種形式的美食與稱呼在十九世紀初就已經形成，可說是成都的一大特色。

時蔬燒風魚

葷素互補,營養豐富,湯鮮可口

風乾魚（風魚）是四川家家戶戶過年必備的年節美味。而風乾魚同時也符合可長時間儲存的早期環境需求。現在因儲存環境改善，風乾魚不再是只限於過年才有的美味，而一般的成菜方式大多數是依循傳統，以熱菜涼吃的方式成菜。此菜搭配多種時蔬燒煮成菜，成為一道亦湯亦菜的魚肴，湯色乳白，入口鮮美。

■成都市區的青石橋市場從蔬菜、雞、鴨、牛、羊到海鮮、河鮮及其加工品，南北貨、香料都有，可說是成都市區食材最齊全的市場。

原料：	調味料：
風乾魚150克	川鹽2克（約1/2小匙）
黃糯玉米棒50克	雞精15克（約1大匙1小匙）
胡蘿蔔30克	鮮高湯300克
嫩南瓜50克	
香芋50克	

製法：

1. 風乾魚在烹飪前用約60℃的溫熱水泡2小時後洗淨置於盤中。
2. 將泡好的風乾魚上蒸籠以中火蒸約20分鐘後，將魚取出涼冷。
3. 黃糯玉米棒、胡蘿蔔、嫩南瓜、香芋分別洗淨，並以刀工處理，切成5*2*2cm的條狀，備用。
4. 將蒸熟的風乾魚取出，切成寬2cm的條狀，備用。
5. 炒鍋中放入鮮高湯，開火燒熱，並下入熟風魚條、黃糯玉米棒、胡蘿蔔、嫩南瓜、香芋。
6. 旺火燒沸之後轉小火慢燒，接著用川鹽、雞精調味，燒約5分鐘至熟透入味即成。

料理訣竅：

1. 掌握蔬菜類輔料的熟度與火巴軟程度，但要避免燒得過久使蔬菜色澤變濁，保持色澤漂亮、新鮮，使菜品看起來可口。

[自製風乾魚]

原料：草魚一尾（約重800克）、川鹽5克、大料5克、花椒3克、白酒10克

製法：草魚處理後去除魚鱗、內臟並洗淨。接著用川鹽、花椒、大料入鍋炒香加白酒。把治淨的草魚裡外摸均裹勻，置於陰涼處醃製2天。再將草魚用繩子綁住魚頭，懸置於陰涼通風處晾約15天至魚肉的水分完全乾，即成風乾魚。

蘿蔔絲煮鯽魚

湯白肉嫩，清香爽口

　　此類菜式是四川家常名菜，傳統是先將鯽魚炸熟，再與蘿蔔絲同燒成菜，風味上較為濃厚，但鮮味不明顯。這裡將鮮鯽魚改以煎的方式製熟，搭配鮮高湯同煮，當湯色呈現乳白時，再加入蘿蔔絲略煮，成菜後湯鮮肉嫩。而此菜品最精華與營養的就是「湯」，舀一匙，湯色乳白濃香可口，加上略煮的新鮮白蘿蔔絲，入口濃香滑順中帶著一股清鮮，風味獨特。

原料：

鯽魚500克、白蘿蔔300克
薑片15克、蔥節20克
鮮高湯750克
鮮椒味碟1份

調味料：

川鹽3克（約1/2小匙）
雞精15克（約1大匙1小匙）
料酒20毫升（約1大匙1小匙）
化豬油50克（約3大匙2小匙）

鮮椒味碟：

紅小米辣椒圈40克
大蒜末10克
花椒粉1克
美極鮮5克
辣鮮露汁10毫升（約2小匙）
香油15毫升（約1大匙）
涼雞湯等混合均勻即成。

製法：

❶ 將鯽魚處理、去鱗、洗淨後，在魚身兩側剞幾刀，用川鹽1/4小匙、料酒、薑片、蔥節碼拌均勻後靜置入味，約碼味3分鐘。

❷ 白蘿蔔去皮，切成約3×3×10cm的粗絲，備用。

❸ 炒鍋上爐，開旺火，鍋中下化豬油50克，並使油在鍋中均勻滑開，燒至四成熱時，放入鯽魚，以小火煎至兩面金黃熟透後出鍋。

❹ 鍋中摻入鮮高湯，再將鯽魚下入，以旺火燒沸熬約5分鐘至湯色呈乳白色。

❺ 接著用川鹽1/4小匙、雞精調味，最後加入白蘿蔔絲，以中火煮至熟透，轉小火再煮約2分鐘即可出鍋，食用時搭配味碟即成。

料理訣竅：

❶ 魚湯要呈現乳白、濃稠狀，魚一定要先煎至金黃熟透，使魚的膠原蛋白熟成。之後再以旺火熬製，將熟成的膠原蛋白及磷質等熬出來，並透過滾煮使脂肪乳化，湯色才會白、濃。

❷ 蘿蔔絲的粗細要均勻，下鍋煮的時間不宜過久，以保持形狀完整並略帶脆爽的口感與清鮮味，並取其脆爽的口感與清鮮味來調和濃稠易膩的魚湯，使魚湯更適口。

【川味龍門陣】

　　文殊院位於成都市人民中路，是川西著名的佛教寺院。文殊院原本是唐代（西元618～907年）的妙圓塔院，宋朝（西元960～1279年）時改名為「信相寺」，之後因戰爭而焚毀。到了清代的時候，傳說有人夜裡看見信相寺遺址有紅光出現，官府也派人前去了解，只見紅光中有文殊菩薩像，於是就在康熙三十六年（西元1697年）重建廟宇，並定名為「文殊院」。而康熙皇帝親筆「空林」二字，並賜「敕賜空林」御印一方。

辣子田螺

麻辣味濃郁，入口脆爽，回味悠長

　　田螺泥腥味較重，殼多肉少、泥沙多，早期只見於農家桌上，都市人食用得少，而一般館子、酒樓就更少見。後來發現先養幾天就可以去除田螺泥腥味重的問題，再經過精心烹製，突出了川菜味濃厚的特色並保持了田螺的脆爽口感，加上田螺食材本身就象徵著田間風情，更是讓喜愛農家樂的休閒食客朋友所喜愛。

製法：

❶ 田螺從市場買回來後用清水飼養2天，讓其吐淨泥沙。

❷ 烹飪前剪去螺尖部分，淘洗治淨。

❸ 將治淨的田螺放入加有鹽的沸水鍋中煮透，出鍋瀝乾水備用。

❹ 炒鍋中下入沙拉油2000毫升至約七分滿，以旺火燒至六成熱時，下田螺入鍋中過油約30秒後，撈出瀝油備用。

❺ 將油鍋中的油倒出留做它用，再下豆瓣老油，用中火燒至四成熱時，下乾辣椒節、乾花椒、薑末、蒜末、火鍋底料、香辣醬小火炒香。

❻ 接著加入田螺煸炒至香氣四溢，烹入料酒、雞精、白糖、鮮高湯調味。

❼ 用小火燒至水分乾時加入青美人辣椒節、白芝麻、香油、藤椒油炒勻，加入香蔥花即可。

料理訣竅：

❶ 田螺須用清水加菜籽油幾滴飼養2~3天，讓其吐出內臟的泥渣。同時也是減少泥腥味的重要程序。

❷ 炒前須反復淘洗乾淨，是確保成菜無泥沙與腥味的關鍵步驟。

❸ 炒的過程中，將調味料炒香並下入主料後，須加入湯汁小火燒，不然田螺不易進味。

原料：

帶殼田螺750克

乾辣椒節75克

乾紅花椒20克

火鍋底料20克

香辣醬35克

薑末25克

蒜末25克

青美人辣椒節35克

白芝麻10克

香蔥花15克

調味料：

川鹽3克（約1/2小匙）

雞精15克（約1大匙1小匙）

白糖3克（約1/2小匙）

鮮高湯300毫升（約1又1/4杯）

香油15毫升（約1大匙）

藤椒油20毫升（約1大匙1小匙）

豆瓣老油75毫升（約5大匙）

沙拉油2000毫升（約8杯）

■龍潭寺是寺名也是地名，而位於成都龍潭寺的傳統市集因靠近成都市的農業區，因此還保留相當的農村氣息。

酸菜芝麻邊魚

泡菜味濃，細嫩鮮美

酸菜魚是現代川菜中的經典名菜之一，源自泡菜魚的調味概念，將小鯽魚換成大魚，並以魚片為主，嘗來更鮮嫩入味。而這道酸菜芝麻邊魚是在酸菜魚的基礎上改良成紅味而成，加上花椒、辣椒，並大量使用炒香的白芝麻增加獨特甜香，成菜一出鍋就香氣撲鼻，酸香、甜香依次襲來很能誘發食欲。

製法：

① 將邊魚去內臟、去鱗治淨，取下魚肉片成厚約3mm的魚片，魚頭和魚骨斬成塊備用。

② 將泡酸菜的軟葉處切除，移作他用，泡酸菜葉柄片成3mm厚的酸菜片。

③ 取炒鍋開中火，放入35毫升沙拉油燒至四成熱後，下泡薑末、泡椒末略炒後，再下泡酸菜片、薑末、蒜末炒香，摻入鮮高湯以旺火燒沸。

④ 轉小火後放入邊魚的魚頭和魚骨塊，用川鹽、雞精、白糖、香油、陳醋調味並燒約3分鐘後，放入魚片，小火燒至魚肉熟透入味，即可出鍋舀入湯缽內。

⑤ 再拿乾淨炒鍋開中火，放入40毫升沙拉油燒至四成熱後，下入乾花椒、乾辣椒、白芝麻炒香後澆淋在魚上，撒上香蔥花即成。

料理訣竅：

① 泡酸菜一定要炒香出味才能摻入鮮高湯，湯汁才能展現香與味的層次。

② 炒白芝麻、乾花椒、乾辣椒時注意火候、油溫，最忌炒煳、炒焦，不只影響美觀，連該有的香氣也會化為烏有，甚而使成菜帶有焦苦味。

原料：

邊魚400克
泡酸菜100克
泡薑末25克
泡椒末35克
白芝麻35克
乾花椒數粒
乾辣椒20克
薑末10克
蒜末15克
香蔥花20克

調味料：

川鹽2克（約1/2小匙）
雞精10克（約1大匙）
白糖2克（約1/2小匙）
陳醋20毫升（約1大匙1小匙）
香油10毫升（約2小匙）
沙拉油75毫升（約1/3杯）
鮮高湯400毫升（約1又2/3杯）

■四川市場中的涼菜攤子，除了每天製作的涼菜外，還有賣泡菜、豆腐乳及各式醃漬食品。

川南名城 - 樂山

歷史沿革

　　早在商朝巴蜀時代，樂山就是蜀國開明王朝的故都。因『城西南五里有「至樂山」』，兼孔子有「智者樂水，仁者樂山」之言，所以得名「樂山」，並沿用至今。樂山市古時因為遍種海棠，每天春天二三月，花開滿城香，所以又有「海棠香國」的美譽。現在，海棠是樂山市的市花。

　　歷史悠遠厚重的樂山市，從3000年前的巴蜀時代，蜀王開創了史稱「開明故治」的繁榮。戰國晚期，秦蜀郡守李冰開鑿離堆（今之烏尤山），以治水患。隋代嘉州太守趙昱率軍民抗洪護城。唐開元初，海通和尚開鑿樂山大佛。南宋末年，宋軍據此抵抗元軍，歷時40年之久。明末張獻忠部下劉文秀佔據此地，「聯明抗清」達15年之久。

資源與文化休閒

　　樂山市的美食、特產極為豐富，有樂山江團、樂山荔枝、峨眉山竹葉青茶、犍為生薑、夾江海椒、界牌枇杷、梅灣台柚、市中區脆紅李、馬邊蕎壩貢茶、峨邊竹筍等。還有享譽四方的風味名小吃，如西壩豆腐、峨眉雪魔芋、蘇稽米花糖、蹺腳牛肉、華頭豆腐乾、樂山缽缽雞、樂山麻辣燙、樂山啃骨頭等。

古人有云：「中華山水，桂林為甲；西南勝概，嘉州第一」、「天下山水之冠在蜀，蜀之勝曰嘉州」。足見樂山市作為旅遊地的知名度古已有之。

境內景點，以「峨眉山一樂山大佛」為中心，呈放射狀相對集中地分布了數十個國家級、省級風景名勝區。其中，樂山市市中區的烏尤山、凌雲山、東岩山連綿依託，構成了宏大的「巨型睡佛」自然景觀，位於睡佛「腋下」的樂山大佛已有1200多年歷史、有「世界最高石刻佛像」之稱；境內峨眉山市，有著中國佛教四大名山之一的峨眉山，以雄、秀、奇、險、幽稱奇天下。

而以探險深深吸引著遊人的峨邊黑竹溝國家森林公園、大熊貓產地之一的馬邊大風頂國家自然保護區、清幽的岷江平羌小三峽、以「奇、真、巧、野」著稱的美女峰石林、風光旖旎的蜀國水鄉五通橋、建築奇物的船形古鎮羅城、青衣絕佳處的夾江千佛岩、鳥的天堂井研大佛湖、沐川綠色氧吧川西竹海，以及被《中國國家地理》雜誌評為「中國最美的十大峽谷」之一的國家地質公園金口河大峽谷等景點，像一串晶瑩玉潤的珍珠，妝點著這塊美麗的土地。

境內同時擁有眾多歷史遺址，以開鑿在紅砂岩上的漢代崖墓及唐、宋佛教造像最具特色。漢代崖墓數以萬計，分布密集，遍於古城郊區山崖之上，佛教造像以大佛為主，分布廣泛，集中於江河兩岸。以「秀」見稱的峨眉山，有多種宗教與文化相容與此，有「普賢道場」傳稱的中國佛教四大名山之一的佛教文化；有「第七洞天」聞名的中國道教三十六洞天之一的道教文化；及戰國時期的楚國儒家狂士「接輿」結廬定居的遺址「歌鳳台」所代表的儒家文化。

樂山地區內以樂山大佛與峨眉山風景名勝區為主體，涵蓋省級風景名勝區仁壽黑龍潭、彭山仙女山和市級青神中岩寺及峨邊杜鵑池、洪雅瓦屋山等風景名勝旅遊地。地貌、地質、生物、氣象、水文等自然景觀十分豐富。

樂山大佛位於樂山市郊凌雲山麓和青衣江、岷江、大渡河匯流處。大佛背依凌雲山，山上有古寺叫凌雲寺。棲巒峰斷崖，正襟危坐，俯視大江，故又名「凌雲大佛」，是我國最大的石刻佛像。大佛開鑿於唐代開元時期，歷時90年才完成。大佛通高71米，肩寬24米，頭長14.7米，眼寬3.3米，指長8.3米。

樂山大佛和仙山峨眉，於1995年向聯合國科教文組織申報列入「世界自然遺產名錄」，1996年12月6日，世界遺產委員會批准「峨眉山～樂山大佛」列入世界自然和文化遺產名錄，是中國繼泰山、黃山之後的第三個「雙重遺產」。

川味河鮮極品

FreshWater Fish and Foods in Sichuan Cuisine

A journey of Chinese Cuisine for food lovers

銀耳南瓜魚丸盅

入口香甜，細嫩，湯菜合一。

魚丸菜肴通常以鹹味的湯菜或燴菜呈現魚丸的鮮嫩、甜美。而魚肉之「甜」卻是此菜的靈感來源，幾經調整味道，才確立了製作魚糝之料酒、糖、鹽的比例。料酒壓腥，加糖為甜品菜打底味，加適量的川鹽定味。此菜選用的搭配食材－南瓜、銀耳，透過4~5小時的微火燉煮後炬而不爛，以保有南瓜、銀耳各自的特有口感，也就是「食材之魂」。燉煮好的甜湯與特製的魚丸可說是完美搭配甜、糯、鮮香等風味。

■四川的冬天，撲香的臘梅盛開，不管是市區或是鄉間都可見到賣臘梅的人們，花個十或二十元可以讓你在家處處香，而且香氣清新舒適。

原料：

河鯰淨魚肉500克
豬肥膘肉 150克
通江銀耳25克
南瓜300克
雞蛋白2個
太白粉75克
澄粉25克

調味料：

川鹽3克（約1/2小匙）
料酒15克（約1大匙）
白糖10克（約2小匙）
清水1500毫升（約6杯）

製法：

1. 將通江銀耳漲發後撿洗乾淨，瀝去水份；南瓜去皮，切成1.5cm的方丁待用。
2. 將淨魚肉、豬肥膘肉剁成細茸後放入攪拌盆內，加入川鹽、雞精、料酒、雞蛋白、太白粉、澄粉和勻，攪打至呈泥狀的魚糝肉茸。
3. 取一較大的湯鍋，水量約加至八分滿，以旺火煮沸後轉文火保持開水微沸。接者將魚糝肉茸整成丸狀，下入微沸的開水鍋內浸煮成熟的魚丸待用。
4. 將通江銀耳、南瓜丁、白糖、水入紫砂鍋內，用小火燉5小時後，取出盛入湯盅內。盛入魚丸即可成菜。

料理訣竅：

1. 燉銀耳、南瓜要求炬而不爛，形態完美。
2. 魚糝（即魚漿茸的意思）比例應適當，魚丸的大小應均勻，成型潔白、細嫩，小火浸煮可以確保魚丸細嫩口感及菜品成型美觀。大火滾煮將使整型後的魚糝團一入湯就滾得不成形，不成魚丸。
3. 盛器可挑選精緻高雅的，可適當提升菜肴的品味。

[川味基本工]

魚糝的製作流程：

川菜中有肉、雞、魚、兔、魚、蝦糝等，主要在體現菜肴的做工精細和檔次。一般是將主料先剁碎、剁細至成茸泥狀，排除、剔出筋、膜後放入攪拌盆調味（一般是川鹽、料酒、雞精、薑蔥汁、澱粉等），在盆中攪拌、摔打使其上勁呈稠糊狀即成糝。製作過程中可在主料中加入適量的豬肥膘肉一起剁成茸泥狀，能使糝製熟後更加嫩、滑、香，顏色也更潔白悅目。

269

川味河鮮極品

川南竹筒魚

地方風味獨特，魚肉細嫩鮮美

　　川南宜賓位處長江頭，河鮮資源豐富，烹法、調味強調鮮香、鮮辣，在川內自成一格。近年來，出現了一大批新派的創意魚肴，這道竹筒魚便是其中之一。綠竹盛器最大的特色就在於裝上魚茸泥入籠蒸熟後，成菜不僅口感細嫩、味道鮮美，而且還帶有濃濃的綠竹清新香氣。

原料：

黃沙魚800克（取淨魚肉300克）

豬肥膘肉80克

三線五花肉75克

碎米芽菜15克

薑末5克

蒜末3克

香蔥花10克

泡椒末20克

太白粉50克

澄粉15克

雞蛋白2個

調味料：

川鹽2克（約1/2小匙）

雞精10克（約1大匙）

料酒15克（約1大匙）

沙拉油35克（約2大匙）

製法：

❶ 將黃沙魚處理、治淨後，取黃沙魚的淨魚肉同豬肥膘肉剁成細茸泥。

❷ 將三線五花肉切成肉末，待用。

❸ 將細魚茸泥填入竹筒內，上蒸籠用旺火蒸約8分鐘，取出待用。

❹ 炒鍋以中火燒熱後下入肉末炒香，再下碎米芽菜、薑末、蒜末、泡椒末炒香，烹入料酒並以川鹽、雞精調味，炒勻後出鍋並盛入竹筒中的魚肉上，點綴香蔥花即成。

料理訣竅：

❶ 控制好魚茸的調製比例，稀稠均勻，才能確保成菜的口感細嫩度。

❷ 控制入蒸籠蒸製的時間，火力的大小。時間蒸的過長，魚茸泥過熟，口感會發綿、變老；火力過大易使魚茸泥起蜂窩眼；火力太小，要蒸到熟透的時間較長，也會影響口感，產生發硬的現象。

❸ 掌握傳統工藝醃漬類食材（如：碎米芽菜、泡椒末等）的含鹽濃度，適當調整川鹽的使用量，以保持口味穩定。

【川味龍門陣】

　　蜀南竹海原名萬嶺菁，原生竹子種類約有60種，前後又引進300多種其他品種的竹子，目前的分布以楠竹分布最廣。其他分部較多的有斑竹、慈竹、綿竹、水竹、毛竹、花竹、凹竹、人面竹、琴絲竹等。因竹子的資源豐富加上特有的清香，用來盛放菜品不止有雅趣，更得額外的竹香。

川味河鮮極品

酸菜燒玄魚子

酸香味美，肉質細嫩，營養豐富

　　宜賓是著名的「酒都」，釀酒之餘，泡菜也做得風味十足。用酸菜燒魚就出自宜賓長江邊上，漁夫們以船為家，每當用餐時間，就將補獲的鮮魚隨手撈起，順手將愛吃的泡酸菜、泡辣椒加油炒香，再加長江水燒開來煮魚，香氣撲鼻，魚肉入口細嫩、酸辣開胃。這樣的美味傳到宜賓城裡，饕客為之驚艷，河鮮酒樓爭相仿效，且更進一步讓口味精緻、風味完善。

【川味龍門陣】

　　宜賓的泡菜產業化得很早，其中興文、珙縣等地的泡椒、泡薑等都相對的較有名氣，宜賓的芽菜算是最早創出了品牌，目前榨菜也正在發展中。宜賓的海椒、青菜（葉用芥菜）、黃瓜、生薑等種植範圍都比較大，且品質適合做泡菜。加上先天的地理優勢，氣溫相對穩定，適當而滋潤的溼度，使得這裡泡出來的各種泡菜在口感與風味上都極為爽口而飽滿。

原料：

長江玄魚子300克
泡酸菜切片100克
泡辣椒末75克
泡薑末50克
香蔥節25克

調味料：

川鹽2克（約1/2小匙）
雞精15克（約1大匙1小匙）
白糖3克（約1/2小匙）
胡椒粉少許（約1/4小匙）
陳醋20毫升（約1大匙1小匙）
乾青花椒10餘粒
沙拉油50毫升（約1/4杯）
鮮高湯1000毫升（約4杯）

製法：

❶ 將長江玄魚子處理後，去盡內臟，洗淨待用。

❷ 炒鍋放入沙拉油，用旺火燒至四成熱，下泡酸菜片、乾青花椒、泡薑末和泡辣椒末炒至香氣竄出。

❸ 摻入高湯，中旺火燒沸後轉小火下長江玄魚子，燒約5~8分鐘至熟，加入川鹽、雞精、白糖、胡椒粉、陳醋調味後，即可出鍋。上菜時再加新鮮香蔥節，以增加鮮香氣。

料理訣竅：

❶ 長江玄魚子以每年四月至十月的漁獲為佳，這時候的玄魚子肉質細嫩、甜美，烹製後細嫩化渣。

❷ 泡酸菜、泡辣椒、泡薑等宜選用農家傳統工序自行泡製的為佳。經傳統泡製工藝發酵而成的泡菜品質最佳，其香氣足、乳酸味厚、口感鮮脆、滋味豐富而有層次。

❸ 掌握烹燒的火力，應先旺火下料，摻入鮮高湯以中旺火燒沸，之後應轉為小火，再放入玄魚子。因旺火容易把魚肉滾散、燒爛掉，成菜後魚體不成型，且旺火快煮魚也不易入味。

泡菜

老成都人泡菜有悠久的历史
罢說見小菜一碟食之都其味無窮

己丑年夏雪梅書

鮮椒燒岩鯉

鮮椒味突出，色澤紅亮，烹製法簡單

　　岩鯉乃魚中珍品，肉質鮮嫩、甜美、少刺。川南人好辛香、喜鮮辣，喜歡將岩鯉生燒，燒得即將熟時，把鮮嫩的小米辣放入鍋中一起燒製成菜。小米辣椒遇熱後散發出誘人的清鮮椒香味，撲鼻而來，搭上酸香的泡椒、泡薑把岩鯉的鮮甜也提了出來，創造一種辣在口中，鮮、嫩、甜在心底，讓人越辣越想吃的獨特風味。

【川味龍門陣】

　　青羊宮屬全真道龍門派道觀，是巴蜀最古老的道教宮觀，座落於成都市區西南邊，鄰近原名為「二仙庵」的文化公園。青羊宮創建於周朝（西元前1121～西元前249年），原名為青羊肆，漢代時，楊雄（西元前53～西元18年）的《蜀王本紀》中記載：『老子為關令尹喜著《道德經》，臨別曰：「子行道千日後，於成都青羊肆尋吾。」尹喜於是依約定前往青羊肆，老子果真出現並為尹喜演說道法。從此以後，青羊宮就成了傳說中神仙聚會，老君傳道的聖地。青羊宮在三國時更名為青羊觀，到唐代又改名為玄中觀，宋代開始名為青羊宮至今。

原料：
岩鯉1尾（約重600克）
泡椒末60克、泡生薑末35克
青小米辣椒50克
紅小米辣椒50克、香芹20克
香蔥節15克、乾青花椒10克
山椒水25克

調味料：
川鹽3克（約1/2小匙）
雞精15克（約1大匙1小匙）
白糖少許（約1/4小匙）
胡椒粉少許（約1/4小匙）
料酒20克（約1大匙1小匙）
沙拉油50克（約1/4杯）
太白粉40克（約1/3杯）

製法：

❶ 將岩鯉處理、去鱗、治淨後，切成大塊，用川鹽，料酒碼味，同時加入太白粉抓拌上漿，碼味3分鐘待用。

❷ 青、紅小米辣切成小圈備用；香芹切寸節（長3公分左右）墊底。

❸ 炒鍋放入沙拉油50克，用旺火燒至4成熱，下泡椒、泡生薑、乾青花椒炒香後，摻湯燒開，改成小火，保持湯在鍋中微沸而不騰。

❹ 接著放入碼好味的魚塊。小火燒約5分鐘，用川鹽、雞精、白糖、胡椒粉、青、紅小米辣椒圈、山椒水調味，放入香蔥節推均後出鍋即成。

料理訣竅：

❶ 因岩鯉本身肉質較細，故刀工處理方面不宜過薄，否則魚肉易碎。

❷ 要突出鮮椒味濃，炒料過程可先放一部分青、紅小米辣椒與調料同炒，其後撈去青、紅小米辣椒的料渣留汁再烹製。

❸ 湯汁煮沸後，燒製的火力宜小，不然旺火滾湯易將細嫩的魚肉燒碎、不成形，且不容易入味。

香燜石爬子

入口細嫩化渣，香辣鮮美

　　四川許多高山冷水魚的肉質極為細嫩、鮮美，最美味的就屬石爬子，即石爬魚，因常爬於深水石頭上而得名，主要產於岷江高冷水域。用其做菜，最有名的要數成都都江堰的大蒜燒石爬子，鹹鮮微辣。這裡採用燜的方法，確保石爬子的細嫩、鮮美，主輔料使用香辣醬、宜賓碎米芽菜、泡椒末、泡椒末、花椒等調味料成菜，麻辣味厚，入口麻辣刺激，回味卻是鮮美無比。

原料：
岷江石爬子500克
香芹節10克、香蔥節15克
香菜節15克
炸酥花生仁20克
宜賓碎米芽菜10克
香辣醬20克、泡椒末35克
泡薑末25克
乾辣椒節15克
乾花椒數粒

調味料：
川鹽2克（約1/2小匙）
雞精15克（約1大匙1小匙）
料酒20毫升（約1大匙1小匙）
香油20毫升（約1大匙1小匙）
蠔油5克（約1小匙）
白糖5克（約1大匙）
沙拉油50毫升（約1/4杯）
高湯1000毫升（約4杯）

製法：

❶ 將石爬子魚去腮、內臟，治淨備用。

❷ 取炒鍋開旺火，放入50毫升沙拉油燒至四成熱後，下乾辣椒、乾花椒、泡薑末、泡椒末，香辣醬炒香。

❸ 摻入鮮高湯以旺火燒沸，用川鹽、雞精、料酒、蠔油、白糖、香油調味後，再下石爬子魚小火燒約20秒後熄火，蓋上鍋蓋悶約2分鐘。

❹ 下香芹節、香菜節、香蔥節、炸酥花生仁輕推和均即成。

料理訣竅：

❶ 石爬子生活在冰山雪水的冷水中，肉質較嫩，故應先將湯汁調至入味，再將魚下入湯鍋燒，時間要掌握得當，稍微多燒一會兒就骨與肉分離，不成魚形。

❷ 在烹製過程中，要避免菜品不成型，就需切記不可用力地猛推、猛攪石爬子。

■窄巷子改造完成前的最後茶鋪子，雖染上歲月的風塵，但那個茶字卻令人懷念。

川味河鮮極品

乾燒水密子

外酥內嫩，鮮香可口，色澤棕紅，佐酒尤佳

　　傳統的乾燒魚是把魚先油炸至酥乾後起鍋，接著炒製帶有湯汁的調料，再下入炸至酥乾的魚燒製，當湯汁收乾並入味即成。這道乾燒水密子把傳統的炸、燒順序顛倒過來，把魚燒透、入味後再炸，最後搭上燒汁即可成菜。此菜的另一特色為不去魚鱗，散發出獨特香氣。同時選擇油脂較多的豬五花肉臊子餡，增添水密子肉質的滋潤感。

製法：

❶ 將水密子處裡後，留下魚鱗，不要打去魚鱗，去除魚鰓、內臟，治淨後待用。

❷ 豬五花肉切0.5cm的方丁，下入炒鍋並以中火炒乾水氣並續炒至香氣竄出後，下碎米芽菜，再下約1/5的泡椒末（約20克）炒製成臊子餡料，備用。

❸ 另取一炒鍋放入油80毫升，用旺火燒至四成熱後，下乾花椒、另餘下4/5的泡椒末、泡薑末、大蔥節、薑末、蒜末炒香同時將原料炒至顏色油亮、飽滿。

❹ 接著摻入鮮高湯以旺火燒沸，加入川鹽、雞精、胡椒粉調味後，撈盡料渣即成紅湯滷汁。

❺ 以小火保持紅湯滷汁微沸，下入治淨的水密子用小火燒3~5分鐘後，撈出水密子並瀝乾水分。

❻ 將滷好的水密子的外表水份確實擦乾，以避免油爆。

❼ 取一炒鍋，倒入沙拉油至七分滿，以旺火燒至七成熱的油溫，下入擦乾的水密子，炸至外皮酥脆，起鍋、瀝油、裝盤，接著將臊子餡料澆在魚的身上，點綴香蔥花即成。

料理訣竅：

❶ 處理水密子時切記不要去除鱗片，因水密子的魚鱗含豐富大量的鐵、鈣，且經烹製後更加酥脆、香而滋糯。

❷ 臊子餡料不宜炒製過乾，入口會過於的乾硬，與魚肉的酥、嫩、香口感不搭。

❸ 炸魚的油溫控制在七成熱左右，應以旺火一次炸製而成，否則魚的肉不嫩，外皮不酥。

❹ 熬製完成的紅湯滷汁可重複多次使用，有益於餐廳大量的烹調、操作，對日常烹飪也能省時省力。

❺ 掌握魚入鍋的燒製時間，過長魚肉易散、爛而不成型，過短魚肉無法充足入味。

原料：

水密子2尾（約重400克）
豬五花肉150克
碎米芽菜35克、泡椒末100克
泡薑末50克、薑末25克
蒜末20克、大蔥節40克
香蔥花10克

調味料：

川鹽5克（約1小匙）
雞精20克（約2大匙）
胡椒粉少許（約1/4小匙）
乾花椒10餘粒
香油15毫升（約1大匙）
沙拉油100毫升（約1/2杯）
鮮高湯2000毫升（約8杯）

【川味龍門陣】

　　自古以來酒就像詩的催化劑，有了酒的發明，今天才有如此多的名詩絕句，如杜甫目前已知的詩作有一千四百首左右，其中與酒有關的就有三百多首。而像是李清照的詞更可以說是用酒釀出來的，一生做了一百一十多首詞，與酒有關的就有五十七首之多。因此可以說無酒不成詩、無酒不成詞！而宜賓正是產好酒的都市，其著名的五糧液是聞名全球。

清燉江團

湯色乳白，鮮香宜人，營養豐富

　　傳統清燉江團是以隔水蒸的方法製熟的，不只烹製時間要4小時以上，且成菜湯色略差，說清不清，說濃不濃。在壓力鍋誕生後，此菜的烹飪不只省時，色香味也更具足。添加輔料泡酸菜，使成菜在金華火腿與香菇的鮮香中多了酸香，讓江團的鮮美因酸香味的烘托而更加鮮明、爽口，且湯色更加濃白、韻味十足。

【河鮮采風】

　　自貢地區所產的井鹽早期都是經由水路，即沱江的支流釜溪河往外送，釜溪河本身就不寬，上游的威遠河及旭水河就更窄了，在全盛時期上千條船在這狹小河道穿梭，也因此當時就傳著一句話：「河小船多」來詮釋那種盛況，現今已看不到哪等盛況，但從鹽碼頭的遺址與河道依舊可以遙想當年情景。

製法：

❶ 將魚處理後去腮，內臟治淨，入沸水鍋中汆燙，出鍋洗淨表皮面白色的黏液（腺體），用川鹽、薑、大蔥節碼味5分鐘待用。

❷ 炒鍋放入50克的化雞油，中火燒至三成熱後下薑片、大蔥節、泡酸菜片、金華火腿片、鮮香菇片爆香後，摻入鮮高湯以旺火燒沸。

❸ 用川鹽、雞精、胡椒粉調味後，將碼好味的江團與炒製好的湯汁一起放入壓力鍋內，將鍋蓋確實蓋好後，以中火加壓煮5分鐘出鍋，撈除料渣，盛入湯碗內即成。

料理訣竅：

❶ 江團處理後須先汆燙一下，表面的腺體、黏液才能被洗去，若未去除將使菜品帶上異味，更影響成菜的美感。

❷ 此菜改變以往傳統的蒸為燉，可縮短烹調時間，但應注意控制入壓力鍋煮的時間及火力的大小。

❸ 烹飪此菜的油脂最好選用動物油，如雞油。成菜風味將更滋香，因江團魚肉中的脂肪含量較低，可取動物油烹飪加以互補。

❹ 手邊若無壓力鍋時，可改用中火加蓋燒的方式，但時間就需長一點，約需15~20分鐘，同時要注意不要巴鍋（黏鍋的意思）。

原料：

江團1尾（約重400克）

泡酸菜75克

金華火腿50克

鮮香菇25克

薑片10克

大蔥節15克

調味料：

川鹽2克（約1/2小匙）

雞精4克（約1小匙）

胡椒粉少許（約1/4小匙）

鮮雞高湯1000毫升（約4杯）

化雞油50克（約1/2杯）

清蒸鱘魚

入口細嫩，鹹鮮味美

　　秦漢時期就有食用鱘魚的記載，但因近代的大量捕捉、食用與環境破壞而頻臨絕種，目前是大陸一級保護動物，於1984年人工繁殖成功。鱘魚的吃法很多，這裡採用清蒸的方法入肴，以蒸魚豉油汁、蔥油提味，熟豬肥臕肉彌補鱘魚肉不足的脂香味，成菜原汁原味，皮滋糯、肉細嫩。

原料：

中華鱘魚1尾（約重700克）

薑絲5克

蔥絲10克

薑片10克

蒜片5克

紅辣椒絲5克

熟豬肥臕肉150克

調味料：

川鹽3克（約1/2小匙）

雞精15克（約1大匙1小匙）

料酒20毫升（約1大匙1小匙）

蒸魚豉油汁100毫升（約1/2杯）

蔥油35毫升（約2大匙1小匙）

製法：

❶ 將活鱘魚放入冰箱冰凍約2小時至凍暈後，入沸水鍋中燙幾秒鐘，撈出打去骨鱗片及外皮黏膜，再清除內臟後治淨。

❷ 在魚身的兩側刨牡丹花刀，用川鹽、薑片、蒜片、料酒碼味約3分鐘待用。

❸ 豬肥臕肉片成片狀，以可以覆蓋鱘魚身為原則，備用。

❹ 把鱘魚連同碼味料放入盤中，蓋上熟豬肥臕肉入籠蒸8分鐘取出，除去料渣，灌入豉油汁，在魚身撒上薑、蔥、紅辣椒絲點綴。

❺ 取炒鍋開中火，將蔥油燒五成熱後起鍋，把蔥油澆於薑、蔥、紅辣椒絲上即成。

料理訣竅：

❶ 鱘魚的鱗甲須用80℃左右的熱水燙一下，再打去骨鱗片，否則不易去掉。但不能久燙或水溫過高。

❷ 用熟豬肥臕肉的目的是增加鱘魚肉的脂香味。

❸ 掌握魚入籠的蒸製時間，時間不能蒸得過長，否則成菜肉質會發材，不嫩。

【河鮮采風】

　　中華鱘是中國特有的珍稀古老魚種，同時是目前世界上現存最原始的魚類之一。周代把中華鱘稱為「王鮪魚」，其特殊性在生理結構與2億3千萬年前一模一樣，且一直生活於長江流域，因此又被稱之為「活化石」。中華鱘是屬於海棲性的洄游魚類，每年的九至十一月間，由海口溯長江而上，一直到金沙江的至屏山一帶才進行繁殖。每年秋季在整個長江都可捕到，加上中華鱘可以長得大又重，雄的可長到68～106公斤，雌的可長到130～250公斤，最高的記錄曾捕獲 500公斤超大鱘魚，所以中華鱘又有「長江魚王」的稱號。

■望江樓是紀念中國女詩人薛濤，在煙雨濛濛中顯露出屬於詩人的絕美詩意。

川味河鮮極品

砂鍋雅魚

清淡爽口，鮮香怡人，老少皆宜，營養豐富

雅魚又稱丙穴魚，因頭部有「丙」字型紋理又以穴為居，細鱗無刺，極為鮮美。搭配雅安境內的榮經砂鍋更是一絕，因此成為地方名菜，具有魚肉細嫩、湯味鮮美、營養豐富、香氣撲鼻的特點，自古聞名。唐代杜甫曾讚曰：「魚之丙穴由來美」。宋代陸游也在《思蜀三首》寫下：「玉食峨耳眉，金齏丙穴魚」的讚嘆。清朝雅安的《雅州府志》還記載舉人李景福給慈禧太后「送條雅魚，得個知府」的美談。

原料：

雅魚1尾（約重600克）

老豆腐100克

金華火腿50克

香菇50克

冬筍片35克

薑片15克

蔥節20克

鮮高湯2000毫升（約8又1/4杯）

調味料：

川鹽3克（約1/2小匙）

雞粉20克（約1大匙2小匙）

料酒15毫升

化雞油50毫升（約3大匙）

製法：

❶ 將雅魚處理治淨後，刨花刀，用薑片、蔥節、川鹽1/4小匙、料酒碼味5分鐘待用。

❷ 將老豆腐切成條、金華火腿切片、香菇切片，備用。

❸ 鍋中放入2000毫升的清水用旺火燒沸，下老豆腐條、金華火腿片、香菇片、冬筍汆燙約15~20秒後撈起並瀝去水分，放入砂鍋內墊底，再放上碼好味的雅魚。

❹ 魚砂鍋中灌入鮮高湯並以旺火燒開，用川鹽1/4小匙、雞粉調味，除盡湯上的浮沫，再轉小火燒約8分鐘即成。

料理訣竅：

❶ 盛器應選擇大的，此道菜以喝湯為主。

❷ 入砂鍋內燒的時間略長一點，應將雅魚的鮮味燉煮至融入湯中。

【川味龍門陣】

　　榮經砂器的製作工藝沿襲春秋時期的工藝至今，以紅色、銀灰色、黑色為主的單色砂器，並以砂鍋、砂罐等生活器皿為主。而榮經砂器的主材料為黏土與碾磨成粉末的炭灰渣，以一定比例攪拌混合後即可塑形、陰乾、燒製。

　　當地藝師曾慶紅指出：只有古城村一帶的黏土才能用這種工法燒製，為了達到應有的溫度及火候還必須用花灘的精煤炭。而榮經砂器的上釉也是一絕，使用杉木鋸下來的粉屑往燒紅的砂器一撒，大火竄出，悶燒一段時間就完成上釉，帶有炫目的銀色金屬光澤。

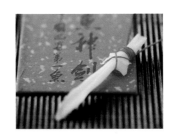

【河鮮采風】

　　雅魚魚身青黑修長，極為鮮美，是雅安青衣江中特有的魚類。傳說女媧在補天時，為鎮青衣江中的水怪，就將其身上的寶劍投入江中，並化成雅魚。因此正宗雅魚的頭中就會有一枚酷似寶劍的魚骨，從劍柄、劍把、劍刃栩栩如生。據說帶在身邊有趨吉避凶之效。

蓋碗雞汁魚麵

細嫩潔白，鮮香可口，老幼皆宜

中菜常將魚肉直接加入麵糰中增添風味，或是以魚肉茸為主，麵粉則是改變魚茸特性，以便做成魚麵。但傳統烹飪器具中沒有擠花袋，因此魚麵配方中麵粉相對較多，以便於製，口感上還是麵條的感覺。現今有了擠花袋，就可將魚肉製成糝後只加少許澱粉增加延展性，再放入擠花袋擠成麵條狀入湯鍋裡煮熟，口感上就能保有魚肉的細嫩鮮美。

製法：

❶ 將鰱魚肉洗淨，去除魚骨、鰭翅、魚皮後，取淨魚肉加豬肥膘肉剁成細茸泥狀。

❷ 將魚茸泥放入攪拌盆中，加入太白粉、澄粉，再用川鹽1/4小匙、雞精1大匙、料酒、白糖調味後，攪打約8分鐘製成魚糝。

❸ 取一湯鍋加入七至八分滿的水，用旺火燒沸後，下入瓢兒白、火腿腸丁氽燙約10秒至斷生後，撈起瀝乾轉小火保持微沸。

❹ 將魚糝填入帶圓形花嘴的擠花袋中，將魚糝以一致的速度擠成麵條形入微沸水中，燙煮至斷生後撈出，盛入蓋碗杯中，點綴已製熟的瓢兒白、火腿腸丁，備用。

❺ 另將老母雞高湯燒沸後，用川鹽1/4小匙、雞精2小匙調味並加入化雞油，灌入魚麵中即成。

料理訣竅：

❶ 掌握魚肉的製糝比例及程序，魚糝製不好，魚面入鍋易斷、挑不起來也易碎，口感軟綿不佳，影響成菜美觀。

❷ 鮮香的另一關鍵在於高湯的熬製，高湯的味道若是不夠清鮮甜美，魚面做得再好成菜也不好吃。

❸ 魚面的粗細應均勻相當，成菜才美觀，更能顯示廚藝風采。

原料：

花鰱魚肉200克

豬肥膘肉100克

瓢兒白（青江菜）4顆

火腿腸丁20克

老母雞湯600克

雞蛋白1個

太白粉50克

澄粉10克

調味料：

川鹽3克（約1/2小匙）

雞精20克（約1大匙2小匙）

料酒15毫升（約1大匙）

白糖2克（約1/2小匙）

化雞油20毫升（約1大匙1小匙）

老母雞高湯1000毫升（約4杯）

器具：

擠花袋一個

（帶直徑約2mm圓形花嘴）

【川味龍門陣】

　　成都在茶文化的鼎盛時期，幾乎是平均每條街都最少有一家茶鋪子或茶館，密度之高令人咋舌，更令人驚奇的事每家都客滿，因此有人形容成都的茶文化是「一市居民半茶客」。也因此形成了成都人治公、休閒的不二選擇，在茶鋪子裡是一切好說，甚至還有專門在茶館、茶鋪子為人調解爭議的專業茶客。

鮑汁江團獅子頭

色澤金黃，入口細嫩鮮香

　　此菜源於淮揚名菜的清燉蟹粉獅子頭。此道菜以江團魚肉為主料，相較於傳統鹹鮮糯口的口感，用江團魚肉做成的就是鮮嫩滑口，略為彈牙。最後成菜時再掛以鮑魚南瓜茸汁，鮑魚的鮮香和南瓜的甜香，使鮮嫩滑口的特點更加突出。

製法：

❶ 將江團魚肉去除魚皮、魚刺後洗淨，加入一半的豬肥膘肉剁成細茸泥，放入攪拌盆中，用川鹽1/4小匙、白糖、太白粉、料酒調味，攪打約15分鐘製成魚糝。

❷ 將一半的南瓜切丁後，入蒸籠內旺火蒸20分鐘，取出後用果汁機攪成茸汁備用。

❸ 取另一半豬肥膘肉切成小丁，備用。再取另一半的南瓜切成1.5公分的丁，備用。

❹ 在步驟1的魚糝中拌入豬肥膘肉丁攪均，之後取適當的魚糝包入步驟3的南瓜丁，整成圓團狀，做成獅子頭（直徑約5~6公分）的生坯。

❺ 取一湯鍋，加入鮮高湯以中火加熱至約80℃後熄火，將獅子頭的生坯放入已加熱的高湯中。

❻ 將整鍋高湯聯同獅子頭上蒸籠旺火蒸15分鐘後取出，撈出獅子頭擺入湯碗中待用。

❼ 另取湯鍋下入六成滿的水，旺火煮沸後下入西蘭花汆燙至斷生，撈起備用。

❽ 炒鍋中加入蒸煮獅子頭的高湯，用川鹽1/4小匙、雞汁、白糖調味，下鮑魚汁、步驟2的南瓜汁煮沸後用太白粉水勾薄芡汁，出鍋淋在獅子頭上，點綴西蘭花即成。

料理訣竅：

❶ 將傳統獅子頭中的增鮮用的鹹蛋黃餡心換成南瓜餡，在味道的搭配上更適合魚肉的鮮甜，更有利於健康。

❷ 掌握魚糝的比例和製作流程，保持魚肉獅子頭的鮮、嫩感，切忌透過油炸製熟。

❸ 鮑汁用南瓜汁提色，更自然、鮮美，芡汁不宜過濃。

原料：

江團魚肉500克
豬肥膘肉250克
西蘭花（綠花椰菜）4小塊
南瓜200克、雞蛋白2個
太白粉水75毫升（約1/3杯）

調味料：

川鹽3克（約1/2小匙）
雞汁20毫升（約1大匙1小匙）
白糖3克（約1/2小匙）
料酒15毫升（約1大匙）
化雞油20毫升（約1大匙1小匙）
鮑魚汁25毫升（約1大匙2小匙）
鮮高湯1000毫升（約4杯）
太白粉10克（約1大匙）

■樂山古稱嘉州，最著名的河鮮當屬江團。閩江上的捕魚風情為這美味增添了詩意。

■上里古鎮周邊有多座古橋，加上山、水相映，成就了上里的古樸民風與安逸的氣息。

桃仁燴魚米

葷素搭配合理，清香細嫩可口

　　魚糝製成後一般多以蒸或煮的方式製成魚糕、魚丸，或是半湯菜的魚面，炸或煎的成菜等。此菜是把魚糝製成像玉米粒般的魚米後，再以燴的方式與新鮮核桃仁搭配成菜，白皙的魚米與新鮮核桃仁，顏色相近卻是一脆一嫩，一入口脆嫩相結合，清新的甜香與細嫩的鮮香，口感分明，風味獨見。

原料：

河鯰魚淨魚肉300克
豬肥膘肉100克
新鮮核桃仁100克
胡蘿蔔丁25克
青筍丁25克
玉米粒25克、雞蛋白1個
太白粉50克
太白粉水20克（約1大匙1小匙）

調味料：

川鹽2克（約1/2小匙）
雞精15克（約1大匙1小匙）
料酒10毫升（約2大匙）
雞粉10克（約1大匙）
白糖3克（約1/2小匙）
化雞油25毫升（約1大匙2小匙）

器具：

附3mm圓形花嘴擠花袋1只

製法：

1. 將河鯰魚淨魚肉與豬肥膘肉治淨後，一起剁細成茸泥，放入攪拌盆用川鹽1/4小匙、雞精、料酒、太白粉碼味上漿，攪拌摔打茸泥至具有黏性即製成河鯰魚糝。
2. 將魚糝填入擠花袋中擠成玉米粒大小的粒狀，直接擠入小火保溫的開水鍋中泡熟，待用。
3. 新鮮核桃仁、胡蘿蔔丁、青筍丁、玉米粒入沸水鍋中汆燙約10秒，撈起瀝乾待用。
4. 取炒鍋開中火，放入25毫升油燒至四成熱後，先下魚米滑炒，再加入燙好的新鮮核桃仁、胡蘿蔔丁、青筍丁、玉米粒燴炒，用川鹽1/4小匙、雞粉、白糖調味。
5. 用少許的太白粉水勾芡收汁，淋入化雞油攪均即可盛盤。

料理訣竅：

1. 掌握製作魚糝的魚肉與豬肥膘肉比例及剁細與攪拌摔打的流程。
2. 新鮮核桃仁入鍋不宜烹煮過久，以免破壞營養成分及其清新香氣。
3. 燴製魚米時油和太白粉水不宜過多，否則入口會很油膩而菜品呈稀糊狀，不清爽。

川味河鮮極品

香酥水蜂子

入口化渣、酥香，回味略麻香

　　這裡借鑑西式炸雞翅的酥鬆脆的口感，搭上香嫩鮮甜的水蜂子，並結合川式烹調的椒鹽味加以料、調味理而成，呈現出外表酥脆，魚肉細嫩香甜的效果，佐酒尤佳。川菜十分善於吸納外來風味，之後再轉化為四川的風味，以近些年來快速增加的新味型即可看出，不愧為時下中國最盛行的菜系。

製法：

1. 水蜂子去盡內臟並洗淨，用川鹽、雞蛋碼拌均勻同時加入脆炸粉、太白粉上漿後靜置入味，約碼味5分鐘待用。

2. 炒鍋中加入七分滿的沙拉油，以旺火燒至五成熱，將上漿入味後的水蜂子入油鍋，炸至定形後，轉中火繼續炸到外酥內嫩即可出鍋瀝油。

3. 將炒鍋中炸魚丁的油倒出，留少許油約15克在鍋底，旺火燒至四成熱，下洋蔥、青、紅椒粒爆香，下炸好的水蜂子，加入川鹽、花椒粉、香油、香蔥花調味後拌炒均勻裝盤即成。

料理訣竅：

1. 水蜂子處理時須將內臟除淨，魚身洗淨，才不會讓內臟的腥味影響成菜口感。

2. 選用脆炸粉調製的糊，是取脆炸粉加雞蛋液和太白粉調製成的糊，經油溫炸製後其口感酥脆、爽口，更能突出香酥的成菜特色。

原料：

水蜂子200克
洋蔥粒25克
青甜椒粒20克
紅甜椒粒20克
香蔥花15克
雞蛋1個
脆炸粉50克
太白粉15克

調味料：

川鹽1克
花椒粉2克
香油15毫升（約1大匙）
沙拉油1千克耗50克

■位於成都龍潭寺的河邊茶館，是附近居民休閒、聚會的好去處，二塊錢可消磨大半天，或聽大爺擺龍門陣。

椒麻翡翠魚尾

色澤碧綠，椒麻味濃，冷熱均可。

椒麻味是川菜中特有的味型，成菜色澤碧綠、鹹鮮微麻、清香可口，蔥、椒香味濃厚，代表菜如椒麻雞、椒麻肚絲等。這些年，椒麻味型被廣泛運用在各式河鮮、海鮮等食材和炒、煮、拌、燴等烹飪方法中。此菜單純使用魚尾，刺少、肉甜嫩，且不浪費食材。魚尾的美味早在清朝乾隆嘉慶年間就由揚州鹽商童岳荐選編的《調鼎集》留下紀錄，一是「紅燒鯉魚唇尾」，一是「鯉魚尾羹」。

製法：

❶ 將白鰱魚尾整理乾淨並洗淨，用川鹽1/4小匙、料酒、薑片、蔥節、洋蔥粒抓勻在室溫中碼味約2小時，於夏季或氣溫高時應置於冰箱冷藏庫以確保魚尾的新鮮度。

❷ 將乾花椒泡入冷水中，泡約30分鐘至花椒完全軟後瀝乾水份並去除黑籽，再同香蔥剁成細末，用川鹽1/4小匙、雞精、雞粉、鮮高湯、香油調味即成椒麻香蔥汁備用。

❸ 取碼好味的魚尾，去淨碼味的料渣，鋪放在蒸盤上，送入蒸籠以旺火蒸約5分鐘至熟透後取出裝盤。

❹ 澆上步驟2的椒麻香蔥汁在蒸好的魚尾上即成。

料理訣竅：

❶ 烹調至熟的過程只有蒸的程序，因此必須透過碼料入味的步驟把魚尾的腥味去除並給予魚尾肉有一個底味、基本味。

❷ 掌握椒麻香蔥汁的比例與調製，以便和蒸製魚尾的味相搭配：避免椒麻香蔥汁味道過重搶了魚鮮味，過輕則風味盡失，也失去了調味的意義。

原料：

白鰱魚尾10個
薑片15克
蔥節15克
乾紅花椒5克
香蔥葉150克
洋蔥粒20克

調味料：

川鹽3克（約1/2小匙）
雞精15克（約1大匙1小匙）
雞粉10克（約1大匙）
鮮高湯300克（約1又1/4杯）
香油20毫升（約1大匙1小匙）
料酒25毫升（約1大匙2小匙）

【川味龍門陣】

川東的重慶因地形關係，山多平地少，但也所幸地質上以穩固的岩盤為主，所以重慶除了讓你有出門就是爬山的感覺外，都市發展也是區塊狀發展，每到一區就像換一個城市的感覺。目前重慶最熱門的商業區當屬江北區，完全現代化的規劃，也跳脫老城區－渝中區依山構築的傳統。

青椒爽口河鯰

入口酥香，麻辣味濃厚

川菜在1990年代流行過大麻大辣，各式麻辣菜品既厚又重。就在極度刺激後，人們的口味又開始轉而追求愜意，清爽的麻辣菜品如雨後春筍般冒出，一般是取青花椒的清香與小米辣椒的鮮辣相融合，再依主食材的不同調整其他味道的輕重，而這道「青椒爽口河鯰」就是此類清爽麻辣菜的一個代表。

製法：

1. 將河鯰處理治淨後，連骨帶肉斬成2cm立方的方丁，用川鹽、料酒、雞蛋碼拌均勻後置於一旁靜置入味，同時加入太白粉碼拌上漿，碼味約3分鐘待用。

2. 取炒鍋開大火，放入1000毫升的沙拉油燒至五成熱後，下碼好味的鯰魚肉丁入鍋，炸至色澤金黃，熟透、酥脆時出鍋瀝油。

3. 將炒鍋中炸魚丁的油倒出，但留少許油在鍋底，用旺火燒至六成熱，依序下入薑片、蔥顆、乾青花椒、紅小米辣、新鮮青二金條、新鮮青花椒爆香。

4. 此時將步驟2炸好的魚丁下入略為煸炒，加入川鹽、雞精調味，繼續煸炒至香氣竄出、入味後，出鍋前加入花椒油、么麻子藤椒油、香油拌炒後裝盤即成。

料理訣竅：

1. 魚丁的刀工處理要求大小均勻、刀口俐落，以便均勻入味，成形美觀。

2. 因經過碼味上漿，所以入鍋炸製時，要注意避免魚肉黏在鍋底而鍋並產生焦味。

3. 鯰魚肉丁須炸至酥脆而熟透才行，不然入鍋煸炒容易碎爛、不成型，成菜的酥香氣也會不足。

4. 新鮮青花椒、小米辣、新鮮青二金條須煸出香味，出鍋之前再調入花椒油、藤椒油，以使花椒獨特的麻、香味更濃。

原料：

河鯰魚1尾（取肉500克）
新鮮青花椒100克
乾青花椒25克
新鮮青二金條節50克
太白粉40克
雞蛋1個
薑片10克
大蔥顆 50克
紅小米辣節25克

調味料：

川鹽2克（約1/2小匙）
雞精15克（約1大匙1小匙）
料酒15毫升（約1大匙）
花椒油（麻得倒花椒油）
10毫升（約2小匙）
么麻子藤椒油15毫升
（約1大匙）
香油10毫升（約2小匙）
沙拉油1000毫升（約4杯）
（約耗35毫升）

■重慶人民大禮堂前民眾藉由武術鍛練身心，在階梯的分層下，猶如觀賞一場精采的表演。

魚香碗

清淡素雅，鹹鮮味美

　　把魚肉製成魚糕成菜，是湖北菜中常見的做法。據傳舜帝南巡時，因其湘妃愛吃魚卻討厭魚刺，於是御廚便將魚肉作成了魚糕。史實記載則是盛行於南宋湖北荊州的高官豪門宴席間。魚糕的作法傳到四川後，川菜廚師將魚糕與農村傳統宴席九大碗菜式中的「蒸酥肉」結合，配上黃花菜蒸製，創出這道魚香碗。湯色清澈、味濃而鮮美、魚糕細嫩加上黃花菜的脆口，看似清淡無華，實際上卻是口口豐富、飽滿。

原料：

河鯰魚肉400克

豬肥膘肉150克

雞蛋3個

太白粉60克

海帶絲50克

乾黃花25克

酥肉75克

調味料：

川鹽3克（約1/2小匙）

雞精15克（約1大匙1小匙）

土雞高湯400毫升（約1又2/3杯）

化雞油25毫升（約1大匙2小匙）

製法：

❶ 將河鯰魚肉剔去魚刺、魚骨後，將魚肉斬細，再加豬肥膘肉細剁製成茸狀。

❷ 將三個雞蛋打入碗中，並將蛋清與蛋黃分開備用。

❸ 將魚茸放入攪拌盆中，以川鹽、雞精、雞蛋清、太白粉、水調味攪拌後製成魚糝。

❹ 將魚糝倒入方形、寬平的容器內攤平，在表面上步驟2的抹上全蛋黃，入籠蒸製約10分鐘，熟透後即成魚糕。

❺ 將蒸熟的魚糕取出靜置，待冷卻後改刀，切成4mm厚，長約6公分、寬約4公分的片狀待用。

❻ 將海帶絲、乾黃花、酥肉汆燙約10秒，撈出瀝乾後墊於盤底，鋪蓋上魚糕片待用。

❼ 取土雞高湯加入川鹽、雞精調味後灌入魚糕內，淋入化雞油，上蒸籠旺火蒸約5分鐘取出即成。

料理訣竅：

❶ 掌握魚糕的製作流程與材料的比例，以確保魚糕的口感與味道。

❷ 製成的魚糕質地應軟硬適當，切片後挑起時要有軟的感覺卻又不至於斷裂就是剛好的軟硬度，入口後口感細嫩鮮美。

❸ 蛋黃液的塗抹應盡可能均勻，成菜才美觀。

❹ 掌握上籠蒸製的時間、火力的大小。蒸的火力大、時間長容易起蜂窩眼狀，火力小、時間短不容易蒸熟，有可能成品黏牙而口感不好。

【川味龍門陣】

　　金沙遺址是在2001年的二月時，民工開挖蜀風花園大街的工地時發現，就位於成都市西邊蘇坡鄉的金沙村，遺址呈現了3000多年前的燦爛古蜀文明。在出土的三千餘件文物中，多是工藝精美的金玉印飾品和翡翠飾品以及大量的陪葬陶器、象牙、龜殼和鹿角，包括：金器30餘件、玉器和銅器各400餘件、石器170件、象牙器40餘件，出土象牙總重量將近一噸，此外還有大量的陶器出土。金沙遺址的文化與臨近的廣漢三星堆遺址的文化是一脈相承，有前後銜接的關係。

川味河鮮極品

魚鱗含有大量的膠原蛋白質、鈣質等有益於健康的多種元素，但傳統上因口感不佳、數量少、清洗不便，而一直成為棄置的廢料。就算餐館有賣魚，若是數量不多，魚鱗又小，也無法成菜。一般而言多在專業的魚鮮館子、酒樓中才有能力充分利用魚鱗甲成菜，當然在一般家庭中偶爾也可買條較大的草魚分做數道菜，同時享用這魚鱗甲的特殊風味。

酥椒炒魚鱗

入口酥香微辣，是佐酒的佳肴

原料：

草魚鱗甲100克
香酥椒100克
青美人辣椒顆75克
紅美人辣椒顆25克
黃菊花瓣15克
脆漿糊200克
食用城2克（約1/2小匙）

調味料：

川鹽2克（約1/2小匙）
香油15毫升（約1大匙）
雞精15克（約1大匙1小匙）
沙拉油2000毫升（約8又1/3杯）
老油25毫升（約2大匙）

製法：

1. 草魚鱗甲治淨、洗淨後瀝去水份，放入攪拌盆並加入食用城拌勻，碼20分鐘。
2. 將碼好的魚鱗甲用流動的清水把食用城充分清洗乾淨，撈起並瀝去水分，放入脆漿糊內攪勻待用。
3. 取一炒鍋放入沙拉油2000毫升，約七分滿，用旺火燒至四成熱後，將裹勻脆漿糊的魚鱗甲逐一入鍋炸至酥香，出鍋瀝乾油，待用。
4. 將酥炸油倒出另作他用，炒鍋中下入老油以中火燒至四成熱，放入青、紅美人辣椒顆、香酥椒炒香後用川鹽、雞精、香油調味。
5. 最後倒入炸酥的魚鱗甲翻炒至入味即可出鍋裝盤，撒上黃菊花瓣即成。

料理訣竅：

1. 脆漿糊的調製比例為麵粉50克、太白粉25克、雞蛋清1個、泡打粉3克、水75克，全部拌勻發酵30分鐘即成。
2. 魚鱗甲裹上脆漿糊後必須逐一分開（散）入油鍋，以免互相黏連，破壞酥香口感並影響成菜美觀。

酸蘿蔔燜水蜂子

入口味濃厚，細嫩鮮美

　　水蜂子分布在長江上游及金沙江水系，是青藏高原東部特有的小型冷水性魚類。水蜂子魚質地細嫩、個頭較小，處裡治淨較費事，因此使用酸香脆爽、回味帶甜的酸蘿蔔烘托水蜂子的鮮美，結合屬於軟燒的家常燒手法成菜，程序簡單卻能盡顯水蜂子的特色。

製法：

❶ 將水蜂子處理治淨待用。

❷ 泡蘿蔔、泡薑切成大小均勻1cm的方丁、青、紅小米辣椒切成顆狀，備用。

❸ 炒鍋下入老油，以中火燒至四成熱，下泡蘿蔔丁、泡薑丁煸香，摻入鮮高湯以旺火燒沸。

❹ 放入水蜂子，用川鹽、雞精、香油、白糖、陳醋調味後轉小火慢燒約3分鐘。

❺ 接著下青、紅小米辣椒顆同燒，繼續以小火燜至熟透，最後用太白粉水收薄芡汁，出鍋盛盤、點綴香蔥花即可。

料理訣竅：

❶ 處理水蜂子時，因魚的背翅尖端帶有微毒性，所以記得先將魚的背翅切除或剪掉，以避免處理時紮傷手指，而產生略微腫脹、刺痛的現像。

❷ 水蜂子入鍋後儘量避免在鍋內用力或過度推動、翻動，易將魚肉推碎。

❸ 因水蜂子的體形較小，肉質細嫩，故燒製過程中火力不宜過大，宜延長小火慢燒的時間促使入味，又不破壞魚形。

原料：
水蜂子500克
泡蘿蔔丁200克
青小米辣椒顆50克
紅小米辣椒顆50克
泡薑丁25克
香蔥花50克

調味料：
川鹽2克（約1/2小匙）
香油10毫升（約2小匙）
雞精15克（約1大匙1小匙）
陳醋10毫升（約2小匙）
老油50毫升（約1/4杯）
白糖3克（約1/2小匙）
高湯600毫升（約2又1/2杯）
太白粉水35克（約2大匙）

■位於重慶市渝中區的熱鬧傳統市場。

天麻滋補桂魚

湯色乳白，滋補營養，吃法隨意

　　川菜中有一道傳統食補菜肴「天麻燉魚頭」美味又滋補，是一道適宜冬季食補的美味佳肴，但魚頭吃起來相對不便，此菜便將烹飪方法與吃法做了調整，把天麻和沙蔘、黨蔘、大紅棗、枸杞加湯上籠蒸後只取湯汁，再入小火鍋裡上桌直接燙食桂魚片，這樣可以保持魚肉的細嫩鮮美且食用時可以保持優雅，將滋補保健提升為美食品嘗。

原料：

桂魚1尾（約重650克）

野生天麻30克

大紅棗6個

枸杞5克

沙蔘15克

黨蔘25克

雞蛋清1個

太白粉35克

薑片15克

蔥節20克

調味料：

川鹽2克（約1/2小匙）

雞粉10克（約1大匙）

化雞油75毫升（約1/3杯）

料酒15毫升（約1大匙）

鮮高湯2000毫升（約8杯）

製法：

❶ 天麻先用熱水泡約30分鐘，泡漲後切成片。而沙蔘、黨蔘用熱水泡約20分鐘，泡漲後改刀切成節。

❷ 將大紅棗、枸杞及泡發切好的天麻、沙參、黨參、放入湯盅並加入鮮高湯，上蒸籠蒸約15分鐘後取出，用川鹽1/4小匙、雞粉、化雞油調味後待用。

❸ 將桂魚處理治淨後，取下魚肉，魚頭和魚骨斬成大件。

❹ 把魚肉片成厚3mm的大片。碼味時魚片與魚頭、魚骨分開用川鹽1/4小匙、薑片、蔥節、料酒、雞蛋清、太白粉碼味上漿靜置於3分鐘備用。

❺ 將碼好味的魚片整齊擺放於盤上，待用。

❻ 將魚頭、魚骨入沸水鍋中汆水至斷生後，撈起並盛入步驟2的湯汁中略煮，上桌後點火加熱，搭配碼好味的魚片燙食即成。

料理訣竅：

❶ 魚的頭骨和肉須分開烹製，魚頭、魚骨先入湯中小火加熱，使其釋放鮮味，再以微沸的湯汁燙食魚片，從而達到又鮮又嫩的成菜要求。

❷ 滋補食材應提前漲發，改刀，再放入鮮高湯熬製，成菜後風味會更濃。

❸ 此菜是即燙即食（屬於滋補形小火鍋，魚吃完後可以再燙蔬菜等），因此成菜上桌時須搭配火源，如卡式瓦斯爐等輕便型爐具。

【川味龍門陣】

　　天麻以雲南最為佳，有效成分天麻素含量最高，可溫中益氣、補精添髓。因此「雲天麻」可是聞名中國。但如何辨識天麻？天麻質地堅實，外表呈黃白色或淡黃棕色，帶半透明狀，形狀扁縮，呈長橢圓形，兩端彎曲，一端有紅棕色牙苞，另一端有從母天麻上脫落後留下的圓形疤痕。隔水蒸，可聞到餿臭氣味的就是真品。圖為五塊石中藥材批發市場。

川味河鮮極品

川式魚頭煲

入口鮮辣，回味約甜，滑嫩鮮香

　　運用砂鍋做菜的特色就是熱、燙、味濃，此菜運用砂鍋鯰魚頭的烹飪方式，主料改成胖魚頭，但以粵式的醬料調味。在川菜中將魚頭用來煮湯比較常見，做成燒菜較少，此菜重用小米辣椒的鮮辣以緩解成菜味道濃厚的膩感，使得成菜風味甜中帶辣。且因小米辣椒為菜色添加了鮮紅，加上配菜的運用使得色澤格外鮮明。

製法：

① 將胖魚頭治淨斬成大件，裝入盆中用川鹽、料酒、雞蛋清、太白粉碼拌均勻後靜置入味，約碼味3分鐘，待用。

② 節瓜與洋蔥切成約1.5公分的方丁，待用。

③ 取一小盆，將燒汁、排骨醬、海鮮醬、叉燒醬、雞精、白糖調合在一起即成醬料汁，待用。

④ 取炒鍋放入沙拉油1000毫升，旺火燒至五成熱，下入碼好味的魚頭塊滑油約10秒後出鍋瀝油待用。

⑤ 取大砂鍋，將三月瓜丁、洋蔥丁、薑片、蒜瓣入鍋墊底，放上滑過油的魚頭塊，淋上步驟3的醬料汁，最後放上紅小米辣椒顆，加蓋後用中火燒沸，接著轉小火燒約5分鐘即成。

料理訣竅：

① 胖魚頭剁成件時不能過小，一般控制在6×4×3公分左右，太小成菜後魚肉容易散開不成形、大了不宜入味且不方便食用。

② 此菜品的味在醬料汁的調製，可先依此比例調製，之後再按個人或當地的口味偏好作調整。

③ 掌握砂鍋在火爐上的燒製時間，火候大小調節，以鍋中湯汁水氣剛乾為宜，要避免火力過大，造成鍋底燒得焦糊。而燒的時間太短會不入味，太長魚肉會燒散了！

原料：

胖魚頭（鱅魚頭）1個
（約重600克）
紅小米辣椒顆50克
青二金條辣椒顆20克
洋蔥丁75克、薑片15克
大蒜瓣35克
節瓜（三月瓜）50克
太白粉50克、雞蛋清1個

調味料：

川鹽2克（約1/2小匙）
雞精10克（約1大匙）
白糖2克（約1/2小匙）
料酒15毫升（約1大匙）
燒汁15毫升（約1大匙）
排骨醬10克（約2小匙）
海鮮醬5克（約1小匙）
叉燒醬5克（約1小匙）
香油15毫升（約1大匙）
沙拉油1000毫升（約4杯）
（約耗50毫升）

■ 或許是因為濕暖氣候，致使四川長年壟罩著霧氣，放眼望去總是灰濛濛的，因此在成都您會發現人們的穿著相對鮮豔。而四川的「牆」也在相當程度的反應出這種傾向。

清湯魚豆花

魚肉雪白細嫩，湯鮮清澈見底

豆花是用大豆磨成漿，燒開後加凝固劑－鹵水或石膏水製作而成。而這道「豆花」菜品是用魚肉做成的，其工藝要求高，刀工及火候也須嚴格要求，方能達到湯清澈見底，魚豆花味鮮清雅，色澤潔白外形酷似豆腐腦或棉花的成菜效果。

原料：

淨河鯰魚肉400克
豬肥膘肉150克
雞蛋清3個
太白粉25克
菜心4顆
枸杞4粒
高級清湯1000克

調味料：

川鹽1克
雞精10克（約1大匙）
料酒15毫升（約1大匙）
白糖2克（約1/2小匙）

製法：

① 將淨河鯰魚肉、豬肥膘肉切小塊後混合，一起剁細成茸狀，用川鹽、雞精、料酒、白糖、雞精、雞蛋清、太白粉攪打成稀糊狀待用。菜心洗淨後取前端的嫩尖待用。

② 取湯鍋加水至六分滿，調入少許鹽後燒沸，將菜心與枸杞一起放入沸水鍋中汆燙約3秒，斷生後撈起瀝水備用。

③ 高級清湯倒入鍋中，用旺火燒沸後轉中小火，保持高級清湯微沸的狀態。

④ 把魚肉稀糊攪勻後沖入湯中，轉小火慢燒，使魚肉凝結成豆花狀後，連湯帶魚豆花盛入碗中，放上菜心、枸杞即成。

料理訣竅：

① 魚肉、豬肥膘肉須清洗乾淨、剁細，但太白粉不宜加得過多，否則會使魚豆花發硬，過少會凝結不起來。

② 沖魚茸時火力不宜過大使高級清湯滾沸，嚴重的話魚肉稀糊一沖下去還沒凝固成豆花狀被滾沸的湯沖散，若是輕微也會使魚豆花口感不緊實。

③ 魚茸攪打稀釋後的糊狀不宜太黏稠，否則豆花會綿而發老，口感不佳。

【川味龍門陣】

　　在四川常吃到的豆花飯源自富順，但富順原只有豆腐。豆腐在三國時期就已經流傳到今天的自貢富順縣，當時的金川驛地區（今富順縣）鑽出了一口「鹽量最多」的富順鹽井，加上適宜的氣候條件和地理環境，使大豆的種植也普遍起來，豆腐菜肴也開始成為生活美食。

　　民國時期，一位鹽商來到富順做買賣，隨意找上朱氏餐館，由於時間急，就跑到廚房催菜，當他看見豆腐花還沒完全成型為豆腐，心一急就要老闆將此「豆腐花」賣給他。因還未充分凝固，就不能炒或燒，於是備上辣椒蘸碟讓這位客人蘸著下飯。每想到這樣吃更加鮮美可口。於是富順就有了讓人回味無窮的「富順豆花」，並成為川菜裡的一個經典，現在更是傳遍四川。

泡酸菜燒鴨嘴鱘

泡菜家常味濃，入口細嫩

　　鴨嘴鱘的正式名成為白鱘，因嘴外形似鴨嘴，故民間多稱之為鴨嘴鱘。這裡將鴨嘴鱘治淨後斬成大件，用泡酸菜燒製，以泡酸菜的乳酸香襯托鱘魚的鮮、甜、嫩，加上郫縣豆瓣後家常味濃，風味獨具特色。在將鴨嘴鱘斬塊時需注意，頭、尾不要斬，因為烹製後要還原魚形，成菜才能大氣且合乎國人對珍貴河鮮菜肴的食用文化與習慣。

原料：

鴨嘴鱘1尾（約重500克）

泡酸菜末50克

泡辣椒末40克

郫縣豆瓣末20克

薑末20克

蒜末25克

香蔥花15克

薑片15克

蔥節20克

太白粉35克

調味料：

川鹽2克（約1/2小匙）

雞精15克（約1大匙1小匙）

白糖2克（約1/2小匙）

胡椒粉少許（約1/4小匙）

陳醋20毫升（約1大匙1小匙）

料酒20毫升（約1大匙1小匙）

鮮高湯500毫升（約2杯）

沙拉油50毫升（約1/4杯）

太白粉水20克（約1大匙1小匙）

製法：

❶ 將鴨嘴鱘處理治淨後，斬成大件，用川鹽、薑片、蔥節、料酒、太白粉碼拌均勻後靜置入味，約碼味3分鐘。

❷ 取炒鍋開大火，放入50克沙拉油燒至四成熱後，下泡酸菜片、泡椒末、郫縣豆瓣末、薑末、蒜末炒香至原料顏色油亮、飽滿。

❸ 摻入鮮鮮高湯以大火燒沸，熬煮5分鐘後轉小火，下入碼好味的魚塊小火慢燒燒約3分鐘。

❹ 接著加川鹽、雞精、白糖、胡椒粉、陳醋調味後以小火再慢燒約2分鐘到入味熟透。

❺ 最後用太白粉水收汁、裝盤，撒上香蔥花即成。

料理訣竅：

❶ 泡酸菜需炒至水份收乾、香味竄出後才能摻入鮮高湯，這樣菜品在久燒後酸香味會更濃。

■昭覺寺建於漢朝，但原本是眉州司馬董常的故宅。到唐朝貞觀年間，才改建為佛寺，現在是成都市民祈福求平安最常去的佛寺。

功夫鯽魚湯

湯色乳白，味道鮮美

俗話說：唱戲人的腔，廚師的湯。湯做的好不好，常作為檢驗一個廚師水準高低的標準。「功夫鯽魚湯」從「鮮」字入手，取鯽「魚」與「羊」棒子骨一同燉成濃白湯，再裝入紫砂製的功夫茶具內上桌。關鍵在「功夫」，選料、爆香、油煎、熬煮等每一環節都馬虎不得，透過「水」將精髓溶出並融合。成湯後無論是香、滑、醇、鮮、濃的口感與味道，還是簡單而精緻的盛菜形式，都充滿著雅致的感覺。

製法：

❶ 將鯽魚處理、去鱗、治淨後待用。

❷ 取湯鍋加入七分滿的水後旺火燒沸，羊棒子骨分別剁成2節後，入沸水鍋中氽燙約20秒，撈起瀝水備用。

❸ 炒鍋放入化豬油，以旺火燒至五成熱，下薑片、蔥節爆香後，轉中火放入鯽魚煎至兩面金黃、干香。

❹ 隨即摻入清水轉旺火，放入羊棒子骨，用旺火滾煮約2小時，轉中火熬1小時。

❺ 最候用紗布濾淨料渣，再加入川鹽、胡椒粉調味後，盛入紫砂茶具內上桌即成。

料理訣竅：

❶ 無羊棒子骨時可用豬筒子骨代替，只不過這「鮮」味少了「羊」就不是那麼「鮮」了。

❷ 鯽魚入鍋煎一來是為了去腥，其次是促使湯色更加濃白，再加上煎的過程會促使鯽魚產生干香、脂香，增進成湯的鮮香味。

❸ 滾煮魚湯時須用大火，且水應一次加夠，這樣熬出的湯才能又白又濃，味才鮮美。中途不能另外摻水進入湯鍋內，否則會因水與原湯之滲透性與溶解力的不平衡，使得魚湯會轉稀且鮮味流失。

❹ 用功夫茶具作為盛器，突出四川特色，彰顯高雅質感，也強化了「功夫鯽魚湯」耗時烹煮的功夫意象。

原料：

鯽魚2.5公斤
羊棒子骨1公斤
薑200克
蔥200克

調味料：

川鹽2克（約1/2小匙）
胡椒粉少許（約1/4小匙）
化豬油400毫升（約2杯）
清水20公升

【河鮮采風】

　　古人將魚和羊視為是天下最「鮮」的食物，有一道菜叫「羊方藏魚」，有中國第一名菜之稱，至今已有4300年歷史。據說是故鄉在四川彭山的「彭祖」這個傳說中的人物所創，彭祖善於調羹，生於夏朝，傳說他活到了767歲，也有人說是800多歲。話說回來，漢字－「鮮」的創字也是源自「羊方藏魚」這道名菜所孕藏的美味。

川味河鮮極品

燈影魚片

入口麻辣酥香，色澤紅亮

　　「燈影」源自四川民間的皮影戲，烹飪上則是指經過精緻刀工處理後的原料薄如紙張，透過燈光可以看見對面的影子的手法。川菜中僅有三道菜用「燈影」命名，一是色澤紅亮、麻辣干香、片薄透明的「燈影牛肉」，一是色澤金紅，酥脆爽口，鹹鮮微辣，略帶甜味的「燈影茖（番薯）片」，再來就是這裡麻辣酥香的「燈影魚片」。製作這類菜十分講究刀工細膩度，而且魚片薄，對火候也相當講究。

原料：

草魚1尾（約重1公斤）
薑片15克
大蔥節20克
白芝麻10克

調味料：

川鹽2克（約1/2小匙）
白糖2克（約1/2小匙）
花椒粉2克（約1小匙）
紅油50毫升（約3大匙1小匙）
香油20毫升（約1大匙1小匙）
料酒25毫升（約1大匙2小匙）
花椒油10毫升（約2小匙）
醪糟汁10毫升（約2小匙）
沙拉油2000毫升（約8又1/3杯）
（約耗50毫升）

製法：

❶ 將草魚處理治淨後，取下魚身兩側的魚肉，去除魚皮成淨魚肉，魚頭、魚骨另作他用。

❷ 將淨魚肉片成厚約2mm的大薄片，用川鹽1/4小匙、料酒、薑片、大蔥節碼拌均勻靜置入味，約碼味10分鐘。

❸ 將碼好味的草魚片取出置於通風處風乾或入烤箱內以70℃的低溫慢慢烘烤約45分鐘至乾，備用。

❹ 取炒鍋開大火，放入沙拉油2000毫升燒至五成熱後轉中火，投入風乾的魚片，將油溫控制在四成熱，炸至酥香後撈起、出鍋瀝油。

❺ 將油鍋中的油倒出留做它用。炒鍋洗淨、擦乾旺火燒熱，下入紅油燒至三成熱，轉小火再下川鹽1/4小匙、白糖、花椒粉、香油、醪糟汁推攪至糖、鹽溶化並均勻混合。

❻ 放入酥香的魚片翻勻，再撒入熟白芝麻翻勻，即可出鍋裝盤。

料理訣竅：

❶ 此菜的刀工處理考究，須將魚片片得愈大愈好、厚度則是要盡可能的薄而且均勻，成型要完整、不破裂、穿洞。

❷ 掌握魚片入鍋的油溫，應控制在四成油溫，炸製過程中的火候應保持穩定、均勻，最忌炸焦而影響成菜色澤的紅亮和酥香口感特點。

■夜裡的錦里一條街，燈籠一亮，處處透著熱鬧的紅亮。

【川味龍門陣】

　　燈影牛肉的來歷有二種傳說，最久遠的當屬1000多年以前，任職朝廷的唐代詩人元稹因得罪宦官，而被貶至通州（今達州）任司馬。某天元稹走到一酒店小酌，其中的牛肉下酒菜片薄味香而透光，大為歡賞，當下以燈影（皮影戲）之名，取其為「燈影牛肉」。

　　其次是相傳清光緒年間，梁平縣有個姓劉的人流落到達州，以燒臘、滷肉為業。起初做得不好。後來突發奇想，將牛肉切得又大又薄，先醃漬入味，再上火烘烤，成品還微微透光，麻辣酥香可口，到了晚上，還刻意在肉片後方點盞油燈，使得牛肉片又紅又亮，隱約可見燈影而廣受歡迎，人們就稱之為「燈影牛肉」。

麻辣醉河蝦

色澤紅亮，鮮嫩爽口

　　醉蝦是透過酒中的酒精成分使活蝦醉暈並殺菌，酒香味替活蝦提鮮增味。在袁枚所著的《隨園食單》最早出現記載，清代董岳薦所著的《調鼎集》也記載了醉蝦的作法，與江浙名菜「紹興醉蝦」相去不遠，以「醉」法烹調活蝦。麻辣醉河蝦就在這樣的基礎上，為更適合四川人喜食麻辣、好辛香的特點。在酒香之外加入了酸香、鮮麻而微辣的風味。

原料：

邛海小河蝦200克

香菜節10克、洋蔥絲15克

刀口辣椒末50克、芥末膏5克

青小米辣椒10克

紅小米辣椒10克

青小米辣椒圈25克

紅小米辣椒圈25克

大蒜10克、老薑10克

泡野山椒20克、白芝麻3克

調味料：

川鹽2克（約1/2小匙）

香油10毫升（約2小匙）

紅油35毫升（約2大匙1小匙）

陳醋20毫升（約1大匙1小匙）

老抽10毫升（約2小匙）

花雕酒75毫升（約1/3杯）

清水100毫升（約2/5杯）

製法：

1. 將青、紅小米辣椒切末，大蒜、老薑拍碎，連同泡野山椒全部一起入鍋，摻入清水，用旺火燒沸。

2. 調入川鹽、香油、陳醋後轉小火熬約15分鐘即成酸辣湯，靜置冷卻後待用。

3. 將鮮活的邛海小河蝦以流動的水漂淨後瀝去水分，裝入有蓋的容器內備用。

4. 取冷卻的酸湯汁瀝去料渣，調入芥末膏、紅小米辣椒圈、刀口辣椒末、白芝麻、花雕酒、紅油調勻，倒入裝有邛海小河蝦的容器內，加入香菜節，洋蔥絲、白芝麻加蓋醉3分鐘即成。

料理訣竅：

1. 掌握酸湯的熬製方法和比例，以確實展現應有的風味。

2. 邛海小河蝦須用清水沖洗乾淨，避免有沙而影響食用。

3. 醉的時間不能過長，酒的用量也不要太重，如有明顯的酒味就不好吃了，因各種調味會被酒味蓋掉，更突出不了蝦的鮮度感。

■成都二仙橋的餐、廚批發市場或稱之為陶玻批發市場，是體驗四川另一種飲食風情的一個好去處，偶爾還可以撿到寶。

剁椒拌魚肚

脆爽、鮮辣清香可口

　　一般以魚肚做菜，大多為熱菜，透過長時間的燒製入味。因魚肚即使經過汆燙製熟，放冷吃依舊有腥味，這裡借用魚肚菜中的特例涼菜「紅油拌魚肚」的基本風味，再調入剁碎的川南小米辣椒的鮮辣來刺激食客味蕾，大蒜、芥末壓腥味，味道鮮辣濃厚。加上鯰魚肚事先以小蘇打粉將肉質纖維破壞，而營造入口滋糯的口感。

製法：

① 將鯰魚肚撕去表面血膜並用流動的水漂盡血水，撈出瀝去水分後放入盆中，用食用小蘇打粉將魚肚碼拌均勻後靜置約15分鐘。

② 紅小米辣椒、大蒜分別剁碎備用。

③ 炒鍋中加入清水約七分滿，旺火燒沸，將碼好的魚肚下入沸水鍋中汆燙約5秒鐘至熟透後撈起瀝去水份後放涼。

④ 取一湯碗放入川鹽、雞精、美極鮮、芥末、香油、紅油調均成為滋汁。

⑤ 將燙熟的涼魚肚瀝乾水分拌入紅小米辣椒碎、大蒜末、滋汁，拌勻後即可裝盤，搭上香蔥花即成。

料理訣竅：

① 鮮魚肚需要撕乾淨表面的血膜且要漂盡血水，以減少腥味。

② 用食用小蘇打粉碼拌可以使鮮魚肚更白而脆。

③ 紅小米辣椒的辣雖能降低味蕾對腥味的敏感度，但用量不宜過多，否則辣味過重將破壞味覺感受成菜滋味層次的完整性。

原料：

鯰魚肚300克
紅小米辣椒35克
大蒜25克
香蔥花25克

調味料：

川鹽2克（約1/2小匙）
雞精15克（約1大匙1小匙）
美極鮮10克（約2小匙）
芥末5克
香油10毫升（約2小匙）
紅油20克
食用小蘇打粉15克

■在四川的傳統市場中除了極其多樣的蔬果食材外，總是會有幾攤將賣辣椒當作重點，就像川菜一樣，辣椒永遠是最亮眼且具特色的配角。

雙椒焗美蛙

麻辣鮮香，細嫩爽口

　　川菜廚師用「火中取寶」來形容乾煸技法，關鍵在於火候的掌控與翻動的頻率，食材略炸至外表酥香後，再透過熱鍋與少許的油將食材乾煸至脫水，呈現酥軟乾香的狀態，這效果全靠火力的準確控制，所以稱之為「火中取寶」！此菜利用乾煸的做法成菜，所以入口乾香、微辣酥脆。

製法：

❶ 將美蛙處理後去皮，清除內臟並洗淨，斬成小塊。

❷ 用川鹽、料酒、碼拌均勻，同時加入太白粉碼拌上漿後靜置入味，約碼味3分鐘備用。

❸ 紅小米辣椒切成小節，備用。

❹ 炒鍋中放入沙拉油2000毫升至約七分滿，用旺火燒至五成熱，下入碼好味的美蛙炸至乾香後，撈起瀝油。

❺ 將炒鍋中油炸的油倒出留作他用，倒入泡辣椒油，以中火燒至四成熱，先下薑片、蒜片、大蔥顆爆香一下，接著轉小火，放入新鮮青花椒、紅小米辣、香辣醬繼續爆香。

❻ 接著下入炸好的美蛙煸炒至入味，再用雞精、香油、白糖調味，放入香油、藤椒油翻勻即成。

料理訣竅：

❶ 美蛙斬成的塊應大小均勻，以便於控制烹飪時間，成菜入味才能一致。

❷ 油炸美蛙的油溫應控制在五成熱，油溫過高、過低都會影響成菜的色澤和口味。油溫過高容易造成色澤過深、入口帶焦味。油溫過低時，未能上色與呈現乾香特色，也易有油膩感。

❸ 紅小米辣椒和新鮮青花椒的應確實爆炒出香味，再下美蛙，但火力不能過大，否則紅小米辣椒和鮮青花椒會轉黑，成菜後視覺不佳。

原料：

美蛙600克

紅小米辣椒75克

新鮮青花椒50克

薑片15克

蒜片20克

大蔥顆15克

麻花50克

太白粉50克

調味料：

川鹽2克（約1/2小匙）

香油15毫升（約1大匙）

泡辣椒油35毫升（約2大匙2小匙）

白糖2克（約1/2小匙）

雞精15克（約1大匙1小匙）

香辣醬25克

料酒15毫升（約1大匙）

藤椒油15毫升（約1大匙）

沙拉油2000毫升（約1/4杯）

■成都熊貓基地的可愛雙雄－大熊貓與小熊貓。成都熊貓基地距成都市區約半小時車程，成立於1987年。到為2008年止，成都熊貓基地已經從初期野外搶救的六隻大熊貓為基礎，成功地復育種群數量增加到八十三隻。

川味河鮮極品

豆湯燒江團

豆香濃厚爽口，清淡宜人

　　炻豌豆乃四川的特產之一，是用乾豌豆蒸煮至軟爛後，或直接攤著在市場上賣。與炻豌豆有關、最有名的菜品就是「炻碗豆肥腸湯」，而最普遍的當屬用炻豌豆煮的稀飯—「豆湯飯」。而豆湯燒江團一菜就是在「炻碗豆肥腸湯」的基礎上將滑軟帶點勁的肥腸換為江團魚片，成菜豆香味濃郁而鮮美，魚肉的細嫩滑口，湯汁色澤黃亮清爽。

【川味龍門陣】

　　炻豌豆的出現既豐富了川菜的食材種類與風味，也再次展現川菜平民性格的一面，因做炻豌豆都是用較老熟的豌豆蒸製，算是將難以入口食材以改造，可說是物盡其用。雖說是邊角餘料等級的食材加工而成，其風味卻是細緻濃郁、雅致清香。

製法：

① 將江團處理治淨後。用沸水燙洗約3秒。

② 撈出後以冷水洗去表面的黏液，接著取下兩側魚肉。

③ 將魚肉改刀成片，用川鹽、雞蛋清、太白粉碼拌均勻後靜置入味，約碼味3分鐘備用。

④ 取湯鍋加入清水至五分滿，旺火燒沸；雞腿菇、滑菇、瓢兒白分別改刀成片狀，下入沸水鍋中汆燙約10秒後，撈起並瀝去水份。

⑤ 將炒鍋放入化雞油開中火，燒至四成熱後，下炟豌豆炒香，再摻入雞湯以中火燒沸，轉小火續煮8分鐘。

⑥ 將炟豌豆湯汁濾去料渣，以小火保持微沸，下入魚片。

⑦ 再加入川鹽、雞精調味，最後放入汆燙過的雞腿菇、滑菇小火燒至入味、魚片熟透即可出鍋，搭配汆燙過的瓢兒白即成。

料理訣竅：

① 選用上等蒸炟的炟豌豆來熬製豆湯，是決定豆香味濃郁的根本。

① 熬製豆湯的火力不宜過大，以免鍋邊焦糊變味，熬製的時間長一點湯味會更濃。

原料：

江團500克

雞腿菇100克

滑菇100克

瓢兒白50克

炟豌豆200克

雞湯1000毫升（約4杯）

太白粉50克

雞蛋清1個

調味料：

川鹽3克（約1/2小匙）

雞精15克（約1大匙1小匙）

化雞油50克（約1/4杯）

果醬扒魚卷

色澤紅亮，外酥裹鮮，果香味濃

　　西式烹飪常利用醬汁襯托主食材的風味，因此醬汁的製作成為西式烹飪中關鍵的烹調技巧。因為不是一鍋成菜，所以西式烹飪在擺盤上的變化相對較大，一道菜的各種味道元素分別完成，再於盤中組合成菜。此菜借用西式烹製手法成菜，其造型美觀得體，酸甜可口。

原料：

草魚800克
蘆筍250克
洋蔥1個
獼猴桃1個
白芝麻20克
太白粉50克
雞蛋2個
麵包糠75克

調味料：

川鹽2克（約1/2小匙）
什錦果醬75克（約5大匙）
料酒15毫升（約1大匙）
薑蔥汁10毫升（約2小匙）
番茄醬25克（約1大匙2小匙）
白糖40克（約2大匙2小匙）
大紅浙醋35毫升（約2大匙1小匙）
沙拉油35毫升（約2大匙1小匙）

製法：

1. 將草魚處理洗淨後去鰭翅、魚骨，取下兩側魚肉，再去皮，只取淨肉。
2. 順著淨魚肉形片成厚約3mm的長薄片，用川鹽、薑蔥汁碼拌均勻後靜置入味，約碼味3分鐘。
3. 將蘆筍切成長約8cm的節，待用。洋蔥切成絲、獼猴桃切成片待用。
4. 將雞蛋打入深盤中，取出少量雞蛋清置於碗中，再將深盤中蛋液攪勻，待用。
5. 取碼好味的魚片平鋪於檯面上，放上蘆筍後卷起，再用雞蛋清與太白粉黏口，拖均蛋液黏勻麵包糠即成魚卷生坯。
6. 炒鍋中加入約七分滿的沙拉油，以旺火燒至四成熱，下魚卷生坯炸至熟透且表皮金黃酥脆，出鍋瀝油裝盤，並配上洋蔥絲、獼猴桃片。
7. 將炒鍋中的炸油倒出另作他用，炒鍋洗淨開中火燒熱，放入沙拉油燒至四成熱後下入果醬、番茄醬炒香並炒至顏色油亮、飽滿。
8. 摻入水，調入白糖煮溶後，加入大紅浙醋再用太白粉收汁後，即可澆在魚卷上，撒上白芝麻即成。

料理訣竅：

1. 魚片的大小、厚薄和蘆筍的長短應均勻，成形後菜肴才美觀。
2. 控制油溫、火力的大小，以掌握魚卷的成熟度和色澤的要求。且應避免高溫而造成外表焦黑，裡面卻夾生；油溫過低，成品會顯得蒼白，缺乏美味的色澤，也無酥香味，吃起來也容易膩。

韭菜炒小河蝦

入口酥香、微辣，佐酒尤佳

邛海乃四川南邊西昌境內的一座人工湖，所產的河蝦肉質細嫩鮮美、個頭大小均勻，蝦殼細嫩不扎口，最佳的食用方式為醉活蝦，口味極佳。而成都早期的府河、南河未有污染時也盛產河蝦，街頭常有小販賣起油炸的麻辣味「酥河蝦」。這裡運用油炸的方式，將河蝦炸至酥香再配料炒製，但減低麻辣味，以保留邛海小河蝦的鮮美，在精緻的香氣與口感中，增添懷舊的風情。

原料：
西昌邛海小河蝦200克
小韭菜50克
紅二金條辣椒圈15克

調味料：
川鹽2克（約1/2小匙）
雞精15克（約1大匙1小匙）
花椒粉3克（約1大匙）
香油20毫升（約1大匙1小匙）
小米辣椒油25毫升
（約1大匙2小匙）
沙拉油2000毫升（約8杯）

製法：
1 將西昌邛海小河蝦剪去蝦鬚後以流動的水漂洗乾淨，待用。
2 小韭菜切成長3cm的節，備用。
3 炒鍋中加入沙拉油2000毫升，約七分滿，以旺火燒至六成熱時，下河蝦炸至酥香出鍋瀝油，備用。
4 將炒鍋中的炸油倒出留做它用並洗淨，用中火將炒鍋燒乾，下小米辣椒油以中火燒至四成熱，加入蝦、韭菜、紅二金條辣椒圈炒香，調入川鹽、雞精、花椒粉、香油炒勻即成。

料理訣竅：
1 一定要選新鮮、活蹦亂跳的小河蝦，並剪去蝦鬚。成菜才鮮香、美觀。
2 選用小米辣油炒此菜，可使風味更有獨特，料渣更少，成形也更清爽。

油潑脆鱔

麻辣鮮香，入口脆爽味濃

　　源於自貢名菜「水煮牛肉」的水煮系列菜品在廚師的創意下展現出多元風貌，像是孜然味的「孜然水煮鱔魚」、麻辣味的「水煮鳳尾腰」等，這裡在水煮的風味基礎上，澆淋熗辣油熗鍋成菜，在麻辣之外增加香氣，使原料脆爽、麻辣味更濃厚。另外因是使用鱔魚為主材料，所以加些陳醋以起增鮮去異味的效果。

製法：

❶ 將蓮藕、青筍切成厚4mm的片，下入沸水鍋中汆燙約5秒，撈起後瀝乾水分，鋪於盤底，備用。

❷ 去骨鱔魚片切成長8cm的段，放入沸水鍋汆燙約3秒以去除血末，撈起瀝水，備用。

❸ 炒鍋下入沙拉油50毫升，開旺火燒製四成熱，放入郫縣豆瓣末、火鍋底料、薑蒜末炒香，再摻入鮮高湯以旺火燒沸，調入雞精、白糖、胡椒粉、陳醋、香油等調味料後，用小火熬約5分鐘。

❹ 湯汁熬好後撈淨料渣，以小火保持湯汁微沸，下汆燙過的鱔魚段慢燒入味。然後用太白粉水收汁，裝盤蓋在步驟1上。

❺ 最後再取炒鍋下入老油以小火燒至四成熱，放入乾花椒、乾辣椒炒香，澆淋在鱔魚上，撒入熟白芝麻即成。

料理訣竅：

❶ 汆燙鱔魚段的湯料中可先用川鹽、料酒、雞精調味，且味道要調得重些，因汆燙的時間要短以保持鱔魚的脆，而汆燙時先調些味有助於鱔魚段入味。

❷ 乾花椒、乾辣椒要小火慢慢炒香，再淋在鱔魚上，成菜得味才夠濃，層次才出得來。控制炒的程度，以免時間長、過火而變焦黑，使得菜肴帶上煳焦味。

❸ 成菜時可搭配香蔥花，增添香氣。

原料：

去骨鱔魚片400克

蓮藕100克

青筍100克

熟白芝麻10克

乾花椒15克

乾辣椒50克

薑蒜末25克

調味料：

郫縣豆瓣50克（約3大匙1小匙）

火鍋底料35克（約2大匙1小匙）

雞精15克（約1大匙1小匙）

白糖3克（約1/2小匙）

胡椒粉1克（約1/4小匙）

陳醋10毫升（約2小匙）

香油20毫升（約1大匙1小匙）

沙拉油50毫升（約1/4杯）

老油50毫升（約1/4杯）

太白粉水100克（約1/2杯）

鮮高湯500毫升（約2杯）

■川劇源於清乾隆時期，歷史悠久，而變臉的表演形式結合了雜技與川劇，可算是川劇的一個分支，清末以前稱之為川戲，原為酬神、喜慶的表演項目。

錦繡江團

搭配豐富，麻香、細嫩適口

原料：

江團400克

洋芋20克、蓮藕20克

木耳15克、平菇10克

去皮新鮮核桃仁10克

聖女番茄5個

青筍片15克

鮮湯800毫升

香蔥花5克

雞蛋清1個、太白粉35克

調味料：

川鹽2克（約1/2小匙）

料酒20毫升（約1大匙1小匙）

雞精10克（約1大匙）

白糖2克（約1/2小匙）

豉油30毫升（約2大匙）

香油20毫升（約1大匙 1 小匙）

藤椒油35毫升（約2大匙1小匙）

鮮高湯200毫升（約4/5杯）

在其他菜系中看不到川菜這麼豐富的涼拌菜品，而食用生拌蔬菜的風氣也少有像四川這麼興盛的，將生、熟、葷、素全用上。這裡運用菇蕈類、根莖類、堅果、蔬菜等多種營養食材凸出江團的鮮美味，內容有如錦繡大地般物產豐盛。選擇以鮮麻味，並透過鮮湯汆燙賦予食材底味，整合每一樣清鮮食材相衝的性味，為魚片及其他食材提鮮增味，成菜口味淡爽而備受青睞。

製法：

① 將江團處理洗淨後，取下兩側魚肉並切成厚約4mm的魚片。

② 將魚片放入盆中，用川鹽1/4小匙、料酒、雞蛋清碼拌均勻並加入太白粉碼拌上漿，靜置入味，約碼味3分鐘。

③ 把洋芋、青筍、蓮藕切成厚約3mm的片（長寬約3×5cm），備用。

④ 將步驟3片好的食材連同木耳、平菇、去皮新鮮核桃仁，下入用旺火燒沸的鮮湯內汆燙約15秒至斷生，撈出鍋、瀝去水份後，鋪入盤中墊底。

⑤ 將碼好味的魚片下入小火微沸的鮮湯中燙煮至熟，撈起後瀝乾水份並放涼。

⑥ 將放涼的魚片蓋在步驟4盤中的食材上面，待用。

⑦ 將川鹽1/4小匙、雞精、白糖、豉油、香油、藤椒油、鮮高湯200毫升一起在碗中混合、攪勻調成味汁。

⑧ 最後放上切半的聖女番茄，灌入步驟7調好的味汁，放上香蔥花即成。食用時再抄起、拌勻即可。

料理訣竅：

① 魚片厚薄應均勻，入鍋汆燙的時間不宜過長，火力要小同時避免過度攪動，否則魚肉容易碎不成形。

② 各種時蔬可依季節做調整，但搭配要均勻，總量不能多過主料，喧賓奪主。

③ 汆燙食材時可在鮮湯中用川鹽、雞精、料酒調些底味。

④ 調製味汁的鹹、淡及量的多寡，應依據主輔料的底味、數量多少而靈活調整。

■雅魚基本分成廣義上的雅魚，就是以產於雅
安無污染環境的魚都算，而狹義上的雅魚就專
指產於雅安周公河的丙穴魚（學名：重口裂腹
魚），所以現在的真正的雅魚是極為稀少的。
圖為周公河的風情。

 川味河鮮極品

洋芋燒甲魚

色澤紅亮，滋糯鮮香，家常味濃

　　甲魚又名「團魚」或「鱉」，營養豐富，富含有蛋白質、膠質、膠原蛋白、不飽和脂肪酸等，還有鈣、鐵及多種微量元素及維生素，是極佳的滋補聖品。此菜使用高檔的長江放養甲魚搭配小馬鈴薯、綠花椰菜等家常食材，以川式家常味的燒製方法，並加入泡辣椒末、泡薑末，使成菜色澤紅亮，微辣中帶著酸香，入口滋糯鮮美。

原料：

長江放養甲魚1只（約重1千克）

小洋芋（小馬鈴薯）400克

綠花椰菜100克

調味料：

川鹽2克（約1/2小匙）

郫縣豆瓣末35克（約2大匙 1 小匙）

泡辣椒末75克（約1/3杯）

泡薑末25克（約2大匙）

薑末25克（約2大匙）

蒜末30克（約2大匙）

大料（八角）3克（約3粒）

雞精15克（約1大匙1小匙）

白糖3克（約1/2小匙）

胡椒粉2克（約1/2小匙）

料酒20毫升（約1大匙1小匙）

香油20毫升（約1大匙 1 小匙）

鮮高湯750毫升（約3杯）

沙拉油75毫升（約1/3杯）

製法：

1. 將甲魚處理後去除內臟、治淨。

2. 鍋中倒入清水至七分滿，旺火燒至約80℃，下入甲魚汆燙約5秒。

3. 撈起後去除粗皮並洗淨，再斬成小塊。

4. 小洋芋去皮，洗淨；綠花椰菜切成小塊，備用。

5. 取炒鍋開旺火，放入75毫升沙拉油燒至五成熱後，下大料、郫縣豆瓣末、泡辣椒末、泡薑末、薑末、蒜末炒香且顏色油亮、飽滿。

6. 將炒好的調料摻入鮮高湯，燒沸後轉小火熬5分鐘，瀝盡鍋中的料渣。

7. 以小火保持熬好的湯汁微沸，下入甲魚塊、小洋芋，用川鹽、雞精、白糖、胡椒粉、料酒、香油調味，小火慢燒15分鐘至熟透、入味。

8. 取湯鍋加入清水至七分滿，旺火燒沸，下入綠花椰菜塊汆燙後撈起瀝去水與燒好的甲魚主料一起裝盤即可。

料理訣竅：

1. 甲魚處理、治淨後，在燙表皮的粗皮時，水溫不宜過高也不能燙的過久。否則粗皮與可食的皮層熟黏在一起，就不好褪去粗皮，也容易將可食的皮層刮洗破爛。

2. 瀝盡料渣是為了方便食用和成菜美觀。

3. 燒甲魚時火力不宜過大，否則易將洋芋燒爛不成形，同時確保能燒足夠的時間，使甲魚與洋芋燒至入味。

■烤蛋
■葉兒粑

■糖葫蘆
■豌豆涼粉

■豌豆糕

■糖油果子

■爆米花

■豆花擔

川味河鮮極品

八寶糯米甲魚

咸鮮味美，炰糯可口

　　甲魚在各大菜系中多是以燉、燒等技法成菜。如安徽菜的「清燉馬蹄鱉」，湖北菜的「冬瓜鱉裙羹」，山東菜的「清燉甲魚」、「紅燒甲魚」，江蘇菜的「乾燒裙邊」等。這裡改為以火腿、百合等八寶餡料來蒸甲魚，透過糯米、糯米熟成時會吸收水分而將甲魚的滋補成份吸收入糯米、蓮米中，所以此菜成形美觀，風味清淡爽口且營養豐富。

製法：

1. 糯米、百合、薏仁、蓮米、大棗先用水泡約60分鐘，漲發後備用。
2. 將甲魚處理後去除內臟、治淨。
3. 鍋中倒入清水至七分滿，旺火燒至約80℃，下入甲魚氽燙約5秒。
4. 撈起後去除粗皮並洗淨，再斬成小塊，備用。
5. 將燙甲魚的炒鍋洗淨，倒入清水至五分滿，旺火燒沸。
6. 將火腿切成小丁，同青豆入沸水鍋中氽燙約15秒，撈起瀝水，備用。
7. 將步驟1至6處理好的甲魚、糯米、百合、薏仁、蓮米、大棗、火腿丁、青豆納入攪拌盆中，加入川鹽、雞精、 香油、化豬油拌均後填入湯碗中至八分滿。
8. 上蒸籠以旺火蒸約40分鐘至熟透、炰糯。蒸好後取出，翻扣於盤中。
9. 取湯鍋加入清水至七分滿，旺火燒沸，下瓢兒白氽燙後撈起瀝去水分，圍在盤中的糯米甲魚週邊即成。

原料：

甲魚1隻（約重750克）

糯米50克

火腿20克

百合10克

薏仁15克

蓮米15克

大棗10克

青豆25克

瓢兒白200克

調味料：

川鹽3克（約1/2小匙）

雞精15克（約1大匙1小匙）

香油20毫升（約1大匙1 小匙）

化豬油75克（約1/3杯）

料理訣竅：

1. 糯米、薏仁等輔料要先用水泡漲，成菜才會滋糯適口。也可於漲發後，先用水煮至七成熟，濾去水分再和甲魚拌在一起蒸，這樣可縮短蒸製時間。
2. 使用豬油的目的是使甲魚增加脂香味，同時也可以軟化糯米。

【川味龍門陣】

　　於1918年，重慶龍隱鎮地方商紳集資創建了以新工藝生產瓷器的「蜀瓷廠」，因生產的瓷器品質好，種類又多，名氣越來越大，並且從龍渡口碼頭外送遠銷四川省內外。漸漸的「磁器口」名號取代「龍隱鎮」的本名。現在在磁器口已經發現的古窯遺址有20多處。磁器口古鎮共有12條街巷，以明清風格的建築為主，進磁器口後往碼頭方向，沿街店鋪林立十分熱鬧。往左邊拾級而上您將發現真實古樸的古鎮風情。那段階梯就像時光隧道一樣帶您回到過去令人懷念的光陰。

臊子魚豆花

魚肉細嫩鮮美，臊子香脆可口

　　魚豆花借用了豆花的形態，用魚肉茸製作而成，與豆花一樣色澤潔白口感細嫩。在中國哲學觀中，人的最高境界是「見山不是山，見水不是水」，此道菜品就有這種意境，要讓人用味蕾體驗至高的哲理：「看是豆花卻不是豆花，吃是魚卻無魚形」。再以酥脆的臊子搭配那細嫩，風味更具獨特。

製法：

❶ 將花鰱魚肉洗淨，去除肉中的刺與筋，再與豬肥膘肉一起剁細成茸狀，放入攪拌盆。

❷ 在魚茸中調入雞蛋清、薑蔥汁、川鹽1/4小匙、太白粉、清水混和成稀糊狀，再順著同一方向攪打至上勁、稠黏。

❸ 把打好魚茸盛入深約8cm的深盤內，上蒸籠用中火蒸約5分鐘即成魚豆花，將魚豆花取出待用。

❹ 炒鍋用中火燒至四成熱，下豬肉末　炒至脆香後濾去多餘的油。

❺ 接著加碎米芽菜炒香，用川鹽1/4小匙、雞精、料酒、香油調味炒勻，最後放入香蔥花翻勻即可出鍋澆在魚豆花上食用。

料理訣竅：

❶ 魚肉和豬肥膘肉的比例要準確，並且必須將肉茸攪細成泥狀，成菜效果才能達到細嫩鮮美的口感。

❷ 入蒸籠蒸的時間和火力大小要控制好，時間蒸得過長或火力過大易將魚豆花蒸老、蒸成蜂窩狀。

❸ 肉臊子一定要炒至酥、脆、香，才能與魚豆花的口感產生對比，在香氣、滋味上又能相融，起到豐富層次的效果。

❹ 也可以將魚茸調成稀糊狀後沖入湯中，小火保持湯面微沸，再慢慢將魚肉凝固成豆花狀即成。

原料：

花鰱魚肉300克

豬肥膘肉150克

雞蛋清3個

豬肉末100克

碎米芽菜20克

香蔥花10克

太白粉50克

調味料：

川鹽2克（約1/2小匙）

雞精15克（約1大匙1小匙）

薑蔥汁25毫升（約1大匙2小匙）

料酒15毫升（約1大匙）

香油15毫升（約1大匙）

沙拉油25毫升（約1大匙2小匙）

清水150毫升（約1/2杯）

【川味龍門陣】

　　昭覺寺有佛素餐廳，在成都頗具知名度。而其簡便齋飯雖然簡單卻美味，三樣素菜加一碗飯，在一片恭敬的氛圍中，覺得不只是吃一餐飯，更像是參了一次禪，清靜且祥和。有機會到昭覺寺可以體驗一下心靈美食。

薑茸焗桂魚

魚肉細嫩鮮美，薑汁味濃香

　　運用薑茸烹飪薑汁味的菜品多透過燒的技法成菜，取薑汁味清淡、辛香爽口的風味。但有一個缺點就是成菜的造型，因燒的過程中必需翻動食材。經廚師改良，以廣東砂鍋煲仔「焗」的方式成菜，效果與燒相近，但因「焗」的過程中鍋蓋緊閉直到成菜，所以風味更濃，又可確保魚的外形不受破壞，成菜後造型完整美觀，薑汁味濃厚而入味。

原料：

桂魚1尾（約重500克）

老薑茸100克

瓢兒白50克

薑蔥汁50毫升

調味料：

川鹽3克（約1/2小匙）

料酒20毫升（約1大匙1小匙）

雞精15克（約1大匙1小匙）

陳醋15毫升（約1大匙）

香油20毫升（約1大匙1小匙）

豉油25毫升（約1大匙2小匙）

沙拉油50毫升（約1/4杯）

製法：

❶ 桂魚處理並除去鱗片、內臟後洗淨，再從肚腹內剖刀使整條魚可以平展開。

❷ 取川鹽、料酒、薑蔥汁與處理好的桂魚碼拌均勻後靜置入味，約碼味5分鐘。

❸ 取炒鍋下入五分滿的清水，以旺火燒沸，將瓢兒白入鍋汆燙約15秒斷生，備用。

❹ 將炒鍋中汆燙的水倒出，用旺火燒乾，轉中火後下50毫升的沙拉油燒至四成熱，再把老薑茸入鍋炒香。

❺ 將魚放入煲仔內展開鋪好，灌入豉油、雞精、香油、陳醋，再澆上老薑茸，接著圍上燙過的瓢兒白蓋上煲仔蓋，放上火爐，以中火焗約10分鐘至魚肉熟透即成。

料理訣竅：

❶ 準備老薑茸時可用嫩薑調整老薑茸的氣味厚薄與層次，但原則上老薑一定比嫩薑要多，這樣薑味才夠濃厚，才能突顯薑的特有風味。

❷ 煲仔上爐加熱時，火力不宜過大，否則鍋底極易焦鍋。

【川味龍門陣】

重慶江北縣龍興古鎮的歷史由來已久。據《江北縣誌》記載，六百多年前的元末明初就已經有往來商旅聚集形成小集市，到了清朝初年商品買賣經濟發達，於是設置官方機構「隆興場」。在以往交通不便的年代，人們翻山越嶺的進入重慶，忽然一片開闊，街市熱鬧而繁榮，有些忽見世外桃源的味道。即使現今，自市區前往，經過一路上的田園與丘陵景觀，忽然眼前出現一熱鬧城鎮，也多少有這種感覺。

且據傳說，明朝初年建文帝曾經在龍興古鎮的一座小廟避難，之後小廟就擴建並改名龍藏寺，而整個場鎮也自此興旺起來，商家、客棧因應商人、旅客的增加而日趨繁榮，並成為重慶江北縣有名的旱碼頭，而隆興場之後也更名改製為龍興鎮。

苦筍燉江團

清熱解暑，回味苦中帶甘

　　苦筍又名甘筍、涼筍，富含纖維質，能促進腸蠕動助消化。苦筍外形美觀，口感脆嫩，風味獨特，烹調後依舊保有一定的苦味，入喉後回甘清爽。這裡選用宜賓蜀南所產的苦筍，肉質細嫩、微苦回甘，是相當適合夏天酷暑季節的一種清熱食材，與肥美的江團魚燒製，脆爽微苦搭配細嫩甜美，回味清爽淡雅而宜人。

原料：

江團1尾（約重600克）

新鮮苦筍200克

香菇50克

酸菜片25克

薑片15克

蔥節20克

調味料：

川鹽3克（約1/2小匙）

雞精15克（約1大匙1小匙）

料酒20毫升（約1大匙1小匙）

鮮高湯600毫升（約2又1/2杯）

化雞油50毫升（約1/4杯）

製法：

❶ 江團處理去內臟並洗淨後，先下入約80℃的熱水中燙約10秒，以便於洗去表皮的黏液。

❷ 將洗去黏液的江團斬成條狀，放入盆中用川鹽1/4小匙、料酒及2/3的薑片、蔥節碼拌均勻靜置入味，約碼味3分鐘，備用。

❸ 將鮮苦筍去除筍殼，將苦筍切成滾刀塊。香菇洗淨與酸菜一起改刀，切成小塊，備用。

❹ 炒鍋中放入化雞油，以中火燒至四成熱，下入其餘1/3的薑片、蔥節與酸菜塊炒香後加入碼好的魚條同炒至斷生。

❺ 最後摻入鮮高湯以旺火燒沸後下鮮苦筍、香菇塊轉小火，燉約10分鐘至湯色發白後，用川鹽1/4小匙、雞精調味，再略煮約1分鐘至魚肉入味熟透即成。

料理訣竅：

❶ 江團處理後要先用熱水燙洗去表皮帶腥羶味的黏液，以免影響湯色並破壞成菜的清鮮味。

❷ 苦筍燉的時間不宜過長，燉久了鮮苦筍的清鮮味會不濃，只剩筍香。

【河鮮采風】

宋朝黃庭堅因嗜吃苦筍,而作了一篇苦筍賦,將苦筍的美味描述的十分生動,而成為一傳世佳篇。

《苦筍賦》

余酷嗜苦筍。諫者至十人。戲作苦筍賦。

其詞曰。僰道苦筍。冠冕兩川。甘脆愜當,小苦而及成味。

溫潤稹密。多啗而不疾人。蓋苦而有味。如忠諫之可活國。多而不害。

如舉士而皆得賢。是其鍾江山之秀氣。故能深雨露而避風煙。食肴以之開道。

酒客為之流涎。彼桂玖之與夢汞。又安得與之同年。

蜀人曰。苦筍不可食。食之動痼疾。使人萎而瘠。予亦未嘗與之下。

蓋上士不談而喻。中士進則若信。退則眩焉。下士信耳。

而不信目。其頑不可鐫。李太白曰:但得醉中趣,勿為醒者傳。

瓜果拼風魚

吃法新穎，裝盤考究，風味別致

　　風魚，亦即風乾魚，是四川地區十分傳統而普遍的醃漬品，成品在魚鮮味之外多了醃漬與發酵的獨特醇和風味，多半是蒸製後直接改刀成菜，也可以用來燉湯、入菜，當作增添風味的配料。這裡將傳統的風乾魚以現代手法呈現，並運用義式烹飪的名菜「帕瑪火腿佐哈密瓜」的搭配概念，以風乾魚搭配水果沙拉，加上水晶鍋巴使口感更豐富。

製法：

❶ 風乾魚在烹飪前用約60℃的溫熱水泡2小時後洗淨置於盤中，上蒸籠以中火蒸約20分鐘後，將魚取出晾冷。

❷ 將西瓜、蘋果、桔子、獼猴桃、火龍果分別切成約1.5cm的丁，放入盆中，加入沙拉醬拌勻，備用。

❸ 在炒鍋中下入沙拉油2000毫升至約七分滿，開中火將油燒至三成熱，接著將鍋巴入油鍋中炸酥後，乘熱捲成捲備用。

❹ 將蒸好放涼的風乾魚改刀成厚約1cm的長條裝盤，一邊擺上酥炸鍋巴，再調上巧克力醬，另一端配上水果丁沙拉即成。

料理訣竅：

❶ 掌握風乾魚的製作工藝流程，是確保風味別緻的基本。

❷ 泡水和蒸的時間不宜過長，以免將風乾魚的味給泡淡或蒸淡、蒸散了影響成菜風味。蒸的時間過短味太重，口感偏硬。

❸ 掌握擺盤的技巧和水果丁的色澤與酸甜搭配，使成菜美觀，滋味豐富。

原料：

風乾魚300克

水晶鍋巴4塊

西瓜25克

蘋果25克

桔子25克

獼猴桃25克

火龍果25克

調味料：

巧克力醬35克

沙拉醬50克

沙拉油2000毫升（約8杯）

【川味龍門陣】

　　黃龍溪豆豉聞名巴蜀，是屬於乾豆豉，最特別的是用玉米葉包起來再加以煙燻防止腐壞，買回家後只要掛在乾燥通風的地方，可以經年不壞。豆豉是回鍋肉等川菜的首選配料。而其豆豉一小包剛好炒一個菜，因為經過煙燻防腐所以會帶有淡淡的煙香味是其最大特色。

　　黃龍溪一帶，也盛產河鮮，鹿溪河在這匯入府河後直通樂山再進入大江，也是河魚迴游與下游的交會點。因此黃龍溪的河段有著豐富的有鱗魚、無鱗魚和龜鱉蝦蟹等不下百種的河鮮。

龍井江團

入口細嫩，茶香味濃

　　四川茶文化名聞全國。四川水源豐沛，卻因水中礦物質過多，必須煮開才適合飲用，水鋪子就成了四川的一個特色。因喝白開水十分單調，就有人發現放「茶樹」的葉子到開水中一起飲用，可以增加滋味，於是水鋪子就變成茶鋪子，也開展了中國的「茶史」。此菜以杭州名菜「龍井蝦仁」為師，改以鮮嫩江團為主料並延續使用清香味濃、馳名中外的西湖龍井茶，配以四川的烹飪方式與調料，茶香融入川菜風味。

原料：

江團1尾（約重600克）

龍井茶5克、枸杞約10粒

薑片15克、蔥節20克

雞蛋清1個、太白粉35克

調味料：

川鹽3克（約1/2小匙）

雞精15克（約1大匙1小匙）

化豬油25克（約2大匙）

鮮高湯500毫升（約2杯）

太白粉水15克（約1大匙）

製法：

1. 將江團處理治淨後，取下兩側魚肉，除去魚皮只取淨肉並片成厚約3mm的魚片。

2. 將魚片以肉槌槌打成薄片，並達到破壞魚肉纖維的效果。

3. 槌打好的魚薄片放入盆中，用薑片、蔥節、川鹽1/4小匙、料酒、雞蛋清碼拌均勻並加入太白粉碼拌上漿後靜置入味，約碼味3分鐘。

4. 龍井茶用20毫升的沸水泡開、漲發約5分鐘，備用。枸杞用約60℃的溫水漲發約5分鐘，瀝水備用。

5. 取炒鍋並下入化豬油用旺火燒至三成熱，再將碼好味的魚片下入油鍋中滑油約1分鐘至定型、斷生後出鍋。

6. 將油鍋中的油倒出留作他用，開中火，下入鮮高湯和龍井茶水並用川鹽1/4小匙、雞精調味後，加入滑過油的魚片以小火燒約2分鐘至熟透入味。

7. 最後用太白粉水勾芡收汁出鍋，點綴漲發的枸杞即成。

料理訣竅：

1. 擺盤時可凸顯茶餐的特色，這裡是將龍井茶葉泡開、漲發後將茶水倒出留用，再倒入開水泡出茶色後倒入耐熱的玻璃杯中，倒扣於盤中作裝飾。

2. 燒魚時一定要加入泡出一定濃度的茶湯，茶香味才濃厚，若是用加入茶葉的方式，燒製的時間不足以使茶味與茶香充分釋出。

■到寬巷子喝茶是不分白天晚上的，什麼時候去都有他的特色與內涵，坐下來，一杯花茶，就像成都人說的：安逸！巴適！

番茄雞湯豹魚仔

入口細嫩，湯鮮味美

豹魚仔屬高原冷水魚，肉質極為細嫩、鮮美，外表花紋近似豹子而得名。在烹飪上只須高湯與簡單的調味，加上恰當的火候，就能以清鮮取勝。此菜選用老母雞燉的高湯，取其鮮美、清甜、回味悠長，加上南瓜茸汁為湯汁調色並增添甜香風味，進而將豹魚仔的細嫩、鮮美烘托出色，盡顯本味。其湯鮮、魚嫩，也是一款可湯可菜的兩品美味。

原料：

豹魚仔400克
番茄片30克
南瓜10克

調味料：

川鹽2克（約1/2小匙）
雞精10克（約1大匙）
化雞油20毫升（約1大匙1小匙）
老母雞湯600毫升（約2又1/2杯）
清水50毫升（約3大匙1小匙）

製法：

① 將豹魚仔處理去內臟，治淨備用。

② 將南瓜切小塊，上蒸籠用大火蒸約10分鐘至熟透後取出，放入果汁機中，加入清水50毫升，攪成南瓜茸汁。

③ 炒鍋下入老母雞湯，用中火燒沸，下南瓜茸汁調色。

④ 用川鹽、雞精調味後下豹魚仔轉小火，慢燒至熟透入味。

⑤ 最後加化雞油、番茄片略煮約2秒，至番茄片斷生，裝盤即成。

料理訣竅：

① 燒製魚肉的時候火力應小，避免火大滾水將魚肉沖爛，而影響成菜美觀，也不方便食用。

【河鮮采風】

送仙橋位於青羊區，鄰近杜甫草堂、青羊宮，這裡不只是古董，還有文房四寶、中古用品、二手書，對喜愛古文物或是挖寶的人可以說是一個天堂，特別是在星期天的早上十一點前有市集形式的古玩攤位，常有珍品出現！